中国科协碳达峰碳中和系列丛书

中国科学技术协会 / 丛书主编

煤炭清洁低碳转型导论

Introduction to Clean and Low-carbon Transition of Coal

彭苏萍　主　　编

王家臣　执行主编

中国科学技术出版社

·北　京·

图书在版编目（CIP）数据

煤炭清洁低碳转型导论 / 彭苏萍主编；王家臣执行主编 . -- 北京：中国科学技术出版社，2022.5
（中国科协碳达峰碳中和系列丛书）
ISBN 978-7-5046-9550-5

Ⅰ. ①煤⋯ Ⅱ. ①彭⋯ ②王⋯ Ⅲ. ①清洁煤 Ⅳ. ① TD942

中国版本图书馆 CIP 数据核字（2022）第 059513 号

责任编辑	韩　颖
封面设计	中文天地
正文设计	中文天地
责任校对	焦　宁
责任印制	李晓霖

出　　版	中国科学技术出版社
发　　行	中国科学技术出版社有限公司发行部
地　　址	北京市海淀区中关村南大街 16 号
邮　　编	100081
发行电话	010-62173865
传　　真	010-62173081
网　　址	http://www.cspbooks.com.cn

开　　本	787mm × 1092mm　1/16
字　　数	231 千字
印　　张	12.5
版　　次	2022 年 5 月第 1 版
印　　次	2022 年 5 月第 1 次印刷
印　　刷	北京长宁印刷有限公司
书　　号	ISBN 978-7-5046-9550-5 / TD · 49
定　　价	69.00 元

“中国科协碳达峰碳中和系列丛书”
编 委 会

《煤炭清洁低碳转型导论》
编 写 组

组　　长

刘　峰　　中国煤炭学会理事长，中国煤炭工业协会副会长，研究员

成　　员

彭苏萍　　中国工程院院士，中国矿业大学（北京）教授

袁　亮　　中国工程院院士，安徽理工大学校长，教授

康红普　　中国工程院院士，中国煤炭科工集团首席科学家，研究员

王国法　　中国工程院院士，中国煤炭科工集团首席科学家，研究员

葛世荣　　中国工程院院士，中国矿业大学（北京）校长，教授

王家臣　　中国矿业大学（北京）副校长，教授

魏一鸣　　北京理工大学副校长，教授

主　　编

彭苏萍　　中国工程院院士，中国矿业大学（北京）教授

执行主编

王家臣　　中国矿业大学（北京）副校长，教授

写作组主要成员

王　蕾　张　凯[1]　蒋高鹏　杨英明　荆洁颖　李　宁　王启宝

张　凯[2]　郭　尧　周　磊

---

① 中国矿业大学（北京）

② 国家能源投资集团有限责任公司

总 序

进入新时代，中国政府矢志不渝地坚持创新驱动、生态优先、绿色低碳的发展导向。2020年9月，习近平主席在第七十五届联合国大会上郑重宣布，中国“二氧化碳排放力争于2030年前达到峰值，努力争取2060年前实现碳中和”。年初，习近平主席在2022年世界经济论坛视频会议上进一步明确，“实现碳达峰碳中和是中国高质量发展的内在要求，也是中国对国际社会的庄严承诺”。

“双碳”战略是以习近平同志为核心的党中央统筹国内国际两个大局作出的重大决策，是我国破解资源环境约束、实现可持续发展的迫切需要，是顺应技术进步趋势、推动经济结构转型升级的迫切需要，是满足人民群众对优美生态环境需求、促进人与自然和谐共生的迫切需要，也是主动担当大国责任、推动构建人类命运共同体的迫切需要。“双碳”战略事关全局、内涵丰富，必将引发一场广泛而深刻的经济社会系统性变革。

为全面落实党中央、国务院关于“双碳”战略的有关部署，充分发挥科协系统的人才、组织优势，助力相关学科建设和人才培养，服务经济社会高质量发展，中国科协组织相关全国学会，组建了由各行业、各领域院士专家参与的编委会，以及由相关领域一线科研教育专家和编辑出版工作者组成的编写团队，编撰“双碳”系列丛书。丛书将服务于高等院校教师和相关领域科技工作者教育培训，并为“双碳”战略的政策制定、科技创新和产业发展提供参考。

“双碳”系列丛书内容涵盖了全球气候变化、能源、交通、钢铁与有色金属、石化与化工、建筑建材、碳汇与碳中和等多个科技领域和产业门类，对实现“双碳”目标的技术创新和产业应用进行了系统介绍，分析了各行业面临的重大任务和严峻挑战，设计了实现“双碳”目标的战略路径和技术路线，展望了关键技术的发展趋势和应用前景，并提出了相应政策建议。丛书充分展示了各领域关于“双碳”研究的最新成果和前沿进展，凝结了院士专家和广大科技工作者的智慧，具有较高的战略性、前瞻性、权威性、系统性、学术性和科普性。

本世纪以来，以脱碳加氢为代表的能源动力转型方向和技术变革路径更加明确。电力和氢能作为众多一次能源转化、传输与融合交互的能源载体，具有来源多样化、驱动高效率和运行零排放的技术特征。由电力和氢能驱动的动力系统，不受地域资源限制，也不随化石燃料价格起伏，有利于维护能源安全、保护大气环境、推动产业转型升级，正在全球能源动力体系中发挥越来越重要的作用，获得社会各界的共识。本次首批出版的《新型电力系统导论》《清洁能源与智慧能源导论》《煤炭清洁低碳转型导论》3 本图书分别邀请中国工程院院士舒印彪、刘吉臻、彭苏萍担任主编，由中国电机工程学会、中国能源研究会、中国煤炭学会牵头组织编写，系统总结了相关领域的创新、探索和实践，呼应了“双碳”的战略要求。参与编写的各位院士专家以科学家一以贯之的严谨治学之风，深入研究落实“双碳”目标实现过程中面临的新形势与新挑战，客观分析不同技术观点与技术路线。在此，衷心感谢为图书组织编撰工作作出贡献的院士专家、科研人员和编辑工作者。

期待“双碳”系列丛书的编撰、发布和应用，能够助力“双碳”人才培养，引领广大科技工作者协力推动绿色低碳重大科技创新和推广应用，为实施人才强国战略、实现“双碳”目标、全面建设社会主义现代化国家作出贡献。

中国科协主席　万　钢

2022 年 5 月

前言

作为当今世界上最大的发展中国家，能源是我国国民经济发展中所必需的燃料和动力来源，它的合理利用和综合利用对国民经济发展具有重大意义。煤炭作为支撑我国国民经济发展最重要的基础能源，长期以来在社会经济发展中发挥举足轻重的作用，在能源消费结构中占比57%左右。煤炭作为我国的基础能源，无论是从生产、消费、体制、技术，还是从国际合作角度，必然是能源革命的主战场。煤炭行业要充分认清形势并实现自我革命，大力推动煤矿“互联网+”升级，大力发展煤炭清洁高效利用，全面提升科技创新能力，推进体制机制改革，努力构建智慧、安全、清洁、高效的煤炭生产和利用体系。

就当前全球能源发展来看，绿色低碳发展已经成为发展大势。2020年9月，习近平总书记在第七十五届联合国大会一般性辩论上表示，中国二氧化碳的碳排放力争于2030年前达到峰值，努力争取到2060年前实现碳中和。2021年10月，国务院印发《2030年前碳达峰行动方案》，把加快构建清洁低碳安全高效的能源体系作为实现“双碳”目标的重要一环。作为全球碳排放的主要来源之一，煤炭清洁低碳转型已上升至国家战略高度，将倒逼煤炭行业实现产业升级和变革性技术创新。尤其受新冠肺炎疫情等因素的冲击，国内外经济政治形势更加错综复杂，在这一背景下，国际能源供给安全被提到更高层级。煤炭作为我国基础能源，其重要地位再次凸显，必须在推进节能减排的同时做好我国煤炭资源应急保障工作。在“双碳”目标下，我国能源发展战略要求煤炭行业走清洁高效利用的道路，而不是单纯的减产。因此，做好煤炭这篇大文章，促进行业清洁低碳转型升级，构建煤炭产业链、供应链发展新格局，从煤炭全生命周期研究碳排放总量、排放结构和减排实施路径尤为关键。

为全面贯彻落实党中央、国务院能源领域战略意图，有效指导煤炭行业转型发展，科学把握煤炭未来转型发展方向，加快构建清洁低碳安全高效能源体系，编写组于2021年开始组织《煤炭清洁低碳转型导论》的编写工作，就煤炭清洁低碳转型路径进行探讨，一方面为煤炭相关企业的转型发展提供指导和借鉴，另一方面为加快构建清洁低碳安全高效的能源体系、实现“双碳”目标提供支撑。

全书共 10 章。1~3 章系统介绍了“双碳”目标背景下国内外碳达峰碳中和的发展态势、绿色转型常用手段路径、世界能源演变与发展。4~6 章首先就“双碳”目标下我国煤炭供需形势进行了分析，然后系统阐述了煤炭生产周期内清洁低碳转型的目标和思路，最后就煤炭开采清洁低碳转型路径进行探讨。7~8 章系统介绍了煤化工行业清洁低碳转型路径，以及煤电、钢铁、建筑等煤炭加工利用行业清洁低碳转型路径。9~10 章阐述了我国煤炭清洁低碳转型面临的挑战、展望和对策建议，并系统分析了煤炭清洁低碳转型的典型案例。

彭苏萍

2022 年 4 月

目 录

第 1 章　能源结构演变与发展

能源对经济社会发展的支撑作用和意义重大，能源消费总量基本伴随着 GDP 的增长而不断增加。本章介绍了国内外能源结构的演变与发展，分别从能源结构特征、能源结构现状、能源转型的发展进程等方面进行详细阐述，最后探讨了新能源的发展前景，在碳中和的大背景下给出了能源可持续发展的建议。

1.1　世界能源发展格局

1.1.1　世界能源结构现状

1.1.1.1　全球一次能源消费结构转变

近十年，全球一次能源消费总量总体平稳（图 1.1），2019 年达到最高值 14101.0 百万吨油当量，2020 年受新冠肺炎疫情影响，下降了 4.7%，为 13442.1 百万吨油当量。从全球一次能源消费结构来看，原油在能源组合中仍占最大份额，但比例有所下降，2020 年占一次能源消费总量的 31.2%（图 1.2）；煤炭仍是

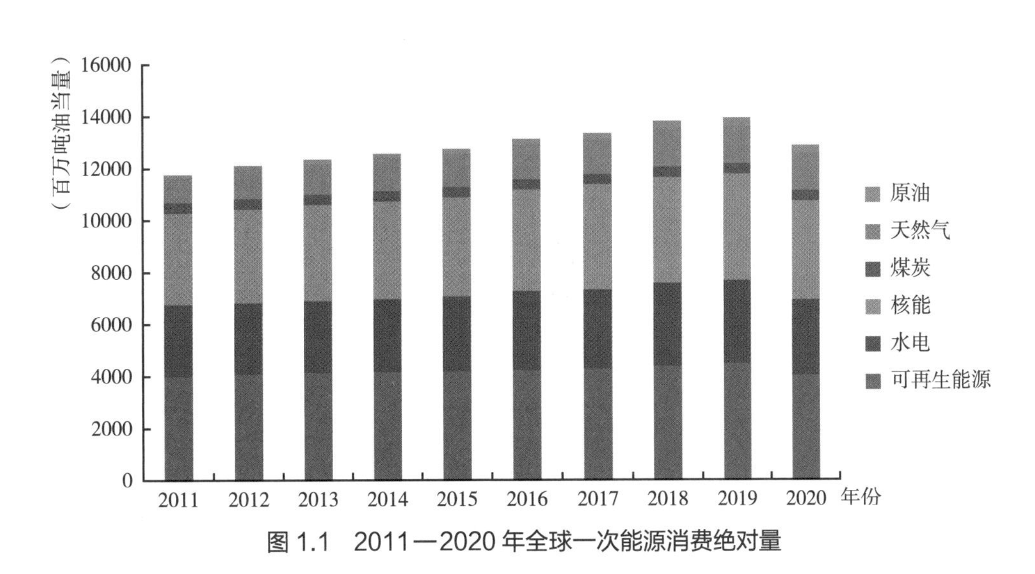

图 1.1　2011—2020 年全球一次能源消费绝对量

全球第二大燃料，2020 年占比 27.2%；天然气占比稳中有升，上升到 24.7%；可再生能源超过核能，达到 5.7%；水电在能源消费中所占份额较 2019 年上升了 0.4 个百分点，达到 6.9%。总体来说，化石能源在全球能源消费中一直处于主导地位，2020 年占比为 83.1%；清洁能源所占比重持续提升，能源消费向低碳化转型趋势明显。

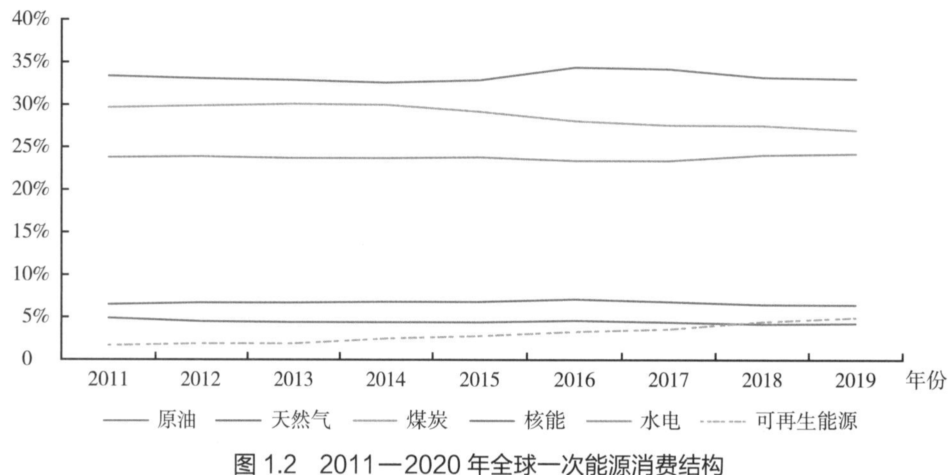

图 1.2　2011—2020 年全球一次能源消费结构

1.1.1.2　全球电力结构变化

电力在整体能源消费结构中所占的比重最大，是人类生产和生活中的重要能源基础，在未来的能源格局中，电力的中心位置将进一步凸显。“双碳”目标下，绿色、稳定的电力供应和存储将直接影响区域经济发展进程。

电力可来自化石能源、可再生能源及核能发电等（图 1.3）。近十年，化石能源发电仍占全球主导地位，其中以燃煤发电为主，其次是燃气发电。2020 年化石能源发电占全球发电总量的 61.3%，其中天然气作为清洁能源发电量占比上升了

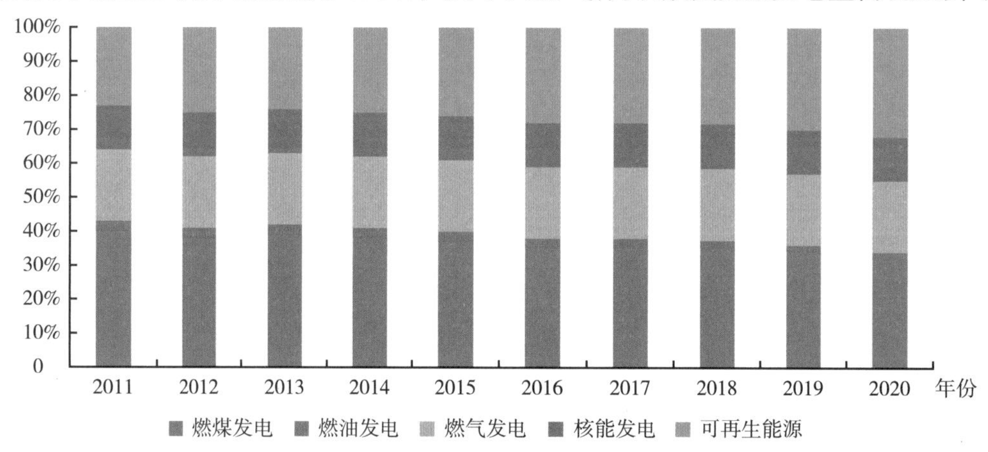

图 1.3　2011—2020 年全球电力结构

数据来源：2011—2015 年数据来自国际能源署官网，2016—2020 年数据来自 BP 官网。

1.5%，达到了23.4%。由于可再生能源技术稳步发展，风、光等发电技术成本降低，2020年全球可再生能源发电比重上升到28.6%，比2011年提高了8.5%。近十年燃煤发电占比由41.1%降至35.1%，降低了6%，但在全球范围内，煤电仍是主要的发电方式。虽然CCUS技术快速发展，燃煤电厂辅以CCUS的模式逐渐被接受，燃煤发电的碳排放也逐渐实现可控，但从根本实现“双碳”目标，应持续降低燃煤发电占比、逐步提升可再生能源发电占比、稳步提高燃气发电占比，促使全球电力结构走向煤炭（CCUS）、天然气、可再生能源三足鼎立的多元化格局。

1.1.2　世界能源转型背景

1.1.2.1　能源消费结构清洁化、低碳化是世界能源体系发展的必然趋势

从世界能源发展历程分析，人类利用能源经历了从木柴到煤炭的第一次转型和从煤炭到油气的第二次转型，两次能源转型均呈现出能量密度不断上升、能源形态从固态到液态和气态、能源品质从高碳到低碳的发展趋势和规律。太阳能、水电、核能、生物质能、地热和氢能等新能源具有清洁、无碳的天然属性，因此，以新能源替代化石能源的第三次世界能源转型具有清洁化、低碳化的特点和发展趋势。

从世界能源消费结构的发展趋势分析（图1.4），世界能源体系逐渐形成了煤炭、石油、天然气和新能源“四分天下”的格局。在2019年全球能源消费结构中，煤炭消费量为3.77×10^9吨油当量，石油消费量为4.61×10^9吨油当量，天然气消费量为3.38×10^9吨油当量，新能源消费量为2.19×10^9吨油当量，占比分别为27%、33%、24%和16%。未来世界能源消费结构中，新能源的消费量和占比稳步上升，能源低碳化、去碳化的趋势持续加强。

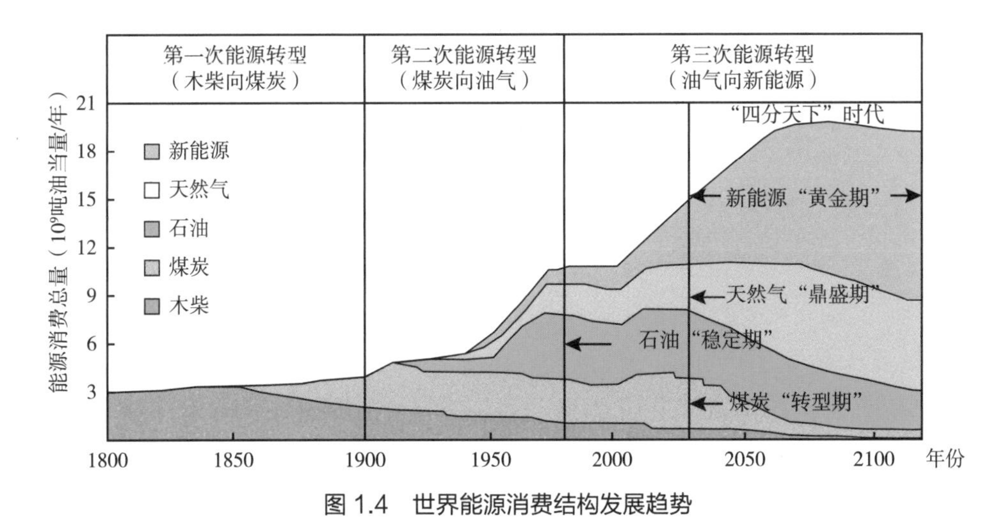

图1.4　世界能源消费结构发展趋势

从人类文明和社会发展的角度分析，能源转型是人类文明发展和进步的驱动力。历次能源转型均推动和促进了人类生产力的进步和社会发展进程。第一次能源转型开启了煤炭的利用，催生了人类文明进入“蒸汽时代”；第二次能源转型开启了石油和天然气的大规模利用，保障人类文明相继进入“电气时代”和“信息时代”；第三次能源转型以新能源替代化石能源，将推动人类文明“智能时代”的来临。

1.1.2.2 世界能源格局的空间、地域不均衡是世界能源转型的外部驱动力

当前，世界能源格局呈现出“两带三中心”的生产和消费空间分布格局。一方面，美国页岩革命和能源独立战略推动全球油气生产趋向西移，并最终形成中东－独联体（CIS）和美洲两个油气生产带。中东－独联体油气生产带以常规油气为主，从北非和中东波斯湾，经中亚里海和西伯利亚，直至俄罗斯远东地区，油气可采储量为 2.53×10^{11} 吨油当量，占世界可采储量的 60.90%，油气产量为 3.46×10^{9} 吨油当量，占比为 43.69%；美洲油气生产带以非常规油气为主，包括加拿大油砂、美国页岩油气、委内瑞拉超重油和巴西深海盐下石油，油气可采储量为 1.07×10^{11} 吨油当量，占世界可采储量的 25.80%，油气产量为 2.55×10^{9} 吨油当量，占比为 32.25%。另一方面，石油和天然气的消费主要分布在亚太、北美和欧洲，随着中国、印度等新兴经济体的快速崛起，亚太地区的需求引领世界石油需求增长，全球形成北美、亚太、欧洲三大油气消费中心（图 1.5）。

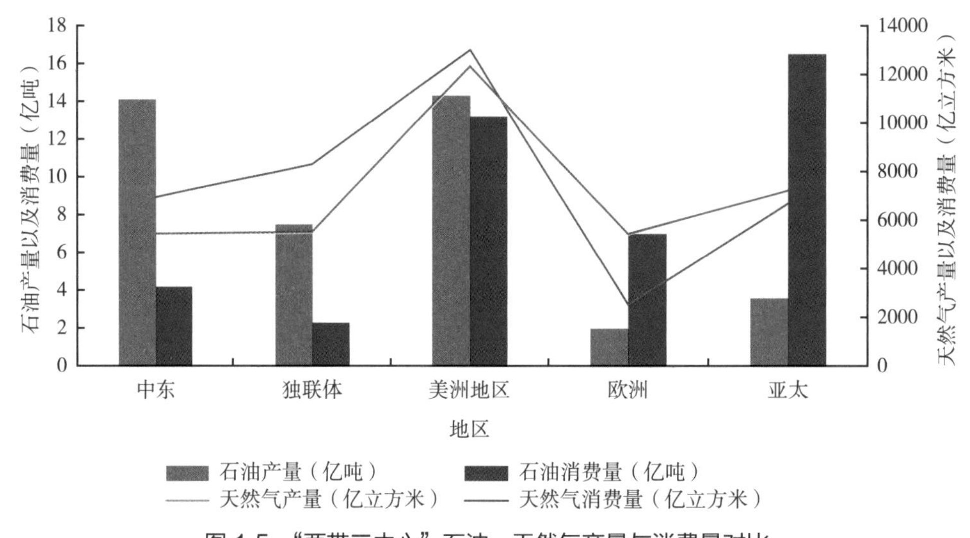

图 1.5 “两带三中心”石油、天然气产量与消费量对比

石油、天然气生产和消费的空间、地域不均衡是世界能源转型的外部驱动力。美洲地区既是生产中心也是消费中心，油气生产量和消费量基本平衡；中东和独联体国家油气生产量远大于消费量，是主要的油气输出来源；而欧洲和亚太地区是主要的油气输入地。欧洲和亚太地区石油和天然气化石资源匮乏，消费需

求量大，严重影响区域能源安全，迫切需要通过能源转型实现能源自给自足，提高自身能源安全。

1.1.2.3　新能源成本逐年降低、竞争力逐渐上升是世界能源转型的内部驱动力

全球两大原油基准价格持续处于中、高位运行的态势是促进世界石油工业发展、油气对煤炭形成替代效应的驱动力。自 1983 年美国纽约证券交易所推出西得克萨斯原油期货（WTI）以来，37 年间 WTI 原油的月平均价格为 43.08 美元 / 桶，浮动范围为 10.42~140.00 美元 / 桶；英国伦敦国际石油交易所自 1988 年推出布伦特原油期货合约（BRENT）以来，32 年间布伦特原油的月平均价格为 47.87 美元 / 桶，波动范围为 10.46~139.83 美元 / 桶。从价格刺激生产的角度看，国际原油价格优势是成就 20 世纪以来石油工业快速发展的原动力。因此，成本领先是新能源替代油气的首选竞争战略，成本优势是新能源产业发展、促进新能源对化石能源替代效应、推动第三次世界能源转型的关键。

当前，太阳能光伏、海上和陆上风电、生物质能、地热、氢能等新能源成本大幅降低，已达到或低于化石能源发电成本，与石油、天然气、煤炭等传统能源形成竞争格局，是世界能源转型的内部驱动力。2010 年以来，太阳能光伏发电、聚光太阳能热发电、陆上风电和海上风电的成本分别下降了 82%、47%、39% 和 29%。2019 年，所有新近投产的并网大规模可再生能源发电容量中，56% 的发电容量成本低于化石燃料的发电成本（图 1.6）。其中，并网大规模太阳能光伏发电成本降至 0.068 美元 / 千瓦・时；陆上和海上风电的成本分别降至 0.053 美元 / 千瓦・时和 0.115 美元 / 千瓦・时；聚光太阳能热发电成本降至 0.182 美

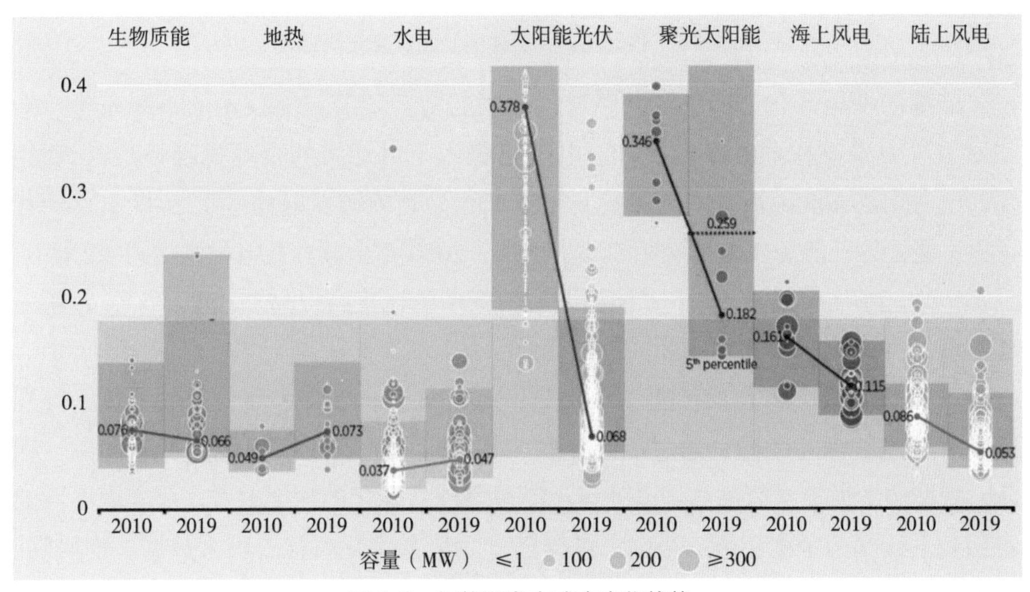

图 1.6　新能源发电成本变化趋势

元 / 千瓦·时；地热发电成本约为 0.073 美元 / 千瓦·时；生物质发电成本约为 0.066 美元 / 千瓦·时。新能源发电成本已经全面下降至化石能源发电的成本范围（0.051 ~ 0.179 美元 / 千瓦·时），新能源竞争力逐渐显现。

1.1.2.4 以科学创新和技术进步为核心的科技革命是世界能源转型的推动力

科学创新与技术进步引领世界能源转型。人类对能源的需求牵引着能源技术的革新与革命，而能源技术的革新与革命又影响着人类的生产模式、生活方式和社会管理，促进人类社会发展。节能提效居能源转型和能源发展战略的首要地位。在从木柴到煤炭、从煤炭到油气的两次世界能源转型过程中，能源利用技术不断提升，能源使用效率不断提高。20 世纪 70 年代以来，世界平均能源强度下降幅度达 48%（图 1.7），其中中国是世界上能源效率上升幅度最大、能源强度下降最快的国家，能源强度年均降速超过 2%，能源强度下降幅度达 86%。

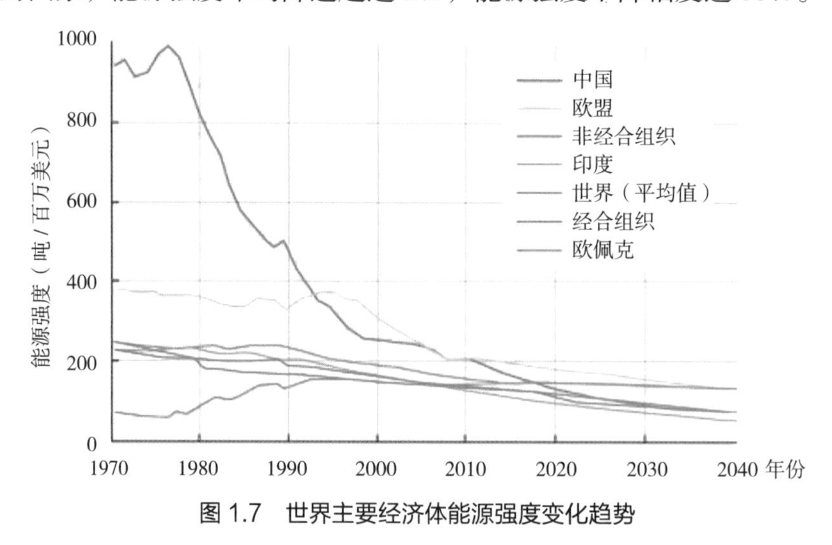

图 1.7　世界主要经济体能源强度变化趋势

能源消费电气化是能源消费结构的发展趋势。随着储能技术的不断完善、太阳能和风力发电技术的稳步提升，电气化成为不可逆转的全球化趋势。近 50 年来，电力在终端能源消费中的比重上升至 20%，新能源发电量占比达 37%；随着可再生能源等新能源发电量份额的逐步增加，2050 年全球总发电量将达到 4.9×10^{13} 千瓦·时，年均增速为 2%，在能源终端消费中的比重将提高到 50% ~60%，新能源发电量占比将达 75% ~80%。

智能源是指应用人工智能、大数据、物联网、信息技术和电力电子技术等先进技术构建能源互联网，通过能源互联、智能管理和调配实现能源智慧利用。因此，智能源本质上是能源结构电气化和能源管理智能化的深度融合，可实现不同能源消费主体间的平衡用能。当前，世界已进入后数字化时代，以大数据、物联网、人工智能为核心的前沿信息技术快速崛起为标志的新一轮科技革命正重塑全球竞争格局，成为影响能源格局的重要力量。数字化技术、智能化技术与新能源技术有效融合，建设数字化、智能化能源系统，创新能源生产和消费新模式，以清洁、无碳、智能、高效为核心的“新能源”+“智能源”是世界能源转型的发展方向。

1.1.3 新能源发展未有穷期

新能源产业具有广阔的发展前景。首先，新能源产业吸纳的巨大投资及其创造的就业岗位将成为拉动内需的重要因素之一。其次，新能源产业还可以拉动其他相关产业的发展。新能源产业是资金技术密集型产业，其产业链较长、涉及产业较多。发展新能源产业，不仅可以促进本行业的发展，而且对产业链上其他产业可以产生较大的促进作用，与新能源密切相关的交通运输、制造装备和技术服务等产业的规模和技术水平亦能得到有效推动，从而形成一个规模庞大的产业集群。这种显著的技术扩散和经济乘数效应使新能源产业有可能成为未来经济发展中的主要增长点。最后，发展新能源产业还可逐步降低经济增长对传统能源的依赖程度，提高资源利用效率和清洁化水平，减少经济增长的能源成本和环境成本，有助于经济的可持续快速增长。因此，综上分析，新能源产业在中国未来发展中将具有广阔前景。

1.2 中国能源发展格局

1.2.1 中国能源结构基本特征

1.2.1.1 化石能源是能源主体，高碳能源占比高

2021 年我国能源消费总量 52.4 亿吨标准煤，其中煤炭消费 29.3 亿吨标准煤、石油消费 9.8 亿吨标准煤、天然气消费 4.96 亿吨标准煤、非化石能源消费 8.3 亿吨标准煤。化石能源消费占能源消费总量的 84%，是我国能源消费的主体。与世界能源消费结构相比，我国煤炭消费占比高达 56%，远高于 27.2% 的世界平均水平（图 1.8）。与其他化石能源相比，煤炭碳排放系数为 2.64 吨二氧化碳 / 吨标准煤，在所有化石能源中的碳排放系数最高（石油 2.08 吨二氧化碳 / 吨标准煤、天然气 1.63 吨二氧化碳 / 吨标准煤），是典型的高碳能源。大规模的煤炭利用是我国碳排放总量较高的主要原因。

当前，我国正处于工业化、城镇化、现代化的发展过程中，能源消费总量仍将增长。我国能源资源禀赋“富煤、贫油、少气”、煤炭开发利用成本相对较低以及非化石能源发展存在瓶颈等因素，决定了化石能源特别是碳排放强度更高的煤炭在我国一次能源生产和消费结构中仍将占据主导地位。

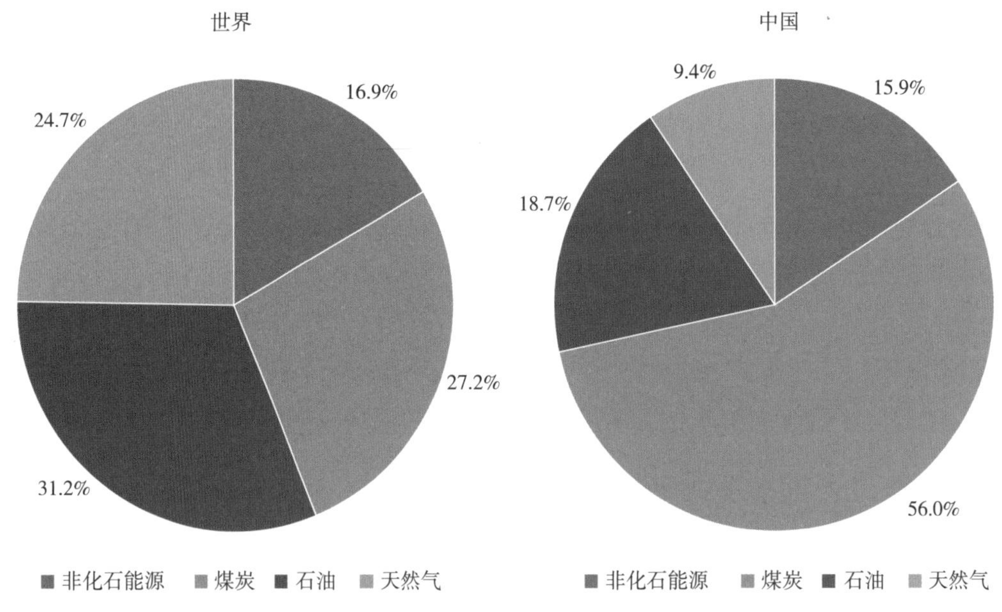

图 1.8　世界和中国一次能源消费结构比较

1.2.1.2　非化石能源成为增量主体，规模发展存在瓶颈

化石能源开发利用造成生态环境破坏和碳排放居高不下等一系列问题，要求我国必须在加强化石能源清洁高效开发利用的同时，积极调整能源结构，大力发展非化石能源，持续提高非化石能源在能源消费中的比例。当前，我国正处于能源加速转型时期，党的十九大报告提出要加快构建清洁低碳、安全高效的能源体系，清洁低碳能源将成为"十四五"期间能源供应增量主体。

图 1.9 为 2008—2017 年我国能源消费增量及非化石能源消费增量占比情况。可以看出，随着我国经济发展进入新常态，主要高耗能行业产品产量增幅下降，2011 年后我国能源消费增速明显放缓；除 2013 年，2012—2017 年我国非化石能源消费增量在全国能源消费增量中的占比均超过 31%，2015 年、2016 年占比分

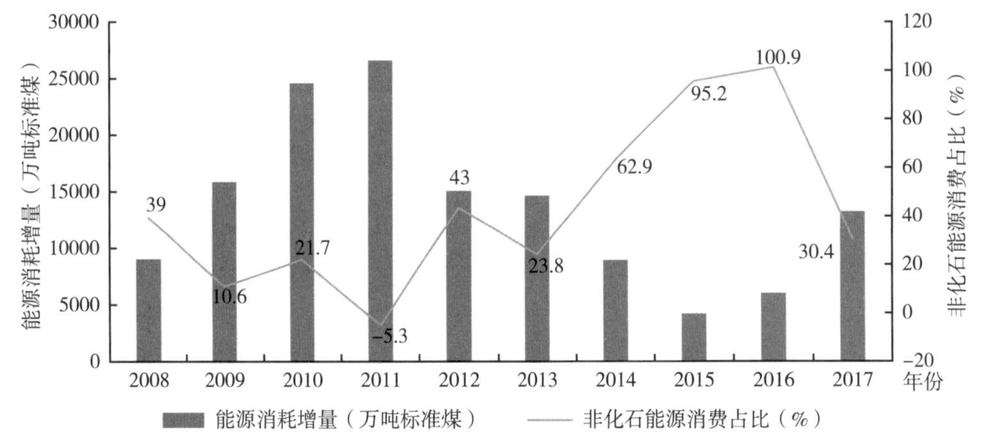

图 1.9　2008—2017 年我国能源消费增量及非化石能源消费增量占比情况

别达到了 95.2% 和 100.9%。图 1.10 为 2008—2017 年我国新增装机容量及非化石装机占比情况。可以看出，我国发电装机结构进一步优化，新增非化石能源发电装机在新增装机中的比重持续增加。2017 年全国基建新增发电生产能力 13372 万千瓦，其中新增非化石能源发电装机容量 8794 万千瓦，占全国新增发电装机容量的 66%。从整体上看，非化石能源消费增量在我国能源消费增量中逐渐占据主体地位。

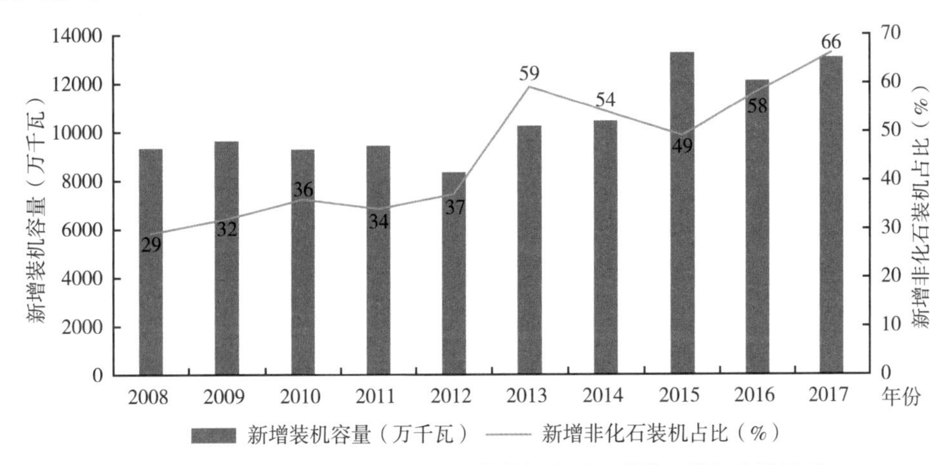

图 1.10　2008—2017 年我国新增装机容量及非化石装机占比情况

虽然我国可再生能源发展取得了重大成就，但可再生能源在现有市场条件下还缺乏竞争力，尤其是随着应用规模的不断扩大，非化石能源在逐步融入能源系统的过程面临越来越大的挑战。一方面，除了水电、太阳能热利用等较为成熟的技术外，风电、太阳能发电等新兴可再生能源技术还处于成长阶段，开发利用的成本仍然较高。另一方面，核电受天然铀资源缺乏、安全性及公众可接受性等因素限制，开发利用面临挑战，核电发电量仅占总发电量的 4%，远远低于 14% 的世界平均水平。此外，我国以常规能源为主导的现有能源体制不适应非化石能源发展需要，电源规划与电网规划存在一定程度失配等问题，进一步阻碍了非化石能源的规模发展。

1.2.1.3　低碳化是现代能源体系的主要方向

发展低碳经济、实现低碳转型是应对气候变化的必然选择，已成为各国共识。我国是能源消费和温室气体排放大国，在全球低碳经济的背景下，我国能源发展面临推动经济增长和应对气候变化的重要任务，低碳化已成为我国现代能源体系的主要方向和内在需求。我国政府提出在 2030 年实现碳排放达峰并争取尽早达峰，单位 GDP 二氧化碳排放比 2005 年下降 60%~65% 的减排目标；已初步建成了较有竞争力的可再生能源产业体系，形成了完整的、具有国际竞争力的水电设计、施工和运行体系，太阳能热利用规模、装备产品和技术在全球处于领先，全国已建立支撑可再生能源规模化发展的产业制造能力；可再生能源供应总量不断增加，可再生能源发电连续多年在全国新增电源装机中超过30%，在局部地区、部分时段，可再生能源发电已成为重要的替代电源。

1.2.2 中国能源结构转型进程

1.2.2.1 我国一次能源消费结构变化

2020年，我国一次能源消费总量达到3512.8百万吨油当量，占全球能源消费总量的26.1%。从能源消费总体结构看，近十年我国化石能源在一次能源消费比重由2011年的92.0%下降至2020年的84.3%，与2020年的全球（83.1%）、美国（81.7%）、日本（87.0%）基本相当，略高于德国（75.6%）。但我国能源消费仍有56.6%来源于煤炭，所占比例远高于全球平均水平（27.2%）、数倍于美国（10.5%）和德国（15.2%）水平。2020年，我国天然气消费比重仅占8.2%，与2011年相比略有增加，但仍远低于美国、日本和德国。近十年，我国可再生能源消费比重由1.0%增至5.4%，虽与德国（18.2%）尚有较大差距，但已接近全球平均水平（5.7%）。

1.2.2.2 我国电力结构现状

全球各国均在推进电力结构多元化。美国由于页岩气革命，2020年燃气发电占比达到38.6%，并以燃煤发电（23.9%）和核能（19.4%）作为补充；日本以燃煤发电（31.5%）和燃气发电（35.0%）并重，同时大力发展海上风电等可再生能源（11.1%）；德国是最早启动能源结构转型的国家之一，其可再生能源发电占比已达到36.6%，已形成以可再生能源发电为主、燃煤发电（28.0%）和燃气发电（14.9%）与核能发电（12.3%）为辅的多元化低碳电力结构。2020年，我国总发电量的64.7%来自燃煤发电，排名第二的水力发电仅占16.9%，与美国、德国等国家相比，我国过于依赖燃煤发电、电力结构相对单一，须加快电力结构多元化转型进程。

1.2.2.3 我国能源转型路径分析

2015年12月，联合国气候变化大会通过了《巴黎协定》，所有缔约国在考虑不同国情的情况下，均努力实施低排放发展战略。但因资源禀赋、政策导向、经济发展等各方面存在差异，各国的能源转型路径选择各不相同。

美国采取非化石能源和化石能源相结合的能源转型路径。美国煤炭、原油、天然气等化石能源资源丰富，基本可实现自给自足，决定了美国的能源转型路径以开发利用其丰富的化石能源为基础，同时发展核电和风能、太阳能等可再生和清洁能源。

欧盟采取能源电气化的转型路径。欧盟化石能源匮乏，高度依赖进口，决定了其大力发展非化石能源的电气化能源转型路径。早在21世纪初，欧盟即努力推广可再生能源应用，倡导低碳化、清洁化的能源转型，并发布了《能源2020战略》，陆续制定了《2050年迈向具有竞争力的低碳经济路线图》和《欧洲战略性能源技术计划》等目标，将能源电气化转型升级为欧盟整体行动。

日本采取能源多元化的转型路径。2011年福岛核电站事故后，日本关停了全部核电设施，并通过火电、风电和光伏等方式代替核电，同时对可再生能源上网电价给予补贴。2014年，日本内阁颁布《能源基本计划》，确定煤炭和核电都是基本电源，并重启核电站建设。2030年，日本预计完成多元化电力结构转型，其气电、煤炭、石油、核电占比分别达到27%、26%、23%、21%，其他可再生能源占3%。

美国、欧盟、日本等发达国家虽然制定了符合自己国情的低排放发展战略，但除欧盟倡导能源电气化外，美国、日本制定的能源转型政策仍以化石能源为主导，给全球范围内实现“零碳”排放的目标留下了较大的碳排放隐患。

我国富煤、贫油、少气的资源禀赋客观造成了我国以煤炭为主的能源消费结构，短期内实现能源转型任重道远，只能寻求适合我国国情的能源转型路径。经验表明，在推进煤炭高效清洁利用的基础上，加快清洁用能替代，大力发展天然气、核能以及风、光等可再生能源作为补充，进而打造多元化的能源生产和消费结构，是我国实现“双碳”目标的现实选择。

1.2.3 我国碳中和背景下能源可持续发展建议

未来能源转型将呈现“五化”特征：从能源供给侧看，是电力脱碳与低碳化、燃料脱碳与低碳化；从能源需求侧看，是能源利用的高效化、再电气化和智慧化，最终构建以新能源为主体、基于碳捕捉的化石能源为保障的低碳、安全、高效能源格局。

1.2.3.1 从能源供给侧看能源转型：打造多元化、有韧性的低碳能源供给体系

一是电力脱碳与低碳化。实现电力脱碳与低碳化的基础是加快发展可再生能源发电。全球电力结构转型的趋势表明，在“双碳”目标下加快发展可再生能源发电、提高可再生能源发电比例是电力结构低碳转型的必由之路。

实现电力脱碳与低碳化的关键是CCUS。CCUS是目前实现大规模化石能源零碳排放利用的关键技术，结合CCUS的火电将平衡可再生能源发电的波动性，提供保障性电力和电网灵活性。根据国际能源署研究结果，2045年前全球将淘汰所有非CCS煤电机组。因此，要对二氧化碳捕集、分离、利用、封存及监测全流程

开展核心技术攻关，尽快建立CCUS标准体系及管理制度、CCUS碳排放交易体系、财税激励政策、碳金融生态，推动火电机组百万吨级二氧化碳捕集与利用技术应用示范，实现CCUS市场化、商业化应用。

实现电力脱碳与低碳化的核心是构建以可再生能源为主体的“多能融合”电力系统。高比例可再生能源的随机性与波动性给电网平衡和安全运行带来了很大挑战，亟须推动传统“源随荷动”向“源荷互动”转变，提高电力系统韧性，并通过基于大数据的电力供给侧和需求侧的预测与管理以及基于互联网的电力交易和服务平台，实现电网安全稳定运行，最终构建以可再生能源为主体、储能和CCUS火电为保障的“多能融合”电力系统，使常规火力发电由目前的基荷电力转变为峰荷电力，实现电力脱碳与低碳化。

二是燃料脱碳与低碳化。零（低）碳化燃料是利用可再生能源通过电催化、光催化、热催化等转化还原二氧化碳，制备的碳氢燃料或醇醚燃料具有能量密度高、输运方便等优点。基于零碳电力的可再生燃料制取，将构建全新的“源、储、荷”可再生能源离线利用模式，有望使交通和工业燃料独立于化石能源，实现燃料净零碳排放。

1.2.3.2 从能源需求侧看能源转型：打造高效、清洁的能源消费体系

一是能源利用高效化。能源高效化利用是“双碳”工作的基础。近十年，我国单位GDP能耗累计降低近1/4，远高于全球平均降速；但2020年我国单位GDP能耗为3.4吨标准煤/万美元，高于全球平均水平50%，是德国、日本的3倍左右，节能减碳仍有较大空间。我们要全面推进电力、工业、交通、建筑等重点领域节能减碳，加快对石化化工、电力等高耗能、高碳排放行业企业以及交通运输车辆设备和公共建筑实施节能和减碳技术改造，以降低单位GDP能耗和碳排放强度。

二是能源利用再电气化。所谓再电气化，是指在传统电气化基础上实现基于零碳电力的高度电气化。未来碳中和社会的能源一定是围绕零碳电力展开的，预计2050年全球电气化水平将高于50%。在推进零碳电力供给的基础上，加快工业、建筑、交通等领域的再电气化，是提高能源利用效率、实现能源利用脱碳和零碳的重要途径。

三是能源利用数字化。由于光伏、风电等新能源固有的随机性、间歇性和不稳定性给电网的安全稳定运行带来诸多不利影响，这就要求电力系统可控，能够“无条件”接受新能源。为实现这一目标，需要以信息化、数字化构建新型电力系统，建设具备云资源储存、大数据处理及分析等高度智能化、功能强大的软件平台，使电网可见、可知、可控，实现“源网荷储”智能发展。

1.2.4 促进我国能源转型的对策建议

作为我国高质量发展的一个长期目标，“双碳”的实质并不是为了限制能源利用，而是要通过能源转型达成碳中和目标。处于能源转型新的历史起点，我国既要短时间内实现“双碳”目标，更要确保能源转型过程顺滑、平稳，保证能源供应的绝对安全。

1.2.4.1 调整能源结构

优先推进可再生能源发展，在制定可再生能源产业规划过程中，政府宏观调控应与市场配置资源相结合，坚持集中式与分布式并举，同时加强可再生能源项目管理，避免碎片化建设。统筹考虑电力系统调节能力、送出通道建设、调峰资源容量及社会用电成本等因素影响，合理确定并及时滚动修正可再生能源开发规模、布局及建设时序，针对可再生能源发电量的大幅增长提高电网的消纳和调控能力。

1.2.4.2 提高能源效率

一是推进煤炭高效清洁化利用。目前，我国经济正由高速增长阶段向高质量发展阶段迈进，煤炭利用的清洁化和低碳化对我国发挥煤炭资源优势、保障国家能源安全具有重要战略意义。加快突破煤炭清洁高效利用关键技术，大幅降低碳排放或实现无碳排放，是煤炭行业可持续发展的关键点。此外，地下气化也是煤炭清洁利用的重要途径，可从源头减少煤炭给环境造成的负面影响。

二是加大油气资源的高效化利用，在原油产地建设石化产业基地。油田采油作业具有区域广、分布散、耗能大等特点，是发展风、光等分布式能源的“天然土壤”，适合大力推动油气开采的清洁能源替代工作。为增加新装机可再生能源的消纳能力，可采取原油就地加工、建设“坑口炼厂”的模式，并辅以CCUS，将捕捉到的二氧化碳用于油田驱油作业，形成上游油气开采清洁能源供应、中游原油高效就地加工、下游固碳回注油田的原油生产和加工全产业链低碳化格局，同时打造“碳中和油田”和“碳中和化工”。

三是推动重点用能领域提升效能。持续深化工业、建筑、交通运输、公共机构等重点用能领域节能升级改造，提升数据中心、新型通信等信息化基础设施能效水平，尤其是加快对传统产业的低碳化升级改造，健全能源管理体系，推动产业体系向高端化、集约化发展。对标国际能效先进水平，围绕节能减排潜力大的重点领域，打造我国的能效“领跑者”。

1.2.4.3 完善政策机制

一是全面推行用电价格市场化。对于此次全国性的能源（电力）紧张，一方面应提升煤炭保供能力，稳定煤价，通过煤电联动稳定电力供应；另一方面还要通过市场化手段加强对用电端的管控，尤其是用市场化手段倒逼高耗能企业减少用电量，从需求端缓解能源供应的紧张局面。在电力供给侧，目前我国已有约70% 的燃煤发电电量参与电力市场；在电力需求侧，目前约有 44% 的工商业用电量进入电力市场。我国应在保证居民、农业用电价格平稳的基础上，推动电力供给侧全部类别电源发电电量进入市场；有序推动电力需求侧所有工商业用户进入市场，建立起能跌能涨的市场化电价机制，保障电力安全稳定供应。近期，国家发改委印发《关于进一步深化燃煤发电上网电价市场化改革的通知》，指导发电企业特别是煤电联营企业合理参与电力市场报价。这次改革是我国电力市场化改革的重要一步，有助于推进电力结构转型升级，实现能源高质量发展。

二是推动碳中和示范区建设。国务院已经批复设立了黑龙江大庆、内蒙古包头等可再生能源综合应用示范区，对不同区域加快可再生能源发展的模式进行了探索，并在一定程度上带动了示范区智能电网、新装备、新材料和现代服务业等战略性新兴产业的发展。建议国家在建设可再生能源示范区的基础上，设立碳中和国家级示范区，引领碳中和技术和产业循环发展，包括供给端的零碳示范和消费端的零碳示范，在区域可再生能源发展新模式示范的同时，开展二氧化碳驱油提高采收率技术攻关与碳中和工程示范，探索能源与化工等高碳行业绿色低碳发展新路径，助力区域经济社会高质量发展和国家碳中和目标实现，为我国实现碳中和目标提供城市和区域样板。

三是加强自主创新，持续降低可再生能源产业成本。通过引导与奖励性政策鼓励各类科研主体进行技术研发与创新实验，加速可再生能源技术的转化，从技术需求端和供给端推动可再生能源核心技术的开发与利用，真正激发技术市场的活力。可再生能源生产商和运营商应加强技术自主创新，促进产业与相关技术应用的结合，构建起可再生能源的产学研合作机制，持续降低设备制造和运营成本。

1.3 本章小结

本章首先从世界能源发展格局现状入手，提出以清洁、无碳、智能、高效为核心的“新能源”+“智能源”能源体系是世界能源转型的发展趋势与方向。世界能源转型具有两个驱动力和一个推动力，世界能源格局的空间、地域不均衡是内部驱动力，新能源竞争力逐渐上升是外部驱动力，以科学创新和技术进步为核心的科技革命是推动力。

其次，详细介绍了相关背景与新能源发展未有穷期。世界能源转型具有政治、技术、管理和商业四方面内涵，其中，以共商共议、全球协作机制为核心的政治协同是世界能源转型的政治内涵；从能源资源型向能源技术型转变是世界能源转型的技术内涵；智能源水平不断提升是世界能源转型的管理内涵；国际油公司向国际能源公司的商业模式转型是世界能源转型的商业内涵。

最后，介绍了我国能源发展格局，明确了我国能源结构的基本特征，强调了我国是世界最大的能源生产国、消费国和碳排放国，"双碳"目标的提出将推动我国化石能源向新能源加快转型。在此基础上，构建了我国能源结构转型的进程，并从碳中和背景下提出了我国能源可持续发展的相关建议。

参考文献

[1] Parker S P. 能源百科全书 [M]. 程惠尔，译. 北京：科学出版社，1992.

[2] Rhodes R. 能源传：一部人类生存危机史 [M]. 刘海翔，甘露，译. 北京：人民日报出版社，2020.

[3] 邹才能，潘松圻，赵群. 论中国"能源独立"战略的内涵、挑战及意义 [J]. 石油勘探与开发，2020，47（2）：416-426.

[4] 邹才能，赵群，张国生，等. 能源革命：从化石能源到新能源 [J]. 天然气工业，2016，36（1）：1-10.

[5] UNDP. Human development data [DB/OL].（2020-10-15）[2020-11-02]. United Nations Development Program. http://hdr.undp.org/en/data.

[6] BP. The Energy Outlook，2019 edition [R]. London：BP，2020.

[7] United Nations. Climate change [EB/OL].（2020-01-01）[2020-11-02]. https://www.un.org/en/sections/issues-depth/climate-change/index.html.

[8] NOAA Carbon dioxide levels in atmosphere hit record high in May [EB/OL].（2019-06-04）[2020-11-02]. National Oceanic and Atmospheric Administration. https://www.noaa.gov/news/carbon-dioxide-levels-in-atmosphere-hit-record-high-in-may.

[9] Cui Y，Schubert B A，Jahren A H. A23 m.y. record of low atmospheric CO_2 [J]. Geology，2020，48（9）：888-892.

[10] WWF. Living Planet Report 2020 [EB/OL].（2020-11）[2020-12-23]. https://f.hubspotusercontent20.net/hubfs/4783129/LPR/PDFs/ENGLISH-SUMMARY.pdf.

[11] United Nations & Framework Convention on Climate Change. Adoption of the Paris Agreement [R]. Paris：UN & FCCC，2015.

[12] 白春礼. 世界科技创新趋势与启示 [J]. 科学发展，2014，64（3）：5-12.

[13] BP. Statistical Review of World Energy，69th edition [R]. London：BP，2020.

[14] IRNEA. Renewable Power Generation Costs in 2019 [R]. Abu Dhabi：International Renewable Energy Agency，2020.

[15] IRNEA. Global Renewables Outlook [R]. Abu Dhabi: International Renewable Energy Agency, 2020.

[16] REW. BNEF says solar and wind are now cheapest sources of new energy generation for majority of planet [EB/OL]. (2020-04-28) [2020-11-02]. U.S. Renewable Energy World. https://www.renewableenergyworld.com/2020/04/28/bnef-says-solar-and-wind-are-now-cheapest-sources-of-new-energy-generation-for-majority-of-planet/.

[17] OPEC. World Oil Outlook 2040 [R]. Vienna, Austria: Organization of the Petroleum Exporting Countries, 2019.

[18] IEA. Global Energy Review 2019 [R]. Paris: International Energy Agency, 2020.

[19] WEF. Fostering effective energy transition, a fact-based framework to support decision-making [R]. Swiss: World Energy Forum, 2018.

[20] IEA. Technology Innovation to Accelerate Energy Transitions [R]. Paris: International Energy Agency, 2019.

第2章 碳达峰碳中和下我国煤炭供需态势分析

本章介绍了碳中和愿景下我国煤炭的战略地位与作用，分别从生产现状、储备现状、贸易现状、运输现状和消费现状阐述了煤炭供需态势。最后从煤炭开发、燃煤发电、煤炭转化及其他煤炭利用方面分析了煤炭行业发展面临的挑战。

2.1 煤炭的战略地位与作用

当前，我国经济由高速增长阶段转向高质量发展阶段，推进煤炭利用的清洁化，对于我国发挥煤炭资源优势、保障能源安全、保护生态环境具有重要战略意义。要深刻认识推进煤炭清洁高效利用是实现“双碳”目标的重要途径，统筹做好煤炭清洁高效利用这篇大文章，科学有序推动能源绿色低碳转型，为实现高质量发展提供坚实能源保障。

2.1.1 能源资源禀赋以煤为主是我国的基本能情

2021年9月13—14日，习近平总书记在陕西考察时强调，煤炭作为我国主体能源，要按照绿色低碳的发展方向，对标实现碳达峰碳中和目标任务，立足国情、控制总量、兜住底线，有序减量替代，推进煤炭消费转型升级。

我国能源资源禀赋特点决定了必须要长期坚持煤炭清洁高效利用道路。在全国已探明的一次能源资源储量中，油气等资源占6%左右，而煤炭占94%左右，是稳定经济、自主保障能源最高的能源。

根据国家统计局数据显示，2020年我国能源消费49.8亿吨标煤，其中煤炭消费占比56.8%、石油消费占比18.9%、天然气消费占比8.4%、非化石能源消费占比 15.9%（图 2.1）。根据中国工程院研究报告，预计 2030 年我国煤炭消费占比 44.8%，2040 年煤炭消费占比 32.0%（图 2.2）。

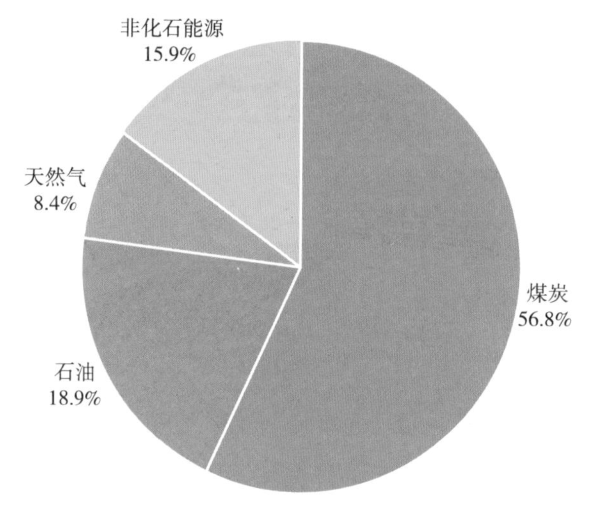

图 2.1　2020 年我国能源消费结构

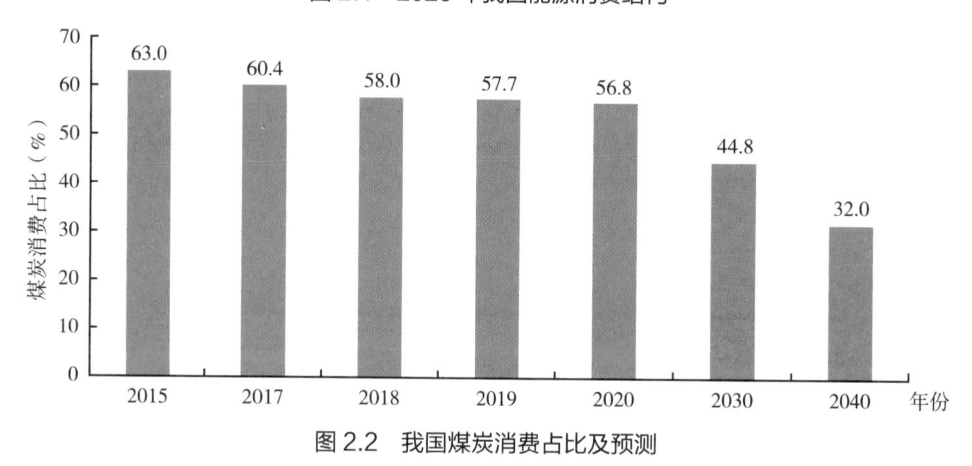

图 2.2　我国煤炭消费占比及预测

根据国家能源局 2020 年全国电力工业统计数据，2020 年全口径发电设备容量 220018 万千瓦，其中火电装机占比 56.6%、水电装机占比 16.8%、核电装机占比 2.3%、风电装机占比 12.8%、太阳能发电装机占比 11.5%（图 2.3）；2020 年全国发电量 77793.1 亿千瓦·时，其中火电发电占比 68.5%、水电发电占比 17.4%、核电发电占比 4.7%、风电发电占比 6.0%、太阳能发电占比 3.4%（图 2.4），煤电占比远高于核电、风电、太阳能发电等其他新能源类型。电力行业的调整可以视为能源行业碳达峰的关键步骤，到 2030 年，即使非化石能源占比达到 5% 以上，煤炭资源也仍将是电力供应的主要保障。

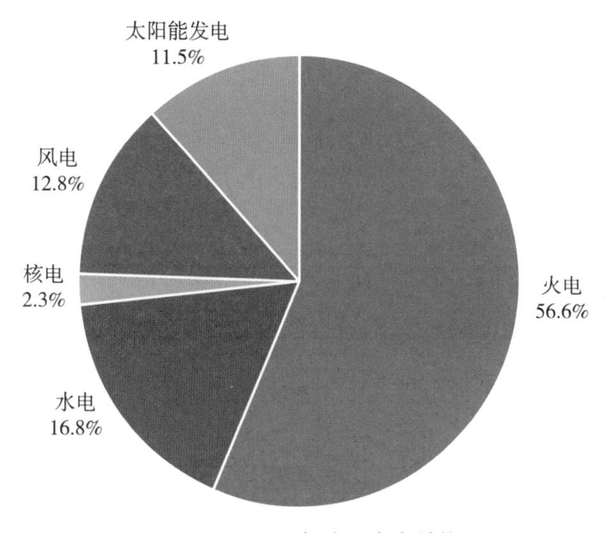

图 2.3　2020 年我国电力结构

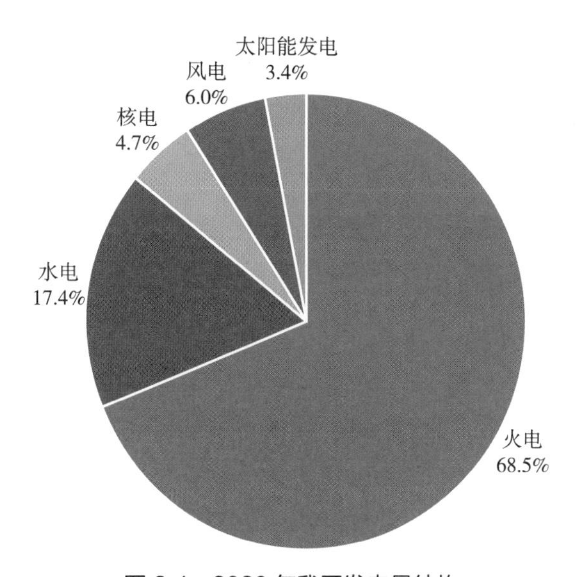

图 2.4　2020 年我国发电量结构

2.1.2　煤炭有力支撑了我国国民经济和社会平稳较快发展

我国是世界上最早利用煤炭的国家，煤炭长期以来是我国的主体能源和重要的工业原料。中华人民共和国成立之初，煤炭总产量仅有 3243 万吨，但在我国能源结构中占比高达 95% 以上，是名副其实的推动中国不断发展的动力之源。改革开放以来，全国累计生产煤炭约 815 亿吨，为国家经济社会发展提供了 70% 以上的一次能源，支撑了我国国内生产总值由 1978 年 0.37 万亿元到 2019 年 99.08 万亿元的快速增长。同时，煤炭消费和利用呈现清洁化、多元化发展模式，煤炭作为燃料与原料并重实现革命性进展，煤炭清洁高效利用取得历史性成就，有效改善了我国生态环境质量，为我国经济社会高质量发展作出了巨大贡献。

2.1.3 煤炭是我国能源安全保障的“压舱石”“稳定器”

碳中和目标下，风、光等可再生能源发电成为增量电力供应的主要来源，煤炭单纯作为电力来源的需求将逐步下降。然而，受气候、天气、光照等人为不可控的自然条件影响，可再生能源供给能力不确定性大，其能源供应和调节能力有限。可再生能源大比例接入电网，将给电网的安全稳定运行带来严峻挑战，美国得克萨斯州在极端天气下的大停电就表明了新能源的不稳定性。在大规模低成本储能技术未获得突破的前提下，新能源难以实现全面或高比例纳入现有能源体系，仍需要燃煤发电作为调峰电源平抑电力波动。谢和平团队研究表明，2060 年实现碳中和后，我国燃煤发电装机规模仍需保持 3 亿 ~4 亿千瓦，年耗煤量达 3.9 亿 ~6.4 亿吨。可见，新能源和化石能源相互助力、耦合发展将是低碳能源体系建立的重要途径。

20 多年来，我国油气消费日益增长，油气供需进口不断加大，对外依存度逐年提高，油气的安全稳定供应已成为危及我国能源安全的核心问题。在国际能源博弈和地缘政治冲突不断加剧的背景下，油气进口安全风险增加。目前，在我国没有任何一种能源能够替代煤炭在能源体系中的兜底保障作用，煤炭依然是国家能源安全的“压舱石”。

应当深刻认识我国能源资源禀赋、经济社会发展要求和能源发展规律，碳达峰不是能源达峰，碳中和不是零碳。新时期，煤炭工业需要坚定不移地开展智能化煤矿建设，创新发展煤炭的智能绿色开发和清洁低碳利用，建立煤炭智能化柔性先进生产和供给体系，发挥煤炭为“双碳”兜底、为能源安全兜底、为国家安全兜底的作用。

2.2 煤炭供需态势

2.2.1 煤炭生产现状

2.2.1.1 大型煤炭基地矿权分布

我国有 14 个大型煤炭基地，分别为神东、晋北、晋中、晋东、蒙东（东北）、云贵、河南、鲁西、两淮、黄陇、冀中、宁东、陕北、新疆基地。从区域分布来看，华北地区最多（5 个），其次是西北（4 个）和华东地区（2 个），东北、西南、华中地区各有 1 个。

2018 年，全国有煤矿采矿权 5134 个，其中 14 个大型煤炭基地拥有煤矿采矿权 4347 个，占全国的 84.7%，主要集中在云贵、蒙东（东北）、神东基地；全国在产煤矿3157座，其中大型煤炭基地拥有在产煤矿2409座，占全国的76.3%，仍主要集中在云贵、蒙东（东北）、神东基地。

“十三五”期间，我国煤炭开发按照“压缩东部、限制中部和东北、优化西部”的总体布局，以大型煤炭基地为重点，统筹资源禀赋、开发强度、环境容量、市场区位和输送通道等因素，优化了区域开发布局。其中，鲁西、冀中、河南、两淮基地煤炭开发规模逐步压缩；蒙东（东北）、云贵基地升级改造，区域保障能力得到提高；晋北、晋中、晋东、宁东基地实施产能减量置换，稳定了开发强度；陕北、神东、黄陇、新疆基地适度推进有序建设，实现了产能梯级转移。目前，大型煤炭基地产能占全国煤炭产能（含在建产能）的96%以上，煤炭开发布局进一步向西北地区集中，其中，陕西、内蒙古、新疆产能开发凸显，2020年晋陕蒙3省（区）原煤产量合计27.9亿吨，占全国的71.5%。

大型现代化煤矿的供应主体地位突出，已建设完成年产120万吨及以上的大型煤矿1200余处，产能占全国80%以上。其中，千万吨级煤矿52处，核定生产能力8.21亿吨/年，约占全国生产煤矿总产能的20%。

2.2.1.2 煤炭产量情况

2010—2020年，我国煤炭年产量超过34亿吨（图2.5）。“十三五”时期，我国煤炭生产重心加快向资源禀赋好、开采条件好的晋陕蒙地区集中。2020年西部地区煤炭产量23.3亿吨，占全国的60.7%，比2015年提高5个百分点；中部地区煤炭产量占全国的33.4%，比2015年下降1.4个百分点；东部地区、东北地区分别下降2.3个和1.3个百分点。

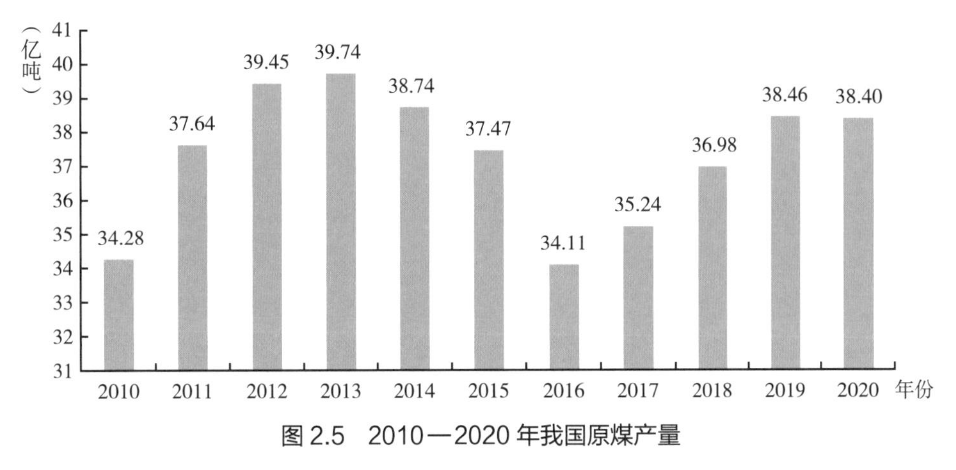

图2.5 2010—2020年我国原煤产量

从大型基地和区域煤炭产量变化看，2020年14个大型煤炭基地产量占全国总产量的96.6%，其中内蒙古、山西、陕西、新疆、贵州、山东、安徽、河南等8个省（区）的煤炭产量超亿吨，原煤产量共计35.0亿吨，占全国的89.7%。全国煤炭净调出省（区）减少为晋陕蒙新4个省（区），其中，晋陕蒙三省（区）调出煤炭约17.3亿吨。

2.2.2 煤炭储备现状

2.2.2.1 煤炭赋存与分布特征

我国煤炭资源总量丰富，保有资源量和预测资源量累计5.82万亿吨。在保有资源量中，保有已利用量0.4万亿吨，保有尚未利用量1.54万亿吨，基础储量0.27万亿吨，储量0.15万亿吨。

我国煤炭资源分布呈现“井”型格架特征，即由东西向展布的天山－阴山－燕山构造带、昆仑－秦岭－大别山构造带和南北向展布的大兴安岭－太行山－雪峰山构造带、贺兰－六盘－龙门山构造带“两横”和“两纵”相区隔的“井”字形构造格架。依据“井”字形构造格架，我国煤炭资源可以划为“九宫”分区（表2.1）：①东北区：辽宁、吉林、黑龙江三省；②黄淮海区：河北、河南、山东、安徽北部、江苏北部、北京、天津；③东南区：安徽南部、江苏南部、浙江、福建、江西、湖北、湖南、广东、广西、海南；④蒙东区：内蒙古呼和浩特以东地区；⑤晋陕蒙（西）宁区：山西、陕西关中和陕北、内蒙古呼和浩特以西地区、宁夏、甘肃陇东；⑥西南区：贵州、云南东部、四川东部、重庆；⑦北疆区：乌鲁木齐及其以北准噶尔盆地区；⑧南疆甘青区：青海、甘肃河西走廊以及南疆塔里木盆地区；⑨西藏区：四川西部、云南西部、西藏。

表2.1 全国煤炭资源“井”字形格架下“九宫”区划统计表 （单位：亿吨）

规划区	省市	累计探获资源量	保有资源量	已利用资源量	尚未利用资源量	1000~2000米预测量	1000米以浅预测量	储量	基础储量
东北区	辽宁	104.89	84.56	48.55	36.00	43.25	10.03	/（18.71）	31.18
	吉林	29.12	22.21	17.18	5.03	31.43	38.06	1.28	12.40
	黑龙江	235.57	218.31	87.94	130.37	59.84	141.91	9.44	74.14
小计		369.58	325.08	153.67	171.40	134.52	190.00	29.43	117.72
黄淮海区	皖北	371.48	352.23	189.17	163.06	394.48	35.64	40.58	88.03
	苏北	43.28	33.30	22.91	10.39	36.37	2.22	6.98	11.22
	北京	27.25	24.00	13.73	10.27	47.02	34.72	/（0）	9.40
	天津	3.83	3.83	0	3.83	170.38	0.38	/（0）	2.97
	河北	374.22	345.65	116.61	229.04	440.07	27.65	18.97	54.26
	山东	333.67	227.96	57.10	170.86	109.02	36.82	/（34.26）	57.10
	河南	666.81	617.78	114.36	503.42	643.23	67.50	72.64	115.36
小计		1820.54	1604.75	513.88	1090.87	1840.57	204.93	173.43	338.34

续表

规划区	省市	累计探获资源量	保有资源量	已利用资源量	尚未利用资源量	1000~2000米预测量	1000米以浅预测量	储量	基础储量
东南区	皖南	2.59	1.54	1.43	0.11	5.54	10.53	0.20	0.81
	苏南	3.15	2.72	0.96	1.76	7.71	7.22	/（0.41）	0.68
	浙江	0.49	0.29	0	0.29	0.12	0	/（0）	0
	福建	14.51	11.05	9.01	2.04	6.42	19.31	2.50	4.45
	江西	24.73	19.70	1.87	17.84	12.79	34.04	/（4.20）	7.00
	湖北	11.96	8.22	3.35	4.85	4.69	11.18	0.22	3.27
	湖南	40.84	31.98	10.79	21.19	17.72	44.31	16.83	24.60
	广东	8.27	4.85	4.00	0.85	4.53	6.61	/（0）	0
	广西	24.26	21.27	9.43	11.83	2.56	18.43	2.83	4.90
	海南	1.67	1.66	0	1.66	0	1.07	/（0）	0.90
小计		132.47	103.30	40.84	62.42	62.07	152.70	27.19	46.61
蒙东区	蒙东	3167.51	3146.47	220.83	2925.64	1.55	1270.56	/（115.54）	192.56
小计		3167.51	3146.47	220.83	2925.64	1.55	1270.56	115.54	192.56
晋陕蒙（西）宁区	蒙中	5795.18	5760.72	320.01	5440.71	5077.49	987.19	/（108.11）	180.19
	山西	2875.82	2688.16	1401.92	1286.24	2878.93	854.26	577.82	1036.94
	陕北	1814.43	1794.15	333.52	1460.92	2092.99	166.28	/（125.85）	209.75
	宁夏	383.89	376.92	143.89	233.03	1339.36	131.65	18.13	42.12
小计		10869.32	10619.95	2199.34	8420.90	11388.77	2139.38	829.91	1469.00
西南区	重庆	43.91	40.04	23.69	16.36	103.20	34.33	/（3.66）	6.09
	川东	125.74	109.38	28.66	80.72	158.16	84.99	/（40.71）	67.85
	贵州	707.61	683.43	74.17	609.26	1003.45	877.49	126.58	186.86
	滇东	294.88	282.67	47.33	235.34	189.51	246.19	47.54	86.19
	陕南	1.22	0.96	1.05	0.17	0	0	/（0.09）	0.15
小计		1173.36	1116.49	174.89	941.85	1454.32	1243.00	218.58	347.14
北疆区	北疆	2111.17	2097.85	642.81	1455.04	7188.82	8669.02	41.10	127.12
小计		2111.17	2097.85	642.81	1455.04	7188.82	8669.02	41.10	127.12
南疆甘青区	甘肃	167.45	158.66	31.84	126.82	1502.69	154.11	23.57	45.91
	青海	70.42	63.40	16.78	46.62	152.52	191.95	9.30	13.39
	南疆	200.57	197.47	40.45	157.01	691.02	132.99	11.92	20.91
小计		438.44	419.53	89.07	330.45	2346.23	479.05	44.79	80.21
西藏区	滇西	6.65	6.08	0.87	5.22	0.68	13.36	2.38	3.84
	川西	17.05	13.33	4.16	9.16	6.50	9.56	/（5.48）	9.14
	西藏	2.65	2.53	0	2.53	0	9.24	/（0.14）	0.24
小计		26.35	21.94	5.03	16.91	7.18	32.16	8.00	13.22
全国合计		20108.75	19455.36	4040.37	15415.48	24424.04	14380.80	1487.97	2731.92

2.2.2.2 绿色煤炭分布及其资源量

尽管我国煤炭资源相对丰富，但能够实现安全高效、生态环境友好，适宜清洁利用，具有经济竞争力的煤炭资源相对缺少。为应对煤炭开发利用对环境的负面影响，国内学者开展了绿色煤炭资源勘查与评价，提出了“绿色煤炭资源”的概念，即资源禀赋条件适宜，能够实现安全高效开采（地质条件相对简单，煤炭资源相对丰富，易于实现机械化开采）；煤炭开发对生态环境的影响与扰动相对较小且损害可修复，煤炭开发过程中水资源能得到保护和有效利用，能够实现生态环境友好；煤中有害元素含量低且可控可去除，能被清洁高效利用。

当前，我国绿色煤田（矿区）的累积探获量达 10742.45 亿吨，占全国煤炭累积探获量的 53.4%；绿色煤炭保有资源量 10594.85 亿吨，占全国煤炭保有资源量的 54.4%；绿色煤炭尚未利用资源量 8789.82 亿吨，占全国煤炭尚未利用资源量的 57%；绿色基础储量 855.77 亿吨，占全国煤炭基础储量的 31.3%；绿色储量 445.34 亿吨，占全国煤炭储量的 29.9%。

从绿色煤炭资源的地区分布来看（图 2.6），绿色煤炭保有资源集中分布于蒙西、北疆、陕西、山西四个地区，四个地区绿色煤炭保有量占全国绿色煤炭保有总量的 98.7%；绿色储量分布最多的为山西省，其次是陕西和蒙西地区。

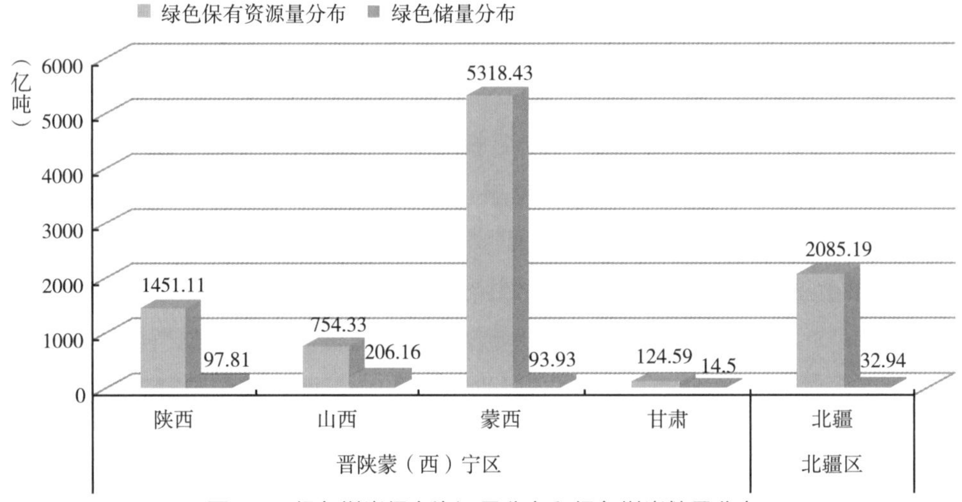

图 2.6 绿色煤炭保有资源量分布和绿色煤炭储量分布

另外，就绿色煤炭资源的勘查程度来看，勘查程度高的资源量（保有已利用 + 保有尚未利用中的勘探级别）占比为 29%，勘查程度较高（详查）的资源量占比为 10%，勘查程度较低（普查）的资源量占比为 28%，勘查程度低（预查）的资源量占比为 33%；而绿色煤炭资源的开发程度仅为 18%，说明绿色煤炭资源的勘查开发处于较低水平。

表 2.2 绿色煤炭资源勘查开发现状 （单位：亿吨）

省份	保有量	保有尚未利用量					储量
		勘探	详查	普查	预查	合计	
山西	754.33	52.95	182.90	330.25	151.45	717.55	206.16
陕西	1451.11	206.81	195.84	339.50	549.37	1291.52	97.81
蒙西	5318.43	562.40	409.25	1288.77	2955.56	5215.98	93.93
新疆	2085.19	278.34	176.42	1000.85	—	1455.61	32.94
陇东	124.59	11.30	26.40	72.32	2.49	112.51	14.50
合计	9733.65	1111.80	990.81	3031.62	3658.87	8789.82	445.34

2.2.3 煤炭贸易现状

随着我国经济发展对能源需求的扩大，煤炭贸易出现较大波动。如图 2.7 所示，我国煤炭进出口大致可分为三个阶段。

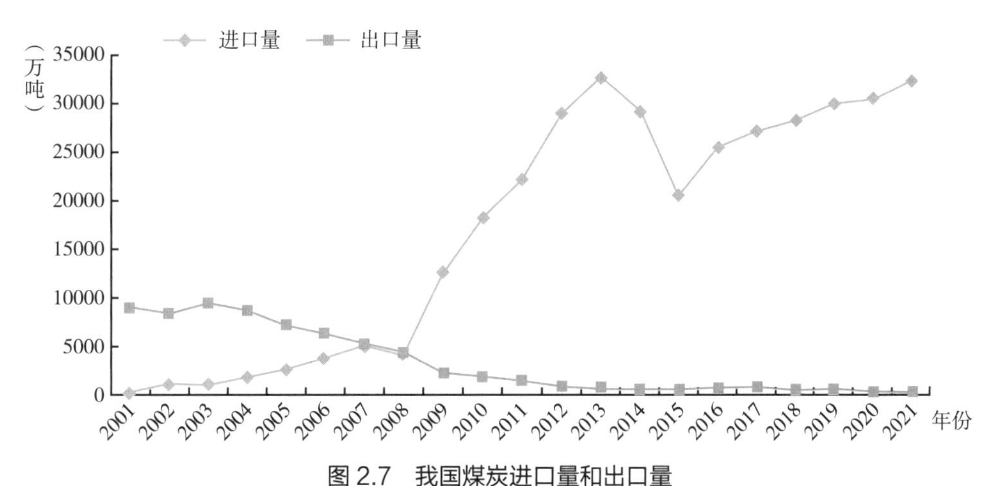

图 2.7 我国煤炭进口量和出口量

数据来源：国家统计局。

第一阶段（2001—2007 年）：我国煤炭进口量小于出口量，但出口逐渐减少、进口逐渐增多。主要原因在于 2001 年我国加入 WTO，根据协议放开了煤炭价格管制，从而使我国煤炭行业进入完全竞争市场环境。由于国内煤炭坑口价持续回升，煤炭需求旺盛，因此进口煤炭开始增加，出口煤炭因品质和价格原因有所回落。

第二阶段（2008—2015 年）：我国煤炭进口量超过出口量，成为煤炭进口国，但其间进口量出现较大波动。此阶段我国煤炭对外贸易市场逐步成熟，进口额受到国际煤价的影响较大，进口持续增长，导致国内煤矿企业受到冲击、煤炭市场下滑。为了缓解国内煤炭市场低迷的形势、帮助煤企脱困，2014 年出台进口煤限制政策，决定对进口煤加征关税，煤炭进口量应声而落。

第三阶段（2016年至今）：我国煤炭贸易市场已经相对成熟，同时国内对生态环境的重视程度日益增加，煤炭进口平稳增加，煤炭出口量有所降低。2016年，国务院颁发《关于煤炭行业化解过剩产能实现脱困发展的意见》，新建煤矿、新增产能等项目审批趋于严格，煤炭供应端收缩导致国内煤炭供需一度失衡。为了满足国内煤炭需求的持续增加，下游用煤企业通过增加进口煤来填补煤炭缺口，煤炭进口量连续六年增长。

2009年以来，我国煤炭进口量排名居世界前两位，2016年（2.56亿吨）和2017年（2.71亿吨）更是远超印度居世界第一。与此同时，我国煤炭进口量占世界煤炭贸易总量的比重不断上升，2015—2017年占比分别达到15.64%、19.39%和19.55%。如此大的进口量及在世界煤炭市场的权重凸显了国际市场对中国煤炭供给的重要性，同时也说明建立和完善煤炭期货市场、形成煤炭国际市场定价权的重要性。

从进口来源看，我国煤炭进口来源相对集中，印度尼西亚、俄罗斯、蒙古、加拿大、美国是我国的五个主要煤炭进口来源国。2021年，我国从上述国家合计进口煤量2.9亿吨，占我国煤炭进口总量的90%；其中对我国煤炭出口较多的是印度尼西亚（1.96亿吨，占比60%）和俄罗斯（0.57亿吨，占比18%）。随着国内煤炭资源的快速消耗以及对环保的要求趋严，未来的煤炭进口将进一步加大，要求我们必须充分发掘国际市场上优质的煤炭资源，通过开发全新的进口渠道确保国内煤炭供应的安全可靠和煤炭进口的长久发展。

2.2.4 煤炭运输现状

我国煤炭生产区域主要集中在内蒙古、山西、陕西、新疆等地，但下游消费区域主要在华东、华南等地，煤炭供需之间存在错配，并由此形成了“西煤东调”“北煤南运”的格局。当前，煤炭运输方式包括铁路运输、水路运输和公路运输，省内运输以公路为主，省际运输则以铁路及水路为主。“西煤东运＋铁水联运”是我国当前的主要煤炭运输方式。

2.2.4.1 铁路运输煤炭情况

我国的煤炭运输主要通过铁路运输为主、公路运输为辅的煤炭外运路网体系完成。铁路运输（铁路直达、铁水联运）相较于公路运输具有运力大、能耗低、成本低、快捷稳定等优势，适合中长途运输。2019年，我国煤炭铁路运量为24.6亿吨，约占原煤产量的64%。

根据《煤炭工业发展“十三五”规划》，煤炭铁路运输以晋陕蒙煤炭外运为主，全国形成“九纵六横”的煤炭物流通道网络，其中铁路通道包含“七纵五横”（表2.3）。七纵主要包括晋陕蒙外运通道的焦柳、京九、京广、浩吉、包西；

贵州外运通道的南昆和新疆外运通道的兰新、兰渝纵向通路。五横包括晋陕蒙外运通道北通路（大秦、神朔黄、张唐、丰沙大、集通、京原）、中通路（石太、邯长、山西中南部、和邢）和南通路（侯月、陇海、宁西），以及锡乌、巴新横向通路；贵州外运通道的沪昆通路。

表 2.3　我国的“七纵五横”煤炭铁路运输通道

网络	铁路	所属通道
七纵	焦柳、京九、京广、浩吉、包西	晋陕蒙外运
	南昆	贵州外运
	兰新、兰渝	新疆外运
五横	北通路（大秦、神朔黄、张唐、丰沙大、集通、京原）	晋陕蒙外运
	中通路（石太、邯长、山西中南部、和邢）	
	南通路（侯月、陇海、宁西）	
	锡乌、巴新横向通路	
	沪昆通路	贵州外运

其中，最重要的晋陕蒙煤炭外运通道是大秦铁路、朔黄铁路、张唐铁路、瓦日铁路（表 2.4）。一方面，这四条铁路合计运能达 12 亿吨，具备规模效应；另一方面，四大铁路均直达东部沿海港口（秦皇岛港、黄骅港、曹妃甸港、日照港），经其运载的煤炭可直接在港口下水并输出至东南沿海几大煤炭主要消费省份。2019 年 9 月，浩吉铁路开通，完善了内蒙古、陕西等省份“北煤南运”的线路。

表 2.4　我国西煤东运主要铁路线路

线路分类	疏运布局	线路名称	运能 / 亿吨	线路起止	线路全长 / 千米
北通路	运输的煤炭主要产自平朔、大同、河保偏、准格尔、东胜、神府、乌达、海勃湾等矿区及宁夏地区，煤炭被运往秦皇岛、天津、京唐、曹妃甸和黄骅等港口进入铁水联运网络	大秦铁路	4.5	山西大同 – 河北秦皇岛	653
		朔黄铁路	3.5	山西朔州 – 河北黄骅港	598
		张唐铁路	2	张家口 – 唐山曹妃甸	525
		丰沙大铁路	0.85	北京丰台 – 山西大同	379
		集通铁路	0.24	内蒙古集宁 – 通辽北	945
		京原铁路	0.23	北京石景山 – 山西原平	418
中通路	运输的煤炭主要来自阳泉、西山、吕梁、晋中、潞安、晋城等矿区，与京广、京沪、京九三大主要南北通道交会并通往青岛港	晋中南铁路	2	山西吕梁 – 山东日照港	1260
		邯长铁路	2	河北邯郸 – 山西长治	220
		胶济铁路	1.3	山东青岛 – 山东济南	384
		石太铁路	1	河北石家庄 – 山西太原	243
		太焦铁路	0.9	山西太原 – 河南焦作	398
		和邢铁路	0.4	山西和顺 – 河北邢台	135

续表

线路分类	疏运布局	线路名称	运能 / 亿吨	线路起止	线路全长 / 千米
南通路	运输的煤炭主要来自陕西，主要供应两湖等内陆省份	陇海铁路	0.45	甘肃兰州 - 江苏连云港	1759
		侯月铁路	0.8	山西侯马 - 河南月山	252
		新菏铁路	0.17	河南新乡 - 山东菏泽	175
		西康铁路	0.9	西安新丰镇站 - 安康旬阳站	267
		宁西铁路	0.24	西安新丰镇 - 南京永宁	1030

2.2.4.2 港口发运煤炭情况

全国沿海港口共划分为环渤海、长江三角洲、东南沿海、珠江三角洲和西南沿海五个港口群体。在北煤南运、西煤东运的过程中，水路运输能力仅次于铁路。在煤运体系中，北方煤运港口主要由秦皇岛港、天津港、黄骅港、日照港、唐山港、青岛港、连云港等七大装船港组成。2021 年，全国主要港口煤炭发运量 8.4 亿吨，其中北方七港发运量 8 亿吨，占比 95%。

从地域上看，山西、内蒙古、陕西的煤炭主要通过天津港、秦皇岛港、黄骅港下水，其中山西和内蒙古的煤炭主要通过天津港和秦皇岛港下水；陕西的煤炭主要通过天津港和黄骅港下水，再运往上海、江苏、浙江等沿海省市。另外，山东的煤炭主要通过日照港下水转运。

2.2.5 煤炭消费现状

我国是全球最大的煤炭消费国，2021 年煤炭消费量 42.8 亿吨，占一次能源消费总量的 56%，自 2011 年起占比已连续 10 年超过 50%。与煤炭生产量变化情况类似，我国煤炭消费量在 2013 年达到历史峰值 42.4 亿吨，之后经历了先降后升的过程（图 2.8）。

我国煤炭消费主要用于发电和供热、工业生产、民用和化工等行业和领域，其中电力行业用煤占比最大（图 2.9）。

2.3 煤炭行业发展挑战

2.3.1 煤炭开发面临的挑战

2.3.1.1 煤炭开发影响生态环境

煤炭开采引起地表沉陷与生态环境破坏。地面沉降、塌陷不仅破坏矿区原有

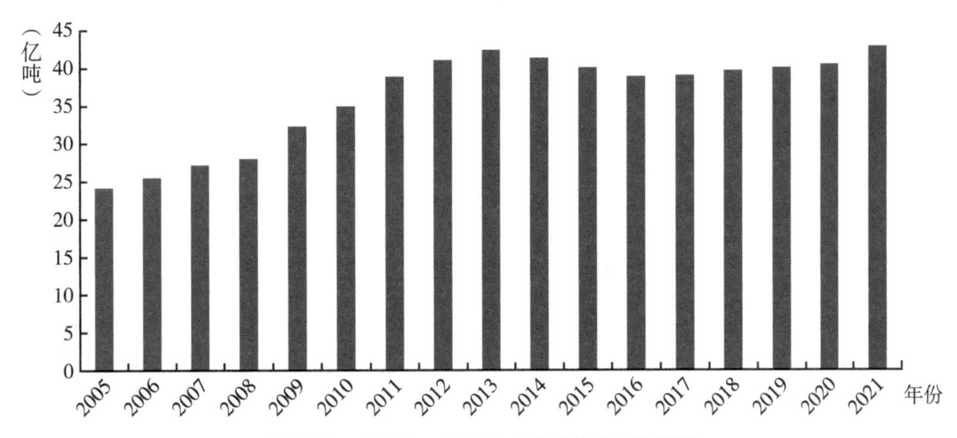

图 2.8 2005—2021 年我国煤炭消费量

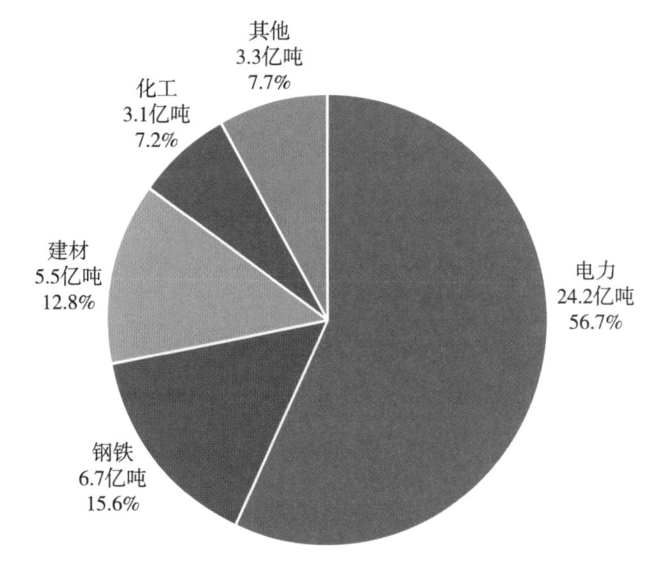

图 2.9 2021 年我国煤炭消费结构

生态系统的结构和功能，打破生态系统原有的平衡，还造成矿区人居环境破坏、人地矛盾突出，制约了采煤塌陷区的发展。截至 2016 年年底，我国煤矿开采引起的沉陷面积已达 70 万公顷，并以每年 2.7 万公顷的速度增长。同时地面沉降造成的潜在安全隐患迫使人口迁移，据估算，1000 万吨煤的生产需要迁移大约 2000 人。

煤炭开采引发水体严重污染。水资源和煤矿属于同一地质体，长期采煤不仅破坏地下水资源的内在生态平衡，导致地下水位下降、水资源枯竭，而且污染水源，造成矿区内河流、湖泊、湿地等以水为主导的生态系统的破坏。

煤炭开采造成大气污染。采矿造成的大气污染属典型煤烟型污染，污染源主要来自煤炭的燃烧、自燃、矿井瓦斯排放和矸石山露天堆放、矸石山自燃排放的污染物。

2.3.1.2 绿色煤炭资源的勘查程度较低

如前所述，我国绿色煤炭资源的勘查程度仍处于较低水平。提升煤炭资源的勘探和详查资源比重，尤其是绿色煤炭资源的勘探和详查比重是今后煤炭地质工作的主要任务，尤其要加强绿色资源的梯级进补。

储量的意义在于其经过当前经济可行性评估，可直接用于建井并开发。按年消耗 40 亿吨计，当前我国探明的绿色储量（445.34 亿吨）。稳定保障年限仅 10 余年甚至更弱。因此，短期内针对绿色矿区高勘查级别资源开展进一步补充精细勘查和经济可行性评估，提升经济可采的绿色储量规模将是建设煤炭资源强国面临的重要基础性工作。

2.3.1.3 煤炭开采智能化水平较低

2020 年，全国煤矿采煤、掘进机械化程度分别达到 78.5%、60.4%，已建成约 500 个智能化采掘工作面，但智能化水平仍需进一步提高。

一是成套设备的稳定性有待提升。我国矿山大多分布在环境比较恶劣的地区，成套设备稳定性受到诸多限制，导致其功能无法完全发挥。

二是智能化开采技术的普适性不强。由于无法准确采集煤岩层数据信息，实际操作时不能对各项数据进行准确控制，导致设备数据设置和煤层数据不相符，无法及时探测并根据煤层信息变化而自动调整，实现自适应式开采。

三是智能化开采的思想、观念和管理模式需进一步提升。目前正处于智慧矿山建设的关键时期，自动化开采只是基础，智能化开采才是核心，而最终目标是实现无人化开采。当前的智能化开采缺乏行业统一标准，急需加强智能化开采技术研究。

2.3.1.4 煤炭安全绿色开发水平较低

当前煤炭资源开采工作中依然存在不少急需解决的问题。在绿色环保理念深入人心的新时期，如何实现煤炭资源安全高效绿色开发已成为煤炭资源开发研究工作的基础目标。

一是煤炭资源开采率偏低。当前有关煤炭资源的开采率平均只有 30% 左右，而产量较少的煤炭和个体小型煤矿的采储量平均不到 20% 甚至更少。按照全国平均采储量估计，我国在最近二十几年中损失了 200 多亿吨的煤炭资源。

二是生态环境破坏严重。首先，我国煤炭资源集中在西北、华北地区，这些地区的生态环境脆弱、水资源极为匮乏，本身就存在沙漠化、水土流失等问题。其次，随着煤炭资源的大量开采，开采深度也在不断加大，由此带来的生态环境问题愈加严重。

三是安全生产压力大。在煤炭资源开发过程中，虽然已经采用了十分先进的开采技术和设备，但是煤炭开采环境非常复杂，尤其随着开采深度的加大，井下作业面临大量的瓦斯气体以及高温现象，工作环境极为恶劣。想要完全保证安全高效绿色的煤炭开发，还需要很长的一段时间去践行。

2.3.1.5 煤系伴生资源综合利用率低

国外发达国家的煤系伴生资源与固废资源利用率高，达到70%~90%，矿山废水重复利用率达到80%~85%，注重关闭矿井中的空间资源与地热资源的开发利用。而我国煤炭地下气化处于起步阶段，部分关闭矿井中虽煤层气资源丰富，但未形成规模性开发，且废弃矿井空间、矿井水、地热等伴生资源利用率低。

2.3.2 燃煤发电面临的挑战

2.3.2.1 燃煤发电装机增速和利用小时数呈双降趋势

当前，我国能源消费总体增速放缓，全社会电力需求增速明显降低，在能源革命与环境保护的压力下，能源加快向绿色转型。一方面，非化石能源发电装机快速增长，非火电装机增速自2007年超过火电装机增速，火电装机增速连续放缓；另一方面，燃煤发电调峰任务加大，设备利用小时数总体呈下降趋势（图2.10）。

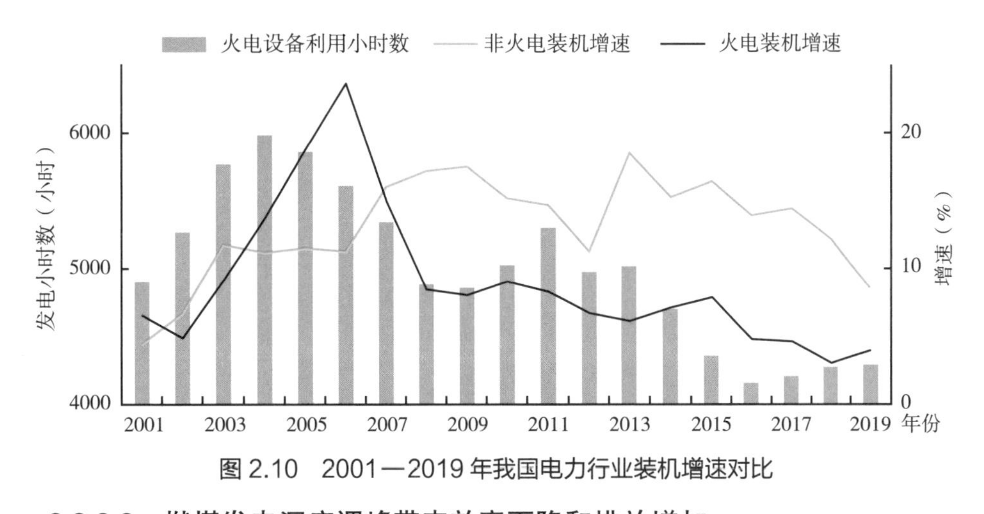

图2.10 2001—2019年我国电力行业装机增速对比

2.3.2.2 燃煤发电深度调峰带来效率下降和排放增加

在目前调峰电源缺乏的事实下，必须深度挖掘燃煤发电机组的调峰能力，使电网能够提供足够的调峰容量，为更多地接纳可再生能源创造条件。但伴随负荷率降低，不同技术类型机组的发电效率也随之下降，并由此带来了电厂污染物和二氧化碳排放的增加。以1000兆瓦超超临界机组为例，负荷率为100%时，发电效率为49.2%，折算二氧化碳排放为657克/千瓦·时；当负荷率降至50%时，发电效率为47%，折算二氧化碳排放为687克/千瓦·时，相对100%负荷率时增加4.6%；当负荷率低至30%时，发电效率为43.3%，折算二氧化碳排放为746克/千瓦·时，相对100%负荷率时增加13.6%。

2.3.2.3 燃煤发电是我国二氧化碳排放的主要来源

2019 年，我国单位火电发电量的二氧化碳排放量约为 838 克 / 千瓦・时，燃煤发电碳排放量约为 38.2 亿吨，约占全国能源引起的碳排放总量的 39%，是我国碳排放的主要来源。当然，不同燃煤发电技术的二氧化碳排放量也不尽相同，图 2.11 展示了几种先进燃煤发电技术的煤耗和二氧化碳排放情况。从中可以看出，超超临界发电技术在能源消耗与技术性能指标方面优势明显——随着参数和技术的不断发展，超超临界机组净效率不断增加，供电煤耗不断下降，二氧化碳排放强度不断下降——短期内具有其他技术难以替代的地位。

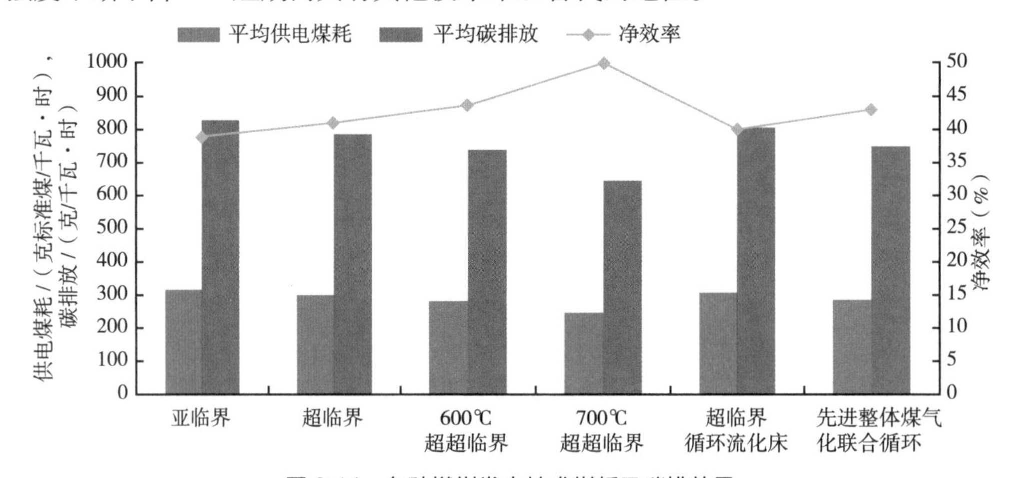

图 2.11 各种燃煤发电技术煤耗及碳排放量

2.3.3 煤炭转化面临的挑战

2.3.3.1 煤炭转化经济性和能源安全战略定位矛盾突出

现代煤化工能够在一定程度上实现油品替代、保障能源安全，战略意义显著。但煤炭转化工艺流程长、技术难度大，单位产能投资大，固定成本、基本建设费用高，煤制油品消费税高，国内现代煤化工正面临产能迅速扩张、油价长期低位徘徊、高昂消费税等一系列挑战。这与煤炭清洁转化示范项目的能源安全战略定位相矛盾，已严重制约煤炭清洁转化产业的发展，影响国家能源安全战略工程的实施。

2.3.3.2 煤炭转化工艺技术和产品有待升级

煤炭转化项目有大量科技提升和优化改造需求，如系统优化集成有待加强；低位热能、油渣、灰渣等资源综合利用水平有待提高；直接液化循环溶剂的供氢性能尚需完善，特种产品研发及应用有待加强；一些高端产品的大型成套技术及其关键设备仍存在关键技术“卡脖子”现象；在特殊材料、大型转动设备设计和制造方面，能耗效率与国际先进水平有较大差距。

此外，现代煤化工项目大多为国内首次设计和应用，设计时重点考虑的是能源安全以及“打通全流程”等战略性问题，未给予经济性充分的考虑和验证；产品设计以大宗通用化学品和油品为主，导致产品结构单一，难以适应市场需求和变化。

2.3.3.3 生态环保问题制约产业发展

煤化工项目对煤炭资源、水资源、生态环境、交通运输的承载力要求极高。随着煤炭转化产业的快速发展，气化渣、粉煤灰、煤矸石等工业固废迅速增加；但与此同时，因处理和利用成本高、技术难度大，气化渣等固废利用率仅为37%，煤化工项目不可避免地面临煤炭资源、水资源、生态环境容量等约束。

2.3.3.4 面临“双碳”新形势下的挑战

碳排放是现代煤化工未来发展的制约因素之一。新型煤化工项目产生的二氧化碳分别来自工艺过程和自备电厂，项目碳排放总量较大。短期来看，大规模推广碳捕集与封存技术的可能性不大，煤化工产业还需要通过碳汇林、驱油驱气、工业利用等多种途径来减少碳排放。

2.3.4 其他煤炭利用面临的挑战

2.3.4.1 工业用煤

我国工业用煤体量巨大，且在部分重要行业（如钢铁及水泥产业）的替代性较低，其发展面临巨大挑战。一方面，随着煤电的超低排放改造加速，工业锅炉窑炉的污染物排放量已超过燃煤发电，是造成严重环境污染的重要原因之一，工业用煤面临巨大的环保压力；另一方面，我国工业用煤相关二氧化碳排放量约为25亿吨，在“双碳”目标下，工业用煤面临二氧化碳减排的巨大挑战，急需深度减量与替代。

2.3.4.2 民用散煤

我国散煤的主要挑战在于总量大、分布广，难以管理。同时，散煤的质量一般较大、灰分硫分高，再加上低空直排，造成了较大的环境污染。尤其北方地区农村居民冬季炊事和取暖多以煤炭为燃料，不仅燃烧效率低，而且民用炉具未安装烟气除尘和脱硫设施，烟气污染物是近年冬季北方地区灰霾的主要来源。

2.4 本章小结

本章介绍了我国煤炭战略地位与作用，阐述了煤炭供需态势，分析了煤炭行业发展面临的挑战，主要结论如下：

一是在“双碳”目标下，我国的煤炭主体能源地位不会改变，仍将是我国能源供应的“压舱石”和“稳定器”，是“双碳”目标实现的兜底能源。

二是我国煤炭资源总量丰富，保有资源量和预测资源量累计 5.82 万亿吨。2020 年我国煤炭产量达到 38.40 亿吨，其中晋陕蒙三省（区）原煤产量 27.9 亿吨，占全国的 71.5%。2021 年煤炭消费量 42.7 亿吨，占一次能源消费总量的 56%。“西煤东运 + 铁水联运”是当前主要的煤炭运输方式。

三是我国绿色煤炭资源勘查程度、智能化和绿色开发水平需进一步提升。

参考文献

[1] 谢和平，任世华，谢亚辰，等. 碳中和目标下煤炭行业发展机遇 [J]. 煤炭学报，2021，46（7）：2197–2211.

[2] 彭苏萍，张博，王佟. 我国煤炭资源“井”字形分布特征与可持续发展战略 [J]. 中国工程科学，2015，17（9）：29–35.

[3] 谢克昌. 推动能源生产和消费革命战略研究 [M]. 北京：科学出版社，2017.

[4] 中华人民共和国统计局. 中国统计年鉴 [M]. 北京：中国统计出版社，2021.

[5] 彭苏萍，毕银丽. 黄河流域煤矿区生态环境修复关键技术与战略思考 [J]. 煤炭学报，2020，45（4）：1211–1221.

[6] 王家臣，刘峰，王蕾. 煤炭科学开采与开采科学 [J]. 煤炭学报，2016，41（11）：2651–2660.

[7] 王蕾. 新能源产业发展回顾与展望 [J]. 中国发展观察，2019（16）：31–35.

[8] 张涛，姜大霖. 碳达峰碳中和目标下煤基能源产业转型发展 [J]. 煤炭经济研究，2021，41（10）：44–49.

第3章 煤炭清洁低碳转型战略

煤炭是我国的主体能源和重要原料，为中华民族伟大复兴作出了不可磨灭的历史贡献，在今后较长时期内，特别是在推动我国能源转型发展中还将发挥不可或缺的兜底保障作用。作为“双碳”目标的主战场，能源产业的减碳、降碳是我国“双碳”工作的重点方向。由于我国以煤为主的能源禀赋现状，在保障能源安全的基础上，开展煤炭清洁转型和降低消费过程中的碳排放强度是实现“双碳”目标的必然选择。

3.1 煤炭清洁低碳转型必要性和意义

作为世界上最大的发展中国家，“双碳”目标不仅彰显了我国应对气候变化的大国担当，也是我国实现高质量发展、构建人类命运共同体的重要举措。在“双碳”目标驱动下，以煤炭为主的化石能源占比将逐步下降；光伏、风电等非化石能源有望加快发展，占比进一步提升；同时，碳技术和碳市场在政策、需求推动下也将逐步得到重视。

3.1.1 能源结构升级的必然趋势

碳达峰碳中和并非一蹴而就，需要付出艰苦卓绝的努力。我国是世界上最大的发展中国家，能源和电力需求仍有较大增长空间，且以煤炭为主的化石能源资源禀赋决定了“双碳”目标并非短时间内可以实现，即便达峰也可能有一个较长的峰值平台期出现。同时，我国碳排放基数大，当前减碳政策、措施还不健全，相关技术手段亦不完备，要实现倒U形减碳路径难度很大。相比之下，发达国家从碳达峰到碳中和需要60年左右，而我国只有30年，面临的挑战比其他国家更大。

我国能源将从以清洁发展为主线转向以低碳发展为主线，2030年前碳达峰意味着煤炭消费需在此前甚至2025年前率先达峰；2060年前碳中和意味着在达峰后几十年内煤炭等化石能源消费量大幅降低，同时，推动光伏、风电等新能源发展。因此，围绕低碳发展，从现实有效的途径来看，能源发展的重点在于节能降耗、结构调整、碳技术和碳市场三大领域；从实际产业角度来看，能源结构调整是重中之重。

3.1.1.1 节能降耗是实现“双碳”目标的有效手段

我国长期以“保供应”为主的能源发展思路造成产能持续扩张、能源利用效率低下等问题，加之产业结构中制造业占比较高，导致单位GDP能耗居高不下。与末端治理和发展替代能源相比，节能降耗能够带来污染物和二氧化碳减排的协同效应，也是现阶段效果最明显、经济性最好的减排手段。国际能源署研究表明，要实现21世纪末将全球温度升高控制在2℃以内的目标，节能和提高能效的贡献将达49%。

工业用能占我国能源消费量约65%，能效提升最主要的潜力来自余热余压利用、通用设备的能效提升以及基于数字化技术的流程和系统优化。目前，建筑能效提升处于蓬勃发展期，存量的公用建筑单位能耗水平相较民用建筑更高，未来有很大的节能空间，是下一步能效发展的新动力，将主要集中在建筑围护结构和供暖制冷系统的能效提升方面。此外，数字化、智能化等新一代信息技术的快速渗透与应用，也将为传统建筑行业挖掘更深层次的节能潜力。

3.1.1.2 能源结构调整是实现“双碳”目标的重要途径

从供给端看，需大力发展清洁能源，降低化石能源尤其是煤炭的消费占比。由于资源禀赋特点，我国能源供给体系以化石能源为主，而二氧化碳排放主要来自化石能源消费，其中煤炭排放占76.6%、石油排放占17.0%、天然气排放占6.4%。减少碳排放的重点之一是减少化石能源尤其是煤炭消费占比。

从消费端看，需提高终端部门电气化率，加速化石能源替代。终端部门碳排放主要来自工业、建筑、交通三个领域，减碳重点是提升终端电气化率水平、减少化石能源消费。据中国能源研究会预测，到2060年我国终端部门电气化率将由现在的27%提升至64%。具体而言，工业电气化的重点是工业过程热电气化，主要措施包括微波加热、红外加热、电弧加热等新技术应用；建筑电气化的重点是采暖电气化，热泵是采暖电气化的主要手段；交通电气化的重点是乘用电动汽车渗透率的增长。为实现这一目标，一方面需克服电动汽车里程和充电焦虑，主要措施包括电池技术持续进步和充电模式不断创新；另一方面需形成对燃油汽车的差异化优势，通过智能网联、无人驾驶、人性化服务等创造新体验，使电动汽车成为新兴热点科技和出行体验的载体。

从政策端看，围绕“双碳”目标的相关规划、制度将陆续出台，金融支持力度也将加大。2020年年底召开的中央经济工作会议首次将“做好碳达峰碳中和工作”作为2021年我国八项重点任务之一，提出要抓紧制定2030年前碳排放达峰行动方案，支持有条件的地方率先达峰。随后，各部委均表示将围绕“双碳”目标开展政策研究和工作部署。其中，国家发改委表示部署开展“双碳”目标相关工作，完善能源消费双控制度；工信部表示围绕“双碳”目标节点，实施工业低碳行动和绿色制造工程；生态环境部表示正加紧编制2030年前二氧化碳排放达峰行动方案；央行将落实“双碳”目标重大决策部署作为2021年十大重点工作的第三位，仅次于货币、信贷政策。

3.1.1.3 碳技术和碳市场将成为主攻方向

有关研究显示，到2050年我国仍可能有10亿~20亿吨碳排放量，这需要通过负碳技术进行减排。负碳技术主要包括再造林、生态修复、新型建筑材料、土壤固碳、碳捕集利用与封存、直接空气碳捕捉与封存、生物质能源碳捕捉与封存、生物质炭等，已受到世界各国的关注。我国在这一领域也有试点示范，国家能源集团、华能集团等发电企业现役机组已建成投产多套二氧化碳捕集实验、示范装置，预计未来在钢铁、水泥、化工等高碳行业也将逐步示范应用。从中长期看，被纳入碳市场的企业一方面可能受限于排放配额，导致生产成本上升；另一方面也可通过技术改造降低碳排放，节省的配额可以在碳市场上交易获得收益。因此，如何面对碳排放交易市场运行带来的机遇和挑战是能源企业必须考虑的问题。

3.1.1.4 可再生能源替代将由增量向存量替代演进

碳达峰碳中和是一场广泛而深刻的经济社会系统性变革，明确了绿色低碳发展的时间表，将加速我国清洁低碳、安全高效的能源体系建设。其间，构建以新能源为主体的新型电力系统任务艰巨，同时，以煤炭为主的化石能源消费比重下降不可逆转。未来十年，可再生能源替代将由增量替代逐步向存量替代演进，煤炭消费量也将进入峰值平台区，而后逐步下降。煤炭等传统能源企业亟须认清形势、主动参与、主动求变，在做好能源供应“压舱石”的前提下积极减排、主动转型。

首先，控制煤炭增量，优化存量。“十四五”是煤炭行业转型升级的关键期，在“双碳”背景下，新建煤矿受审批严、周期长、成本高等影响将更加凸显，加之部分存量资源逐渐枯竭，煤炭企业兼并重组将提速，产业集中度有望进一步提升。对于存量煤矿，需深度运用大数据、云计算、物联网、移动互联网、人工智能、区块链等先进信息技术构建智能矿山，实现节能降耗、减员提效，为煤炭行业平稳转型打好基础。

其次，积极减排降碳。在煤炭生产过程中、矿井关闭后，井下瓦斯经由采空区产生的裂隙散发到地表，这是甲烷排放的主要来源之一。甲烷是仅次于二氧化碳的第二大温室气体，对全球变暖的贡献度达 20%。因此，甲烷减排日益迫切。在“双碳”目标下，加强煤层气抽采与利用将成为煤炭开采行业实现高质量发展的路径之一。

再次，加快转型升级、战略性超前布局。煤炭等传统能源行业应充分认识碳达峰碳中和的深刻内涵与深远影响，战略性推动化石能源原料化应用及新能源、节能、碳技术和碳市场等相关领域发展。同时，抓住近十年的关键窗口期，探索发挥区位、土地、资金等优势，积极在上述领域布局，以长远视角发掘传统能源向新能源转型的方向、路径与方式，找准转型发展的切入点，把握低碳发展下的新增长点。

3.1.2 新能源替代倒逼煤炭发展

3.1.2.1 优势方面

短期内，特别是在碳达峰之前，煤炭的资源赋存条件与生产供给能力、产业规模及能源结构占比、经济性与消费灵活性等方面存在明显优势，为煤炭行业的发展与转型提供了基础条件。

首先，新能源替代煤炭成为基础能源短期内不易实现，煤炭基础能源地位和资源优势依然明显。随着我国煤炭工程科技的进步，煤炭资源开发已经向规模化和智能化发展，同时煤炭资源利用不受气候、季节的影响，具有经济、稳定、可靠等优点；而新能源短期内无法解决相关问题，也为煤炭的发展提供了客观条件。从碳达峰目标上看，即便到 2030 年碳达峰前非化石能源占一次能源消费的比重达到 25%，但煤电下降量有限且仍将是主要的电力供应者。

其次，煤炭行业具有一定的行业优势和市场基础。由于煤炭资源大宗商品的属性，在企业、产业、市场、全社会消费等层面具有良好基础和积累，从技术、投资、建设到运营和维修服务已形成完整的产业链，形成了一批大型的现代化煤炭企业，如 2020 年《财富》世界 500 强排行榜中就有 12 家煤炭企业上榜，而非化石能源领域只有中国核工业集团有限公司上榜。同时，新能源装机和实现并网的过程需要煤电作为调峰电源，短期内煤炭的基础能源地位变化有限，煤炭发展的优势依然存在。

3.1.2.2 劣势方面

我国以煤炭为主的能源结构决定了能源系统的碳排放强度较高，其中煤电、工业用煤是我国煤炭消费的主要碳排放源。根据国际能源署数据，2018 年仅煤电一项就占我国化石燃料燃烧相关碳排放量的 48.4%，相当于美国化石燃料燃烧的碳排放总量，并高于欧盟各国总和。全球新能源发展趋势下的国际压力和社会舆论给我国煤炭的发展带来了阻碍，未来投资环境和金融环境可能恶化，资金使用成本将大幅提高，资金链风险将提升，不利于煤炭行业相关企业的生存与发展。此外，煤炭开采长期存在安全、生态环境破坏、水资源约束、矿工职业病等现实问题，还存在一定比例的落后产能、废弃矿区环境治理的遗留历史问题。上述问题叠加严重制约了煤炭的高质量发展。

3.1.2.3 机会方面

我国煤炭行业科技创新发展十分活跃，未来 30 年，先进发电技术和碳封存与利用技术有望实现重大突破，将大幅实现煤炭消费的碳减排。表 3.1 给出了相关前沿技术的发展现状。另外，参与国际碳汇市场、增加植树造林等具有较高的可行性，在碳中和的大背景下也将倒逼全社会用煤效率提升，有助于减少煤基资源消耗的碳排放量。目前，我国冶金、建材、化工三大行业煤耗量占全国煤炭消费总量的 30% 左右，碳减排潜力较大。此外，我国煤制燃料、煤制烯烃等煤化工技术已成熟，基本形成了完整的产业链，已具备建立大型现代煤炭深加工市场的条件，未来现代煤化工领域将成为煤炭转型的重要方向。

表 3.1 我国煤炭行业前沿技术的发展现状

技术名称	技术特点	技术成熟情况
700℃超超临界发电	供电效率可提升到 48%~50%	关键技术不成熟，国内建设了示范实验平台，无具体示范项目
IGCC	联合循环效率可达 60%	技术基本成熟，建成天津华能 IGCC 示范电厂
IGFC	利用效率为 60%~80%	正在研发，开展示范项目，但 SOFC 及系统集成技术不成熟
CCS	实现二氧化碳的物理封存	盐 / 咸水层的地质封存技术基本成熟，建成多个示范项目；其他封存技术尚不成熟，多处于实验室阶段
CCUS	利用或转化二氧化碳	油田二氧化碳驱油技术基本成熟，形成了示范项目；废弃矿井二氧化碳提取煤气、SOEC 等利用技术还在实验室阶段
煤基深加工	替代石油、天然气资源，转化为化工原料及炭基材料	煤制油、煤制天然气、煤制烯烃等煤化工技术已基本成熟，各类示范项目初具规模

3.1.2.4 挑战方面

新能源技术发展迅速，核电、风力发电和光伏发电等新能源产业初具规模且保持高强度的装机增速，发电成本不断下降，经济性不断提升，加之绿色低碳能源优势，新能源竞争力不断增强。随着非化石能源消费占比加速提升，煤炭资源优势下降、劣势更加显著，将迎来一系列新的挑战问题。而当前对洁净煤技术突破和创新速度的要求也持续提升。此外，碳中和背景下煤炭领域人才培养、高校招生和招工用人等将受到极大影响，出现专业性人才缺口的可能性较大，装备制造、维修、技术服务等煤炭关联产业链的稳定性和可靠性也将受到影响。

3.1.3 国家战略和能源安全需求

能源安全是国家安全的重要组成部分，是保障未来和平发展的关键因素之一。当前，全球能源价格上涨，国际油气价格震荡运行，多国出台政策禁止煤炭出口，全球能源体系正发生结构性演变，存在供给失衡风险和地缘安全冲击，未来能源安全面临的风险因素进一步增加。

从国情出发，我国仍是发展中国家，发展是解决一切问题的基础和关键。尽管国家已投入大量政策资金发展可再生能源，但短期内要依靠新能源大规模取代化石能源并不现实，在未来一段时期内化石能源仍为我国能源主体。同时，鉴于我国石油和天然气对外依存度过高的现状（2020 年天然气外采量占比 42.2%，石油外采量占比 73.4%），以能源金融为代表的全球能源体系存在较大失衡风险，油气自主供给能力有待加强。

因此，煤炭虽然不是理想的绿色能源，但却是我国资源最丰富、供给最有保障、生产和消费最为经济的能源品种，保能源安全的基础环节是保煤炭安全。

3.2 煤炭清洁低碳转型阶段性规划

碳中和背景下煤炭的消费和占比下降将成为必然趋势，为避免煤炭相关行业“断崖式”无序被动地离场，减少资金、人才、资产的浪费以及带来失业、就业、人员安置等社会问题，煤炭行业未来的发展需要积极主动转型。综合考虑能源结构、资源赋存、产业规模和技术积累等方面优势及未来发展的机遇和需求，特别是需要充分重视准备期内基础能源的优势与利用未来技术进步的机会，整合优势资源，加快资金、技术、人才储备，通过有序竞争实现平稳的转型发展。

3.2.1 准备期（2021—2030 年）

本阶段碳减排的策略是加快收益回收，超前谋划发展与转型协同布局，实施煤炭清洁高效利用的碳减排路径。充分利用好碳达峰前十年窗口期，保持煤炭行业相关企业稳健发展，注重行业收益回收与积累、优质资源投资，为未来煤炭行业转型与碳减排做好资金、技术、人才各方面储备。加强煤炭生产与消费之间的协调，做好整体产销计划，逐步实现以需定产，避免产能过剩，减少煤炭行业生产端的自我竞争。此外，煤炭企业积极介入新能源行业，为煤炭生产、燃煤发电与新能源发电的协同发展创造条件，在一定程度上将行业间竞争转化为部分内部协作。

本阶段碳减排的实现路径主要通过节能提效来减少煤炭消耗。加强煤炭清洁高效利用，优化煤炭利用结构，从淘汰落后用煤、节能技术更新、清洁利用技术改造等方面发展洁净煤技术，以提高煤炭利用效率，协同减少煤炭消耗总量和污染物排放。逐步降低火电厂的平均供电标准煤耗，同时注重燃煤锅炉的节能减排技术应用与管理；淘汰高煤耗的落后供热锅炉，继续推进燃煤机组节能技术与超低排放技术的改造，加强余热利用技术，发展煤电热冷多联产；全面提升建筑、交通、工业各行业煤炭的综合利用效率，杜绝单一的燃煤热利用，力争2030年前实现全面的煤炭清洁高效利用，完成煤炭行业向技术密集型行业转型。

3.2.2 竞合期（2031—2050年）

本阶段碳减排的策略是加强先进燃煤发电与碳封存、碳利用能力，降低燃煤发电碳排放水平，推动煤炭行业低碳利用与碳汇能力建设。本阶段在煤电“让路”的同时，积极主动发展先进的燃煤发电与碳封存、碳利用等洁净煤技术，以及合理利用碳汇工具，赢取煤炭消费市场和发展空间，推动煤炭企业向下游及关联行业延伸，完成向综合性能源与矿山企业转型。技术创新引领是新兴产业发展的最重要驱动力，长期来看，先进发电技术有望得到突破，仍需持续支持先进燃煤发电技术的科技攻关和示范建设，实现基于先进发电技术下的煤炭大规模、集中化的清洁高效利用。

本阶段碳减排的实现路径主要通过加强碳循环与封存、利用能力，从排放端和碳汇端两个维度实现。排放端减排路径主要通过碳捕集与封存技术（Carbon Capture and Storage，CCS）和碳捕集利用与封存技术（Carbon Capture，Utilization and Storage，CCUS）实现物理封存或碳循环。其中，CCS是指将煤化工、燃煤电厂和石油化工装置排放出的二氧化碳经捕获浓缩后注入地下封存的技术；CCUS是指二氧化碳经捕获浓缩后注入油田，用于驱油后再封存、再投入到新的生产过程中进行循环再利用的技术，是碳捕集与封存的升级技术。CCUS包括二氧化碳捕集、运输、埋存和利用。碳汇端减排路径主要包括自然界碳循环和区域间碳排放交易：首先是煤炭企业积极推进矿区生态开发，发展可再生能源开发利用，特别是矿区废弃地等不易耕种土地的植树造林，为煤炭行业积累大规模碳汇；其次是通过经济手段购买碳排放权，积极参与国际碳汇交易市场，同时注重国内区域间和行业间的碳交易，布局和储备不同时间段的碳排放配额，构建科学、有序的碳排放权交易方案。

3.2.3 完成期（2051—2060年）

本阶段碳减排的策略是突出煤炭的原料属性与安全应急保障属性，转型打造多元化的新市场和新经济特色。实现角色属性转型——应急储备能源与油气替代资源，将煤电从基础能源转为可再生能源的备用电源，发挥“托底”作用。同时，基于煤炭转化技术，将煤炭资源作为重要工业原材料，打造绿色、低碳煤炭原料与应急能源的新型煤炭行业。煤炭未来的重点转型方向是打造煤炭资源清洁转化产业与新的煤炭消费市场，将煤炭资源从能源转向原料。未来煤炭是以原料作为主要属性，要持续发展清洁燃料和基础化工原料的现代深加工技术、煤基先进材料技术等。此外，形成新经济发展的特色优势，特别是面向能源数字经济、智能化生产、生态修复与开发等方向，实现企业角色转变与多元化发展。

3.3 煤炭清洁低碳转型思路和目标

3.3.1 煤炭清洁低碳转型思路

以习近平新时代中国特色社会主义思想为指导，认真落实党中央、国务院决策部署，坚持“五位一体”总体布局和“四个全面”战略布局，坚持创新引领、绿色低碳、美丽生态发展理念，推进能源生产和消费革命。以产业升级为主线，构建清洁低碳、安全高效的能源体系，提升煤炭转化效率和效益，强化生态环境保护。在优化能源结构的同时，充分发挥煤炭的主体能源作用，满足社会经济发展的能源需求，保障国家能源安全。坚持科技创新是引领煤炭清洁高效利用发展的第一动力，以深入实施创新驱动发展战略、支撑供给侧结构性改革、支撑“一带一路”倡议的实施为主线，转变煤炭发展方式，支撑我国煤炭减量化、清洁化、低碳化转型以及“双碳”目标实现。

坚持把煤炭作为保障国家能源供应安全的基石作为战略任务。突破传统观念，建立互利合作、多元发展、协同保障的新能源安全观，促进煤炭与其他能源的协调发展，实现能源“供得上”“买得起”“环境友好”和“可持续”。

坚持把支撑经济社会持续发展作为根本宗旨。切实转变发展观和消费观，在煤炭开发利用全过程开发和应用先进适用的节能技术，严格控制不合理的煤炭消费，控制煤炭消费总量，形成“倒逼”机制。

坚持把煤炭的清洁高效利用作为发展重点。全面推进煤炭开发利用的绿色优化调整，在能源增量以清洁能源为主导的大背景下，积极推进煤炭等存量能源清洁高效的改造升级。

坚持把创新驱动作为强大动力。加强煤炭战略性前沿技术和重大应用技术研发，由目前靠需求拉动的“被动”式创新逐步向由技术积累和需求拉动双重推动的主被动相结合的创新模式转变。

坚持把“2030年碳达峰、2060年碳中和”作为重要导向。考虑到煤炭资源的战略地位，推动煤炭由主体能源向基础能源转变，保障国家能源安全，推动能源产业升级换代。

3.3.2　煤炭清洁低碳转型目标

3.3.2.1　全局性节能减排

碳中和倒逼煤炭转型，不仅要注重煤电消费主体的自身可持续发展，开展先进煤炭发电等高效利用技术以及碳封存与转化利用技术创新，更要加强在煤炭绿色开采、煤层气利用（甲烷减排）、煤炭加工和煤炭储运等煤炭发电与消费前端产业链各环节的碳减排。要突出推进全局节能，同等重视提升煤焦化、冶金、水泥、化工等各行业煤炭资源的利用效率，积极探索难脱碳领域的减排方式，全方位科学规划煤炭消费的碳减排路径。

3.3.2.2　全行业多元发展

新形势下煤炭企业转型需要积极探索多元化发展，特别是在生产服务、大数据管理、绿色发展、智能化等领域强化发展优势。当前，煤矿、煤电、煤炭洗选加工、煤化工等不同煤炭领域企业面临的转型问题存在较大的差异性，对于未来转型如何利用现有优势发展，缺少具体执行路径与科学思考。

要强化煤炭资源的应急安全储备功能，加强煤炭的原料属性及其现代化工品供应能力，做好煤电充当备用安全电源的转型机制，包括大型煤矿产能的快速提升能力、极端气候条件或恶劣天气事件等突发情况下区域或城市备用电力供应系统建设等。

未来煤炭消费下降，势必形成大规模的废弃煤矿、废弃煤电厂，并将出现矿区废弃地及其剩余废弃资源的开发利用、矿区生态修复、废弃电厂资产回收、退出企业人员安置等一系列问题，需要结合新的发展形势特征，面向能源数字化管理、智能化生产、生态修复、废弃资源利用等新兴产业方向，深入研究企业转型发展的基础、优势与不足，建立健全煤炭领域企业转型发展机制。

3.3.2.3　全阶段科技支撑

遵循市场经济规律，补偿煤电充当“压舱石”和“稳定器”保障责任的碳排放成本，建立新能源发电对煤电应急保障的补偿保障制度与财税优惠，分担煤炭碳排放责任。此外，在“让路”新能源发电时，需要对煤电“让路”所承担的基荷、调峰、备用给予相匹配的市场回报，以实现煤电与新能源发电的互补共存。长期来看，在部分领域实现煤炭的稳健退出需要参考发达国家经验，做好不同层面的政策保障。

加强煤炭领域中长期的科技创新研发投入与人才保障。充分发挥大型综合能源企业的引领作用，加强煤炭行业与其他能源和矿业行业间的协同创新，建立开放共享的碳减排技术国家研发中心；筹备专项基金，持续推进先进燃煤发电、CCS/CCUS、智慧能源技术等重大前沿技术、基础理论攻关与成套装备研发，建设煤矿区碳中和示范项目以及煤矿、煤电和煤化工等煤炭开发利用转化全产业链的碳减排示范项目；注重校企合作与人才储备，有效解决煤炭、化工、电力领域高校未来学科建设与发展问题，长期为煤炭领域发展与转型提供技术服务与人才保障。

3.4 本章小结

我国作为煤炭开采和消费大国，煤炭在我国一次能源的生产和消费结构中均占 70%左右。由于石油、天然气资源短缺，其他新能源难以大规模发展，而煤炭资源丰富、价格稳定，其在我国能源消费中的比重虽然会逐年下降，但其主导地位短时间内不会改变。因此，如何高效、清洁、合理地使用煤炭资源是一个十分重要的问题。在此背景下，本章从能源结构升级的必然趋势入手，梳理了“双碳”目标发展的三个阶段和相关节能减排途径。利用 SWOT 分析手段对新能源替代倒逼煤炭发展战略进行分析，并从国家战略发展层面与能源安全需求方面阐述了清洁能源的重要意义与作用。

随后，本章还对煤炭清洁低碳转型进行了阶段性规划，制定了准备期、竞合期与完成期的主要持续时间、工作任务和相关目标。

最后，从全局性节能减排、全行业多元发展、全阶段科技支撑方面探讨了煤炭清洁低碳转型的具体思路，给出了煤炭清洁转型具体目标。

参考文献

[1] 中国煤炭工业协会．中国煤炭工业壮丽七十年——煤炭生态文明建设（煤炭清洁利用篇）（1949—2019）[M]．北京：应急管理出版社，2019.

［2］Vangkilde-Pedersen T，Anthonsen K L，Smith N，et al. Assessing European capacity for geological storage of carbon dioxide-the EU GeoCapacity project［J］. Energy Procedia，2009，1（1）：2663-2670.

［3］袁亮. 我国煤炭资源高效回收及节能战略研究［M］. 北京：科学出版社，2017.

［4］杜祥琬，周大地. 中国的科学、绿色、低碳能源战略［J］. 中国工程科学，2011，13（6）：4-11.

［5］袁亮. 煤炭精准开采科学构想［J］. 煤炭学报，2017，42（1）：1-7.

［6］孙雪，王成新，郝兆印. "一带一路"战略背景下我国煤炭行业转型发展探究［J］. 煤炭经济研究，2015，35（7）：22-25.

［7］谢和平. 我国煤炭安全、高效、绿色开采技术与战略［R］. 北京：中国工程院，2012.

［8］王家臣，刘峰，王蕾. 煤炭科学开采与开采科学［J］. 煤炭学报，2016，41（11）：2651-2660.

［9］袁亮. 煤与瓦斯共采［M］. 徐州：中国矿业大学出版社，2016.

第4章　煤炭开采清洁低碳转型路径

双碳背景下，绿色转型迫在眉睫。一方面，2030年后煤炭在我国能源结构中的占比或快速下滑，绿色、低碳转型发展是煤企不得不面对的问题；另一方面，煤企多为央企、省属最大国企，应当在推进国家“双碳”目标中发挥示范引领作用。本章介绍了煤炭开采发展现状以及煤炭开采低碳转型的意义，并从科学开发、全面提质、输配优化、科技创新、生态建设五个方面对煤炭开采清洁低碳转型路径展开进一步阐述。

4.1　煤炭开采发展现状

4.1.1　我国是世界煤炭产消大国

我国是全球最大的煤炭生产国，2019年煤炭产量38.4亿吨，占世界煤炭产量的51%。多年来我国煤炭产量持续增长，2013年达到历史峰值39.7亿吨，之后受经济增速放缓、能源结构调整、节能降耗等因素影响，连续三年煤炭产量下降；并于2017年后受高耗煤产业的拉动，恢复增长，如图4.1所示。

我国也是全球最大的煤炭消费国，2021年煤炭消费量29.3亿吨，占世界煤炭消费量的56%，自2011年起占比已连续10年超过50%。与煤炭生产量变化情况类似，我国煤炭消费量在2013年达到历史峰值42.4亿吨，之后经历了先下降后上升的过程。煤炭消费主要用于发电和供热、工业生产、民用和化工等行业和领域，如图4.2所示。

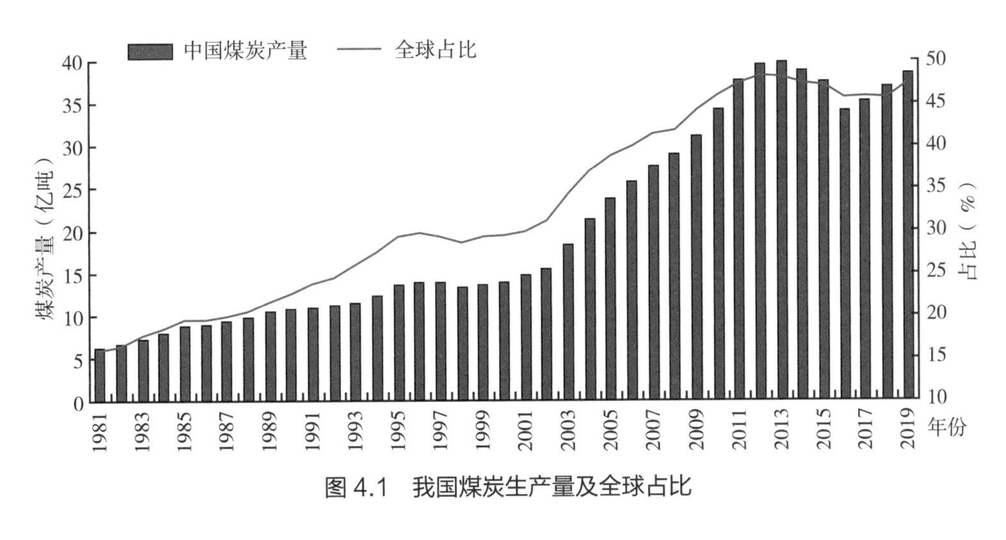

图 4.1　我国煤炭生产量及全球占比

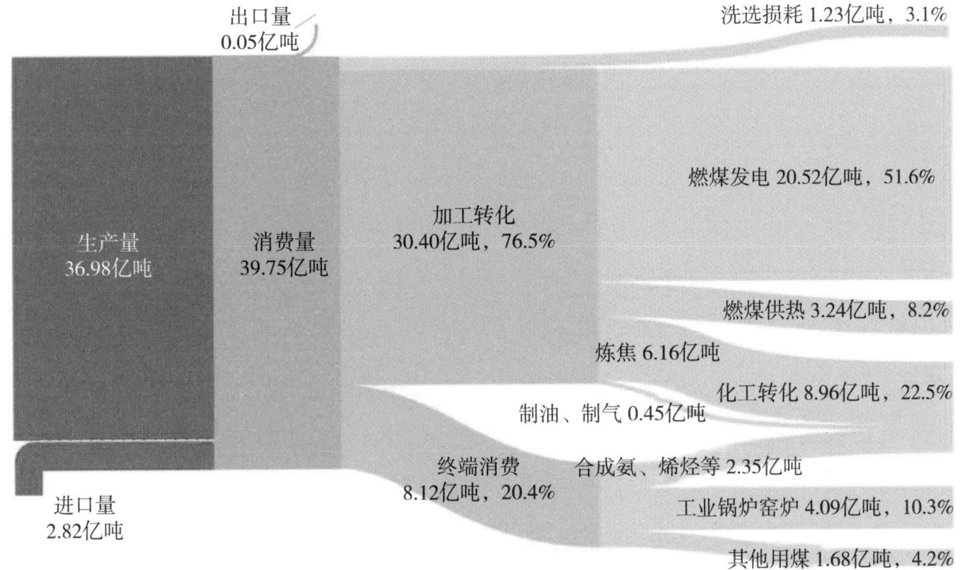

图 4.2　2018 年我国煤炭流向图

数据来源：中国能源统计年鉴 2019。

4.1.2　生产向富集地区集中

从产煤地区看，煤炭生产开发进一步向大型煤炭基地集中。2020 年，14 个大型煤炭基地产量占全国总产量的 96.6%，比 2015 年提高 3.6 个百分点；全国规模以上企业煤炭产量 38.4 亿吨，比 2015 年提高 0.9 个百分点，其中有 8 个省区原煤产量超过亿吨（表 4.1）。与此同时，大型现代化煤矿成为全国煤炭生产主体，已建成年产 120 万吨以上的大型现代化煤矿 1200 处以上，产量约占全国煤炭总量的 80%。

表 4.1　2020 年全国规模以上企业原煤产量超过亿吨省区

地区	产量 / 亿吨	同比增速 /%	占全国原煤产量比重 /%
山西	10.63	8.2	27.66
内蒙古	10.10	-7.8	26.04
陕西	6.79	6.3	17.68
新疆	2.66	9.3	6.92
贵州	1.19	0.3	3.11
安徽	1.11	0.9	2.88
山东	1.09	-8.6	2.84
河南	1.05	-1.3	2.76

数据来源：国家统计局。

4.1.3　供应表现阶段性紧张

一是短期内需求过快增长，煤炭供给难以适应。煤炭供应紧张的直接原因是煤炭生产能力不足，而现有各类煤矿虽已具备超额完成生产任务的能力，但在市场调节作用下不能及时满足市场动态调整需求，使本来供求平衡的煤炭市场在短期内出现一定的供应缺口。

二是煤炭运输能力滞后。我国的煤炭工业主要集中于北方尤其是山西、陕西和内蒙古自治区，而煤炭的消费地则主要集中于经济发达的东南沿海地区，工业布局与煤炭资源的错位形成了北煤南运、西煤东运的格局。但铁路建设需要较大的投入、较长的建设期，短期内难以解决运输问题，运力成了影响和制约煤炭供需平衡的重要因素。

三是煤炭与电力价格关系不合理，电煤供应的价格机制仍没有形成。虽然煤炭价格已经市场化，但占动力煤总量很大一部分的电煤未完全进入市场，电煤价格受政府计划管制，远低于市场价，存在的差价使得煤炭企业没有多少动力向火电企业供应电煤。相比只占动力煤总量 30% 的冶金用煤，价格早已市场化。逐利冲动将驱使煤企减少电煤供应，转而生产价格更高的焦煤，从而加剧电煤供应紧张。

4.1.4　安全生产投入增加

由于煤炭工业生产过程常常是在恶劣和复杂的环境下进行，具有较高的潜在危险因素，煤矿企业安全生产问题一直是重要的研究课题。随着煤炭安全投入的进一步增加，煤矿资源开采条件、煤矿开采设备和技术水平、煤矿管理水平、国家政策法规、社会经济发展水平和社会科学技术水平等多方面因素进一步完善，当前我国煤炭安全形势不断向好发展，死亡人数从 2004 年的 6027 人大幅下降到

2018年的333人，减少了94.47%；百万吨死亡率从2004年的3.08下降到2018年的0.093（首次降至0.1以下），降低了96.98%。究其原因，煤炭安全还需从管理和技术两个方面着手。因此，实现煤炭安全生产的目标，首先要依靠安全工程技术，提高煤矿行业的机械化水平，规避大部分危险因素；其次要加大安全投入，增强对员工的培训，减少由人为因素导致的安全事故。

4.1.5 老矿区生态问题突出

一是因开采挖掘诱发的地质环境问题，一方面挖掘过程必然导致土地资源的破坏，造成矿区滑坡、岩体坍塌等相关的地质环境问题；另一方面在开采过程中产生的大量煤渣和煤矸石等附属物质经扩散和迁移，引起地质表面腐蚀、土壤辐射等环境问题。二是破坏大量土地资源，一方面我国煤炭行业普遍使用的井工开采会造成地表严重塌陷；另一方面因开采而形成的煤矸石、过滤物以及煤渣大多堆放在煤矿开采区周围的地表层，而这些废弃物经地表水和雨水侵蚀后会严重改变废弃物所在区域的土壤结构和土壤功能。三是由开采引发的水污染问题，一方面开采会严重破坏岩层的原始应力、影响原有地层的岩层结构，导致地下水水位、河水流向发生重大改变，引发区域水资源缺失；另一方面开采过程中产生大量污水，甚至含有有毒物质和重金属元素，一旦直接排入地表，将渗入地下水系统和地表河流，污染清洁水资源。四是在开采加工运输以及使用过程中排放的烟尘所引发的大气污染问题。五是在开采过程中因使用大量大型机械设备产生的噪声污染问题。

4.2 煤炭开采清洁低碳转型路径

4.2.1 科学开发

近年来，受地质条件、技术装备、开发投入等因素制约，我国煤炭开发的安全、效率、环境问题比较突出。2010年我国科学产能 1.08×10^9 吨，仅占煤炭总产能的1/3左右。为此，应大力推进煤炭科学开发，建立科学产能综合评价指标体系，全面推进以煤炭安全、绿色、高效开采为目标，提升科学产能比例。按照“符合标准准予开采，新建矿井达标建设，不达标准升级改造，不可改造强制退出”的思路，煤炭开发总量控制在 4.5×10^9 吨以内；保持现有1/3达到科学产能标准的矿井，改造1/3未达标矿井，逐步淘汰1/3落后和不可改造产能。到2020年，科学产能达到 3.2×10^9 吨，比重达到70%；到2030年，科学产能达到 3.9×10^9 吨，比重达到85%。

同时，按照“保护与减轻东部，稳定开发中部，加快开发西部”原则，大幅增加晋陕蒙宁甘地区科学产能，推进新青区煤炭科学开发，加快东北地区中小煤矿整合改造，推进华南地区煤炭安全开发。坚持煤炭丰富地区优先发展的原则，统筹考虑煤炭资源、煤炭需求、水资源、环境条件、区域经济发展等因素，加强煤炭产业基地建设。如在宁夏宁东、内蒙古鄂尔多斯和陕西榆林能源“金三角”地区稳步推进大型煤炭基地、火电基地和煤化工产业基地建设；在新疆地区加快煤炭科学开发，优先发展以煤制油、煤制天然气、煤制烯烃等高载能产品为目标的煤炭深加工；在西南地区大力推进煤炭安全开发，实施保护性限采措施，控制新建煤化工项目，推进基地化发展。

4.2.2 全面提质

我国煤炭对口配送方式相对粗放，严重影响煤炭综合利用效率。应将煤炭全面提质、按质使用相结合，以最简单的方式、最少的投入、最有效的措施提高煤炭利用效率，减少无效运输和污染物排放。

全面提高煤炭供应质量，建立煤炭洁配度指标体系，制订煤炭产品准入标准，规范煤炭生产、输配、转化和利用过程中的商品煤质量；积极发展先进适用的煤炭提质加工技术，推进煤炭提质与配煤由低提质率、粗放式配煤向全面提质、对口消费方式转变；全面提升煤炭洁配度水平，推进煤炭的分质、分级利用，最大限度提高煤炭利用效率，减少煤炭生产和利用过程中的环境污染。力争到 2020 年，原煤入洗率达到 70%，电力用煤比例达到 55% 以上，洁配度达到 42%；到 2030 年，原煤入洗率达到 80%，电力用煤比例达到 60% 以上，洁配度达到 54%。

4.2.3 输配优化

我国煤炭的生产与消费格局决定了必须对煤炭进行大规模、长距离调运。随着煤炭生产重心的进一步西移，我国煤炭产消矛盾将更加突出。煤炭作为一种可以转化的资源，主要有两种调运方式：一是煤炭直接外输；二是煤炭就地转化，以电能等形式外输。从能耗看，1500~1800 千米是临界距离，超过临界距离，输煤优于输电；从水资源占用角度考虑，西部煤炭主产区大多缺水，输煤一般要优于输电；从安全角度看，输电与输煤并举是最佳选择。

统筹优化煤炭输运模式，应坚持输煤输电并举、“低质煤本地消费、优质煤远距离输配”和“提质后输配”的原则，统筹煤炭和电力调运布局，推进煤炭能源运输由长距离输煤、输电独立发展向优化输配方式转变，加快提高煤炭主产区的铁路外运能力，在内蒙古、新疆等区域建设一定容量的燃煤发电、远距离输电外送；新疆地区以远期输煤为主，近期加紧发展输电；在条件适宜地区考虑煤就地转化为油气后外输。力争到2020年，主产区输煤、输电比重由2010年的7.6∶1调整到3∶1~5∶1。

4.2.4 科技创新

能源科技创新与发展是抢占世界能源领域制高点的重要手段。经过三十多年的改革开放，我国的煤炭开发利用技术取得重要进展，在煤炭开发、燃煤发电和煤炭转化等领域取得了一批重大成果。但技术创新能力仍显不足，燃气轮机等核心技术和关键装备与国外存在较大差距。增强煤炭科技创新能力，应加快建立煤炭清洁高效可持续发展的科技支撑体系，争取在10~20年内使我国煤炭科技自主创新能力和技术装备达到世界先进水平。实施煤炭清洁高效开发利用重大工程，重点突破煤炭资源勘查、安全高效绿色开发、煤炭提质、先进煤炭燃烧技术和气化、现代煤化工、先进输电、煤炭污染控制、节能等一批核心技术，着力突破一批重大成套装备。积极跟踪世界煤炭技术进展，大力加强国际煤炭技术合作交流，促进创新技术的集成优化。

利用科技创新积极发展循环经济模式也是煤炭企业发展低碳经济的最有效路径之一，遵循“减量化、再利用、再循环”的原则，延长煤炭资源利用的产业链，减少废气、废水、废渣的排放，尽可能地使资源效益最大化。

4.2.5 生态建设

生态文明矿山建设功在当代、利在千秋，不仅关系到煤炭行业的可持续发展，也关系到矿区民生福祉，任务艰巨繁重。应牢固树立和贯彻落实创新、协调、绿色、开放、共享的新发展理念，认真贯彻落实党中央、国务院关于推进煤炭供给侧结构性改革的决策部署，提升煤炭工业发展科学化水平，杜绝煤炭对矿区环境的污染。

煤炭低碳发展，不仅是煤炭末端消费的问题，更要从源头上及生产过程中进行把关。煤炭企业实现低碳发展，要以清洁生产为核心，转变生产方式，对原料选取、加工、提炼到使用报废处置及产品开发、规划等整个生产运营周期进行控制，如以生态环保、运输高效、技术支撑、节约土地一体的封闭作业提高煤炭的开采率；对开采、使用的原材料、生产工艺及完成产品进行分析策划，改变传统作业方式，对可能出现的污染及碳排放问题进行预防控制，通过提高技术水平、降低产品成本、减少污染、综合循环利用资源实现低污染、高效能、高效率生产。

4.3 本章小结

在经济发展新常态下，煤炭行业的绿色转型成为我国新时期经济转型发展的重点领域和重要内容。本章从煤炭开采清洁低碳转型着手，着重分析了煤炭开采现状、煤炭开采清洁低碳转型的意义及主要路径。

首先，在煤炭去产能的大背景下，煤炭产业结构调整加快，煤炭开采现状表现为生产向富集地区集中、煤炭供应表现出阶段性紧张、煤矿安全生产投入不断增加、老矿区生态问题逐渐突出，煤炭清洁转型已经迫在眉睫。

其次，煤炭是我国基础能源和重要原料，煤炭工业关系国家经济命脉和能源安全，煤炭发展走清洁高效利用的绿色发展之路，意义重大。煤炭清洁转型不仅可以提升资源利用效率、协调矿区绿色发展，并直接关系到国家能源安全保障问题。

最后，结合我国实际情况，为我国煤炭开采清洁低碳转型制定切实路径。在能源转型过程中，要做好科学开发，全面提升能源利用质量，进行输送优化，依靠科技创新持续推进并做好煤炭清洁高效利用，从能源开发利用视角做好生态文明建设，服务社会经济高质量发展和国家能源安全。

参考文献

[1] 王少波. 浅埋深煤层开采对生态环境的影响[J]. 煤炭科学技术，2017，45（S2）：14-16，44.

[2] 卞正富，雷少刚，刘辉，等. 风积沙区超大工作面开采生态环境破坏过程与恢复对策[J]. 采矿与安全工程学报，2016，33（2）：305-310.

[3] 张建民，李全生，曹志国，等. 绿色开采定量分析与深部仿生绿色开采模式[J]. 煤炭学报，2019，44（11）：3281-3294.

[4] 谢和平，高峰，鞠杨，等. 深地煤炭资源流态化开采理论与技术构想[J]. 煤炭学报，2017，42（3）：547-556.

[5] 胡振琪，肖武，赵艳玲. 再论煤矿区生态环境“边采边复”[J]. 煤炭学报，2020，45（1）：351-359.

[6] Shad R，Khorrami M，Ghaemi M. Developing an Iranian greenbuilding assessment tool using decision making methods and geo-graphical information system：Case study in Mashhad city[J]. Renewable and Sustainable Energy Reviews，2017（67）：324-340.

[7] 张伟，张金锁，许建. 煤炭资源安全绿色高效开发模式研究——以陕北侏罗纪煤田为例[J]. 地域研究与开发，2016，35（2）：139-144.

［8］缪协兴，钱鸣高．中国煤炭资源绿色开采研究现状与展望［J］．采矿与安全工程学报，2009，26（1）：1–14．

［9］张吉雄，鞠杨，张强，等．矿山生态环境低损害开采体系与方法［J］．采矿与岩层控制工程学报，2019，1（2）：56–68．

［10］万伦来，刘福，郭文慧．煤炭开采对生态系统功能的胁迫作用：模型·实证［J］．环境科学研究，2016，29（6）：916–924．

［11］雷少刚，卞正富．西部干旱区煤炭开采环境影响研究［J］．生态学报，2014，34（11）：2837–2843．

［12］彭建，蒋一军，吴健生，等．我国矿山开采的生态环境效应及土地复垦典型技术［J］．地理科学进展，2005，24（2）：38–48．

第5章　煤化工行业清洁低碳转型路径

煤化工行业是以煤为原料，经过一系列化学加工过程转化为化工行业、能源行业产品。煤化工大多需要经过多个流程和项目才能获得最终产品，会排放污染性物质且消耗大量能源。本章首先介绍了煤化工的分类及煤化工行业的发展现状，然后对煤化工行业清洁低碳转型的意义及路径进行详细论述。在节能降耗工业背景和“双碳”政策的影响下，减少能源消耗、降低环境污染、优化生产工艺、贯彻落实低碳理念和循环经济，对于保持煤化工良好发展态势具有重大意义。

5.1　煤化工分类

煤化工是指以煤为原料，经化学加工使煤转化为气体、液体和固体产品或半产品，而后进一步加工成化工、能源产品的过程。煤化工主要包括煤的气化、液化、干馏以及焦油加工和电石乙炔化工等。

煤化工行业可分为传统煤化工行业和新型煤化工行业。其中，传统煤化工行业主要涉及合成氨、甲醇、焦化、电石等子行业，其特征为企业规模总体上偏小、高耗能、环境污染和技术水平低；新型煤化工行业主要指应用煤转化高新技术，以生产石油替代产品为主的产业，目标产品主要包括煤制乙二醇、煤制油、煤制烯烃、煤制天然气等，具备附加值高、节约煤炭资源、经济效益优化等优势。图5.1为煤化工概况示意图。

5.1.1　煤焦化技术

煤焦化是以煤为原料，在阻隔空气的情况下将温度升至950℃，经过高温干蒸馏生产焦炭并同时产生煤气和煤焦油的工艺。在煤炭加工工艺中，焦化工艺是成

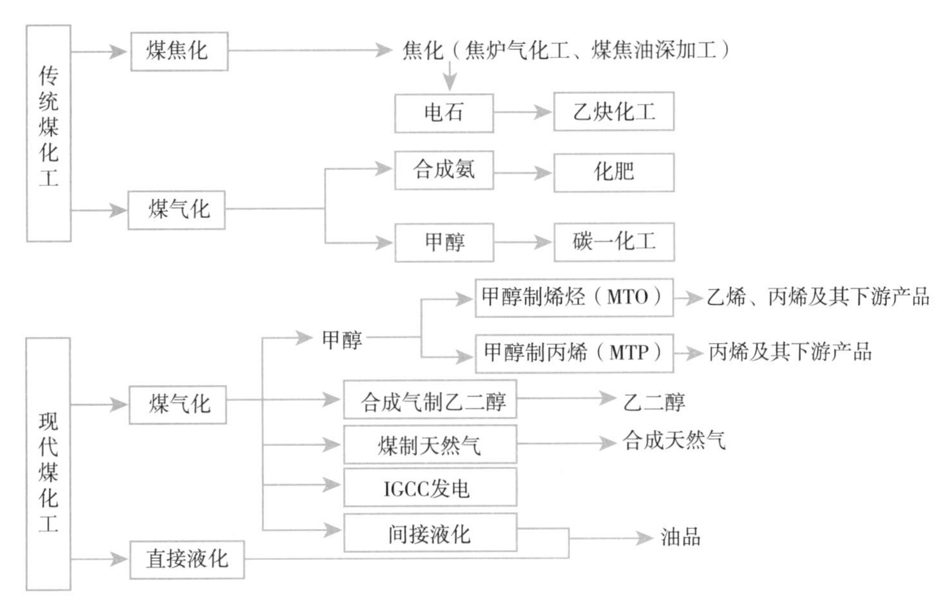

图5.1 煤化工概况示意图

本最低、能源转化率最高、附加产品种类最丰富的工艺，其副产品可为其他行业提供丰富的原材料。煤焦化的主要产品——焦炭、焦炉煤气和煤焦油都是重要的化工原料，其中焦炭是电石和气化生产的原料，主要用于钢铁和其他金属的冶炼和铸造；焦炉煤气中主要含有氢气、一氧化碳、甲烷，不仅是重要的燃料气，而且可以作为合成气合成甲醇、合成氨等化工产品。此外，在我国缺油的情况下，通过煤热干馏先提取焦油、半焦，再用做气化原料或燃料，既可提高煤的经济效益，又可对我国石油短缺起到一定的补充作用，是低变质煤加工的较好途径之一。

煤炭干馏按干馏最终温度不同可分为3种：500~600℃为低温干馏，700~900℃为中温干馏，900~1100℃为高温干馏。煤在低温干馏时得到的煤气称为低温干馏煤气，其中含有大量甲烷、饱和烃和氢气。中温干馏主要用于生产城市煤气。高温干馏主要用于生产焦炭，所以高温干馏也称为焦化；高温干馏时得到的煤气称为高温干馏煤气或称焦炉煤气，其中含有大量氢气；高温干馏时得到的焦油称为高温焦油，其组成中低沸点组分较少；高温干馏时所得到的非挥发性产物称为焦炭。

5.1.2 煤气化技术

煤气化技术包括两种，一种是开采出来的原煤在气化炉中转化生成煤气的过程，另一种是将煤在地下煤层中直接气化为煤气的过程（煤炭地下气化），具体分述如下。

第一种原煤在气化炉中转化生成煤气的技术，是原料煤在一定的温度、压力条件下与气化剂作用生成煤气的过程。煤气化过程的基本条件是气化炉、气化原料和气化剂。其中，气化炉是煤炭气化的设备；气化剂为氧气或其他含氧物质，如空气、水蒸气和二氧化碳等；气化原料为各种煤或焦炭。煤气化的实质是将煤由高分子固态物质转化为低分子气态物质，同时也是改变燃料中碳氢比的过程。煤气化可以生产工业燃料气、民用燃料气、化工合成原料气、氢燃料电池、合成天然气、火箭燃料等，还可用于煤气联合循环发电。可以说，煤气化是煤化工的龙头，是最重要的洁净煤技术，是发展现代煤化工最重要的单元技术。在煤气化技术中，主要包括以下几种工艺：一是固定床气化工艺；二是流化床气化工艺，该工艺是应用最早的煤炭气化技术之一，早在 20 世纪 30 年代就开始使用；三是气流床气化工艺，该工艺需要使用气化剂将煤浆、煤粉等携带到气化炉内，在气化炉的高温条件下产生气化反应。想要更好地实现煤气化技术净化，一方面需要创新煤气化工艺以妥善解决污水处理问题，另一方面还要对相关设备与技术进行优化与更新，有效减少煤气化过程中废水与废渣等有害物质的产生，并实现对废水与废渣的循环利用。

而另一种煤炭地下气化则是一项颠覆性技术，一旦实现突破，将是对煤炭开发、利用、转化、CCUS 等技术形态的重塑。在煤炭开采环节，采用化学开采方法将煤炭在地下原位直接进行气化，产生以甲烷、氢气为主的高热值的可燃气体，将建井、采煤、气化三大工艺合而为一，将物理采煤转化为化学采气，实现了地下无人生产。煤炭地下气化不仅可避免人身伤害和矿井事故发生，还可以避免煤炭开采、运输环节带来的粉尘污染；此外，气化后的矸石、灰渣留在地下，可减少地表固体废弃物堆积带来的环境影响，在一定程度上防止了地表沉降，具体技术流程如图 5.2 所示。在煤炭利用和转化环节，地下煤气化产物可采用煤气

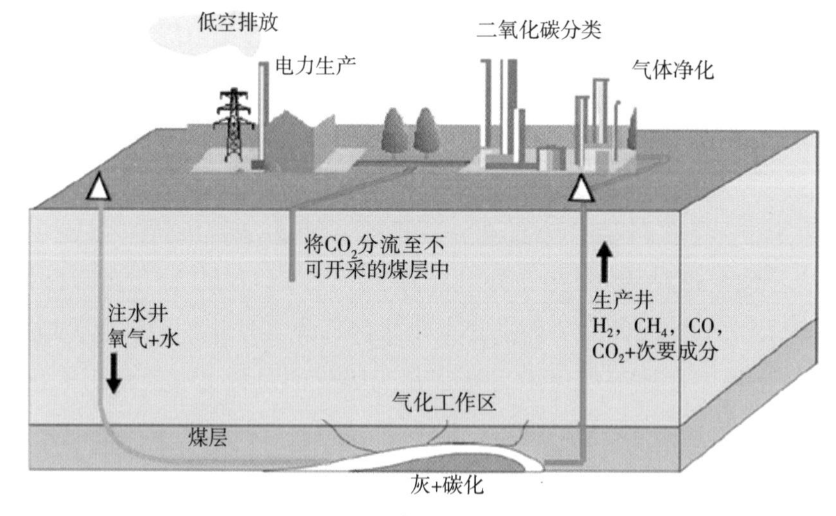

图 5.2　煤炭地下气化技术

化燃料电池发电技术实现高效发电，采用现代煤炭清洁转化技术制备清洁燃气、油品和化学品。同时，煤炭地下气化与 CCUS 技术耦合，可实现煤炭开发利用全流程的低碳、零碳。我国深部煤炭资源丰富，埋深超过 1000 米的煤炭资源量约为 2.86 万亿吨，占总量的 51.34%。然而，深部复杂的地质环境因素给深部煤炭开采带来一系列技术难题，气化开采有望成为深部煤炭开采的最理想方式。

5.1.3 煤液化技术

煤炭液化是指通过化学加工使固态状态的煤炭转化为液体产品（液态烃类燃料，如汽油、柴油等产品或化工原料）的技术。煤炭通过液化，可将硫等有害元素以及灰分脱除，得到洁净的二次能源，对优化终端能源结构、解决石油短缺、减少环境污染具有重要的战略意义。

目前有两种完全不同的煤液化技术路线：一是煤炭直接液化技术，即通过溶剂抽提或在高温高压有催化剂的作用下，给煤浆加氢，使煤直接转化为液体燃料；二是煤炭间接液化技术，即先将煤炭气化制成合成气（一氧化碳 + 氢气），在一定的温度和压力下再将合成气定向催化合成为液体燃料。

鉴于我国煤炭资源相对丰富、煤炭产能过剩，而石油资源相对匮乏的现状，煤炭液化产业发展具备原料及技术上的支撑，实现煤炭液化的产业化运作是缓解煤炭经济不景气的重要途径，大力发展煤炭液化技术是实现我国可持续发展、提高煤炭资源利用率的有效途径。

5.1.4 煤转化后加工产品

煤通过综合应用（焦化、气化、液化等）可生成的化工产品如表 5.1 所示。

表 5.1 煤转化后加工产品

<table>
<tr><th>加工途径</th><th>初产品</th><th colspan="2">粗分离产品</th><th>精产品</th></tr>
<tr><td rowspan="10">焦化</td><td rowspan="9">出炉煤气</td><td colspan="2">焦炉气</td><td>氢、甲烷、乙烷、乙烯、一氧化碳、二氧化碳、氨</td></tr>
<tr><td rowspan="2">粗苯</td><td>轻苯</td><td>苯、甲苯、二甲苯</td></tr>
<tr><td>重苯</td><td>二甲苯、三甲苯、萘、古马隆、茚</td></tr>
<tr><td rowspan="6">煤焦油</td><td>轻油馏分</td><td>苯及其同系物</td></tr>
<tr><td>萘油馏分</td><td>萘、甲基萘、酚、硫茚、古马隆</td></tr>
<tr><td>酚油馏分</td><td>酚、吡啶碱、古马隆、茚</td></tr>
<tr><td>洗油馏分</td><td>甲基萘、二甲基萘、联苯、芴、氧芴、喹啉、吲哚、高沸点酚</td></tr>
<tr><td>一蒽油馏分</td><td>蒽、菲、咔唑、芘</td></tr>
<tr><td>二蒽油馏分</td><td>甲基萘、荧蒽、芘、甲基芴</td></tr>
<tr><td>焦炭</td><td colspan="2">电石</td><td>乙炔</td></tr>
</table>

续表

加工途径	初产品	粗分离产品	精产品
气化	合成气	合成氨	液氨、各种化肥
		合成甲醇	甲醇、甲醛及其系列产品
液化	合成汽油尾气	有机合成原料	甲醇、甲醛及其系列产品

5.2　煤化工行业发展现状

煤炭在我国能源消费中一直占据重要地位。在我国富煤缺油少气的现实条件下，发展煤化工产业对提高国家能源安全保障、实现煤炭清洁高效转化、拓展煤炭利用空间、促进煤炭工业转型升级具有重要意义。

2016 年，我国合成氨、焦炭（不包括用于生产电石的焦炭）、电石、甲醇（不包括作为中间产品的甲醇）行业耗煤量总和达煤化工行业煤炭消耗总量的 89%（图 5.3），传统煤化工仍是我国煤化工行业的主体。

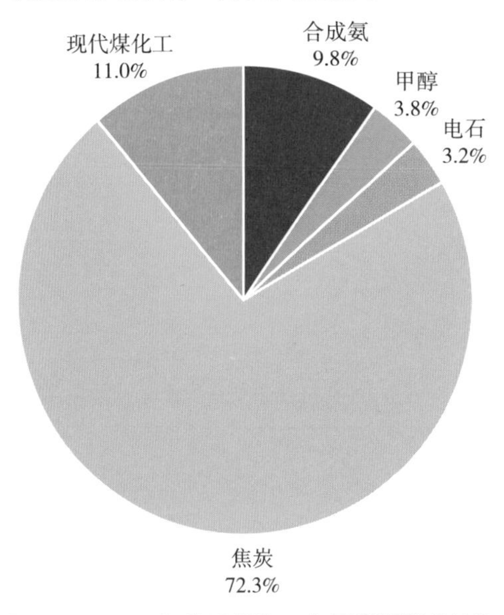

图 5.3　2016 年我国煤化工产品煤炭消费结构

5.2.1　产能过剩与去产能成效

2016 年，焦炭、电石、煤基合成氨、煤基甲醇产能分别达到 6.12 亿吨、4500 万吨、5573 万吨和 5498 万吨，分别过剩 2.16 亿吨、1770 万吨、737 万吨和 1259 万吨，开工率分别为 64.7%、60.7%、86.8% 和 77.1%。焦炭、电石和煤基甲醇产能过剩严重。

煤炭行业是去产能的重点行业之一。为此，国务院印发《关于煤炭行业化解过剩产能实现脱困发展的意见》，建立了部际联席会议制度。有关部门研究出台了一系列配套政策措施，各主要产煤省区政府积极推动，煤炭企业特别是大型煤炭企业认真贯彻落实去产能与脱困发展政策措施。经过不懈努力，煤炭过剩产能得到了有效化解。2016年以来，我国30万吨及以下小煤矿数量减少近一半。到2017年年底，全国煤矿数量从2015年的1.08万处减少到7000处左右。2017年前11个月，煤炭行业共计实现主营业务收入23553.9亿元，同比增长29.4%；煤炭开采和洗选业实现利润总额2717.6亿元，同比增长364%，煤炭行业效益明显好转。

2018年，煤炭企业继续深入推进供给侧结构性改革，年产30万吨以下煤矿产能减少到2.2亿吨/年以内，全行业由总量性去产能转向系统性去产能、结构性优产能。国家能源集团去产能完成5处煤矿、共340万吨，移交6处煤矿、产能240万吨；全年完成煤炭产量5.1亿吨，销量6.8亿吨，创历史最好水平。中煤集团完成杨村煤矿、依兰露天矿去产能任务，退出产能760万吨，核减3座矿井产能270万吨，合计去产能1030万吨。晋煤集团提前完成晋圣七岭煤业、太原煤气化清河一矿、嘉乐泉矿3座矿井以及长沟煤矿关闭任务，并通过产能置换，加快大型现代化高效矿井落地建设；17座矿井达到高产高效标准，先进产能占比达到60%，超出全省总体水平近10个百分点。同煤集团共关闭退出矿井3座、退出产能311万吨，核减3座矿井550万吨；2016—2018年共退出、核减产能1606万吨，超过“十三五”规划381万吨，超额完成化解过剩产能任务；通过调增产量，2018年增产煤炭400万吨。

5.2.2 能耗与污染物排放情况

煤化工产业涉及的能源消耗品种主要包括原料煤、燃料煤、水力、蒸汽、电力、新鲜水和其他能源，如原油、天然气、焦炭等。以下是我国2016年从煤经由各种技术路线到煤化工产品的原料煤消耗、新鲜水消耗和综合能耗情况。

5.2.2.1 原料煤消耗

2016年，我国煤化工消耗原料煤总量为8.0亿吨（包括焦炭），约占我国煤炭总产量的23.78%，其中的75.4%经过热解路线转化、23.99%经过气化路线转化（气化路径中有超过1/3的煤通过甲醇路径转化），液化路径只消耗488.37万吨原料煤。从产品端来看，耗煤最多的是焦炭，其耗原料煤量高达5.2亿吨，占煤化工总耗原料煤量的65.26%；其次是合成氨、甲醇、烯烃、电石，这几种产品的耗原料煤量均超过了2000万吨，而焦炭、合成氨、甲醇、电石这四种传统煤化工产品耗煤量占煤化工总耗原料煤量的89.02%，如图5.4所示。

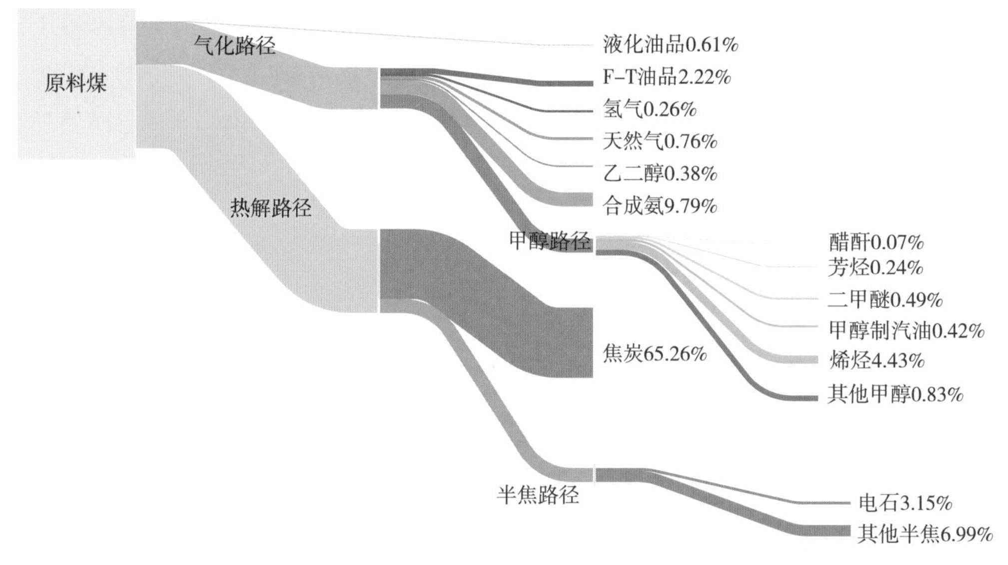

图 5.4　2016 年我国煤化工原料煤消耗流向图

5.2.2.2　新鲜水消耗

2016 年我国煤化工耗新鲜水共 22.97 亿吨，约占全国工业总耗水量的 1.76%，占全国总耗水量的 0.38%。从图 5.5 可以看出，煤化工气化路径耗新鲜水最多，占到 61.57%；热解路线耗新鲜水占 38.19%。从产品端来看，耗新鲜水量较多的分别是合成氨（38.61%）、焦炭（34.87%）、烯烃（10.13%）、甲醇（4.77%）。

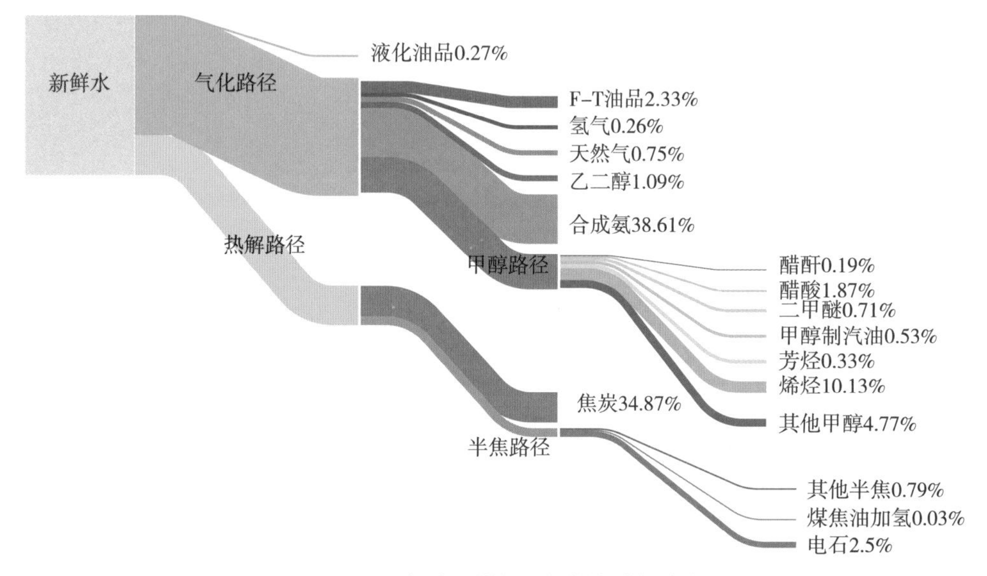

图 5.5　2016 年我国煤化工新鲜水消耗流向图

5.2.2.3　综合能耗

2016 年我国煤化工行业共耗能约 2.72 亿吨标煤，约占全国工业能源消耗的 6.24%。从图 5.6 可以看出，气化路径耗能占比最高，达 59.4%；热解路径耗能约占40.49%；而液化路线仅耗能182.52万吨标煤。从产品端来看，焦炭、甲醇、合成氨和电石这四大传统煤化工产业是耗能大户，其耗能分别占到22.25%、9.25%、29.05%和13.52%。此外，煤制烯烃行业耗能也较多，占比达10.13%。

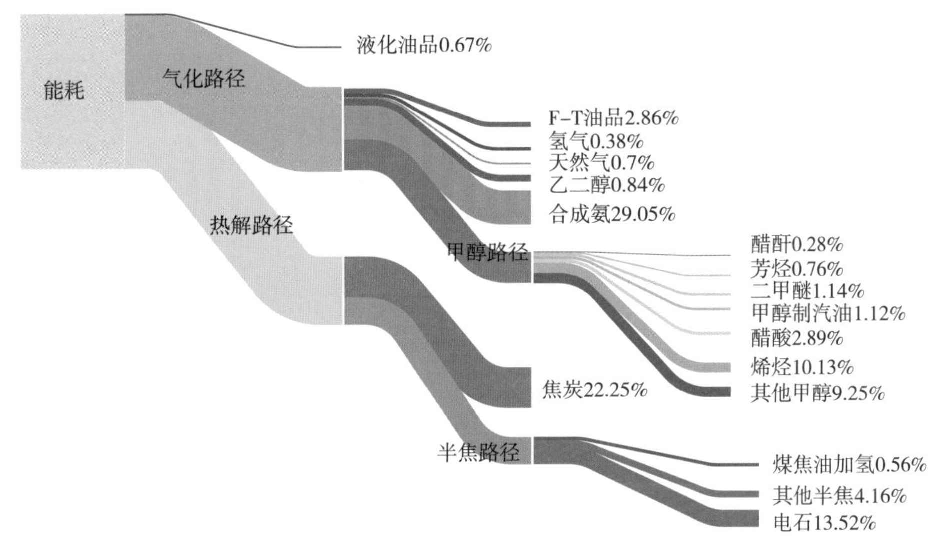

图5.6 2016年我国煤化工能量消耗流向图

5.2.2.4 原料煤污染物排放

煤化工属于化工行业的一个分支，具有能耗高、污染重、投资大、周期长的特点，且排放的废水、废气、废渣都对环境有影响。其污染大小主要与原料煤有关，其中以褐煤、烟煤为原料煤造成的环境污染远高于无烟煤和焦炭带来的污染。

废水污染。煤化工废水主要有焦化废水、气化废水和液化废水。废水中有含量较高的有机物、氰化物、重金属，应用传统技术和民用技术高效率处理困难，因而会给煤化工生产和整个生态构成严重的化学危害。

废气污染。煤制焦和煤制气这两个过程是煤化工过程中产生废气的主要来源。煤制焦废气含有大量的烟尘、有机多环芳香烃类气体、飞灰、焦油气、二氧化碳、一氧化碳、二氧化硫、二氧化氮等气体以及部分苯类物质、氰类化合物等。煤制气废气主要为一些碳氧化物、硫氧化物等，此外还含有铅、砷等有害物质，对环境及人类健康危害较大。

废渣污染。煤化工生产中产生的废渣成分复杂，如焦化工业中的废渣主要包括备配煤、推焦、装煤、熄焦及筛焦工段除尘器回收的煤尘，焦油氨水澄清分离过程中生产的焦油渣，硫铵饱和器中产生的酸焦油、粗苯再生渣以及剩余污泥等。废渣量大且回收利用率低，大部分被注入堆灰场，在占用土地的同时因风力作用或雨水冲刷对大气、土壤和水质造成污染，进而间接影响人类健康。

5.2.3 碳排放与碳交易情况

5.2.3.1 煤化工碳排放现状

2016 年我国煤化工行业共排放二氧化碳约 4.7 亿吨，约占我国二氧化碳排放总量的 4.56%。其中，气化路径排放二氧化碳最多，占煤化工行业二氧化碳总排放量的 77.9%；而热解路径仅占到 21.41%（虽然热解路径产品产量大，但由于不经过气化，生产单位产品碳排放量小，所以其碳排放占比较小）（图 5.7）。从产品端来看，二氧化碳排放量最多的是合成氨，占比达到 32.56%；其次是煤制烯烃、甲醇和焦炭，占比分别达到 17.63%、12.95% 和 12.88%。值得关注的是，“十二五”期间我国煤化工二氧化碳排放总量不仅增加 74%，其结构也发生了很大变化：气化路径碳排放量占比从 70% 增加到 77.9%，煤制合成氨和焦炭这两种传统煤化工行业碳排放占比下降了很多，而煤制烯烃等现代煤化工的二氧化碳排放量迅速增加。

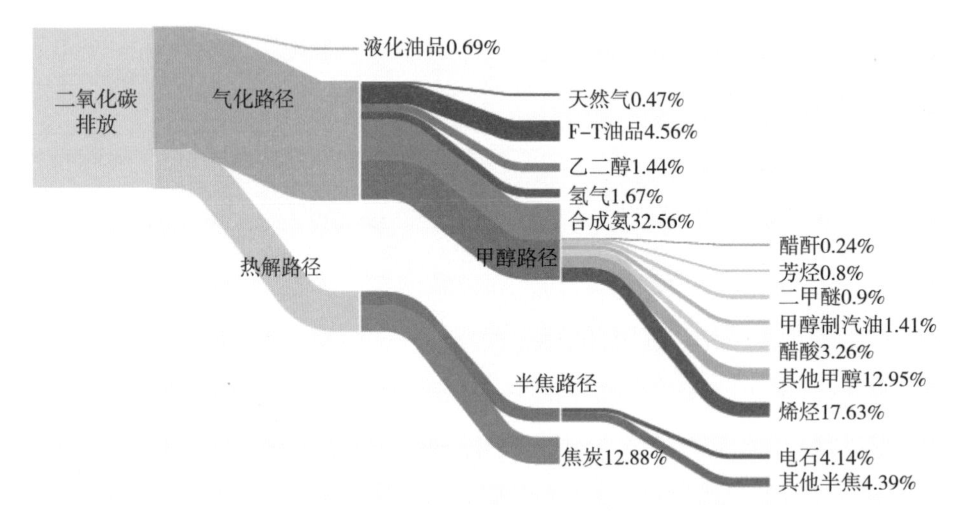

图 5.7 2016 年我国煤化工二氧化碳排放流向图

5.2.3.2 煤化工碳交易现状

现代煤化工应对碳交易，可从两部分考虑：一是在碳交易实施前已投产的现代煤化工项目如何获得合理的初始配额；二是在碳交易实施后投产或是开展前期工作的现代煤化工项目如何获得合理的初始配额。

2017 年，全国碳排放权交易全面实施，石化和化工行业被纳入全国碳排放权交易市场第一阶段，年综合能源消耗总量达到 1 万吨标准煤的企业要进行碳排放核算与报告。2020 年，受疫情冲击影响，各碳市场逐步收紧碳配额发放，各国制定了更高的自愿减排贡献目标，碳减排碳中和处于较高战略地位，碳价逐步攀升。

从理论上来说，当碳配额价格高于减排边际成本的碳价，才能有效发挥碳排放权交易机制促进企业节能减排的职能。目前，全国碳市场采用相对总量控制机制——以纳入重点排放单位的企业发电总量为基准计算其配额量，考虑到在全国碳排放交易初始阶段不会为企业增加太多成本负担，目前的碳排放配额取决于发电总量。根据《2020年中国碳价调查》，初期全国碳排放权交易价格约为49元/吨，2030年有望达到93元/吨，并于本世纪中叶超过167元/吨。

5.2.4 节能减排与潜力分析

煤化工行业大多需要经过多个流程和项目才能够获得最终的产品，并且会排放出一些具有污染性的物质、消耗大量的能源。在这种工业背景下，节能减排对减少能源消耗、降低环境污染、保持煤化工良好发展态势具有重大意义。

煤炭洗选是我国节能减排的重要措施。我国动力煤平均灰分28.6%、平均硫分1.01%，洗后混配的优质动力煤平均灰分15.5%、平均硫分0.66%。每入选1亿吨原煤，可排除灰分1300万吨、硫分35万吨，减少二氧化硫排放49万吨。如果22亿吨动力煤全部入选，将就地排除灰分2.86亿吨、硫分770万吨，减少二氧化硫排放1078万吨。

针对合成氨碳减排，终端需求下降是最大抓手，预计最高可贡献40%的二氧化碳减排；在供给侧减排抓手中，生产能效提高（包括通过工艺和运营优化减少碳排放）贡献约15%，燃煤电气化贡献约30%，剩下5%~10%的碳减排缺口则需通过CCUS以及绿氢等新兴技术来解决（图5.8）。

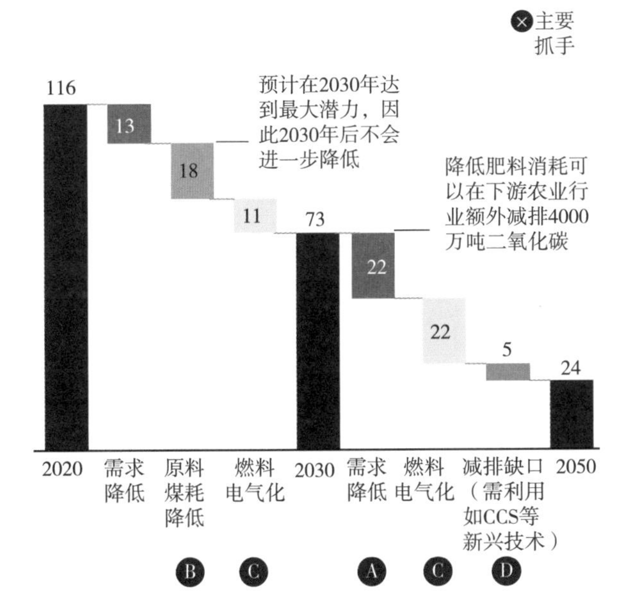

图5.8 我国2030年、2050年合成氨行业温室气体减排路径（百万吨二氧化碳）

以合成氨为例，进一步阐明每个碳减排抓手：①需求侧管理。合成氨主要下游用途为氮肥生产，约 90% 的合成氨会被加工为氮肥。预计到 2050 年，在耕地减少和化肥使用效率提高共同驱动下，中国的氮肥用量有潜力下降 40%。②现有减碳技术。新兴气化炉和燃料电气化技术已经成熟，如果在行业广泛应用，可有效降低超过 50% 的碳排放，但是会产生额外的资本支出和运营成本。由于煤化工行业整体利润水平较低，因此需要外部推力来将碳排放的外部成本内部化，这样才能提高这两项技术在行业的应用空间。我国现有气化炉仍以单炉生产能力低、污染处理困难的老旧固定床为主，随着碳排放要求提高，煤化工企业需要积极置换产能，淘汰升级高煤耗的老旧固定床气化技术，使用新兴高效率的粉煤气化等技术。预计在 2030 年，通过升级煤气设备，行业单位煤耗有潜力减少 30%，从而将碳排放量降低约 15%。燃煤电气化可以消除燃煤碳排放（占总体的 50%），这项技术已经成熟，但是在高温流程中会显著提高运营成本，预计减排 1 吨二氧化碳的成本超过 100 美元。③新兴碳减排技术。CCUS 和电解氢这两个新兴技术是解决合成氨行业碳减排最后一公里的抓手，这两项技术都可以将合成氨生产过程中的碳排放降低超过 80%，但目前仍处于技术探索阶段。

甲醇的碳减排抓手与合成氨相似，能效提高和燃煤电气化可分别将碳排放量降低 15% 和 20%。但由于在建筑、化工上的广泛使用，甲醇终端需求在未来 30 年预计会持续增长，所以更大的碳减排缺口仍需由新兴技术解决。预计到 2050 年，80% 以上的甲醇生产需要使用 CCUS 或绿氢，才能实现 1.5℃温控路径下甲醇行业全面碳减排的要求（图 5.9）。

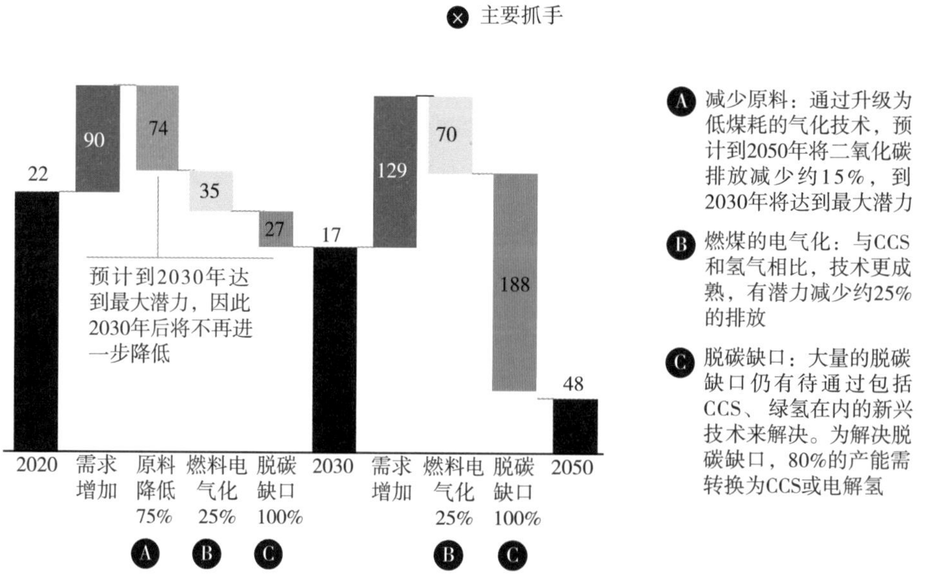

图 5.9　2020 年、2030 年、2050 年我国甲醇行业温室气体减排路径（百万吨二氧化碳）

除此之外，还可通过甲醛合成技术和煤化工联产技术进一步提升新型煤化工行业的节能与减排生产效益。

5.3 煤化工行业清洁低碳转型意义

5.3.1 推动经济高水平发展

以煤为原料的煤化工产业在生产过程中或多或少地排放二氧化碳，由此被许多人认为不符合低碳经济发展潮流。甚至有人说，发展煤化工必然与发展低碳经济相悖。但实际情况是，科学发展煤化工不仅有利于低碳经济的发展，而且低碳经济的实现最终还要依赖煤化工的技术进步和产业发展。

“十二五”期间，除产量外，中国石油消费量、进口量和对外依存度持续增长（图5.10）。未来短期内，我国石油表观消费量将继续增长，而国内石油产量将不断下降，石油对外依存度将持续增加。过高的对外依存度意味着国家的能源安全风险巨大，所以，我国应该寻求石油替代战略，“煤替油”战略可将石油资源短缺的劣势与煤炭资源相对丰富的优势融合互补，重构我国能源结构多元化的局面。为此，应尽快明确石油化工与煤化工的发展重点和方向，扬其所长，避其所短，从而实现我国能源战略的重大调整：用越来越稀少的石油资源生产化工产品，减少成品油的比重；用煤、煤层气、焦炉煤气、炼厂尾气等原料生产的甲醇和二甲醚产品替代石油基的汽柴油。这对于推动煤化工产业健康发展、降低我国石油对外依存度、保证国家能源安全具有战略意义。

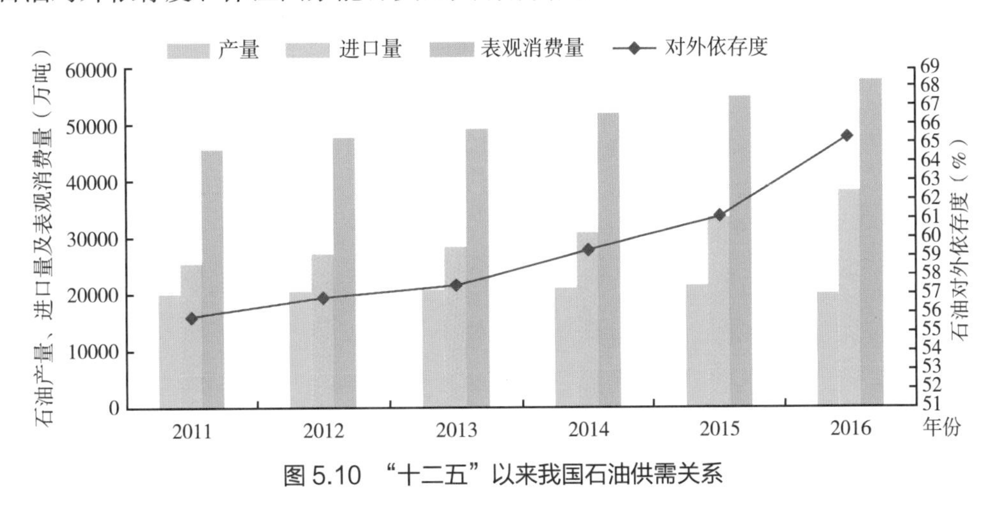

图5.10 “十二五”以来我国石油供需关系

就近期而言，我国可以适量进口国外低价甲醇，减少国内甲醇生产对煤炭和天然气资源的消耗，相应减少煤化工产业的能源消耗与二氧化碳排放。而就中远期而言，我国应加大CCUS和二氧化碳生产甲醇技术的研发力度，尽快获得关键技术的突破并实现产业化。这项技术一旦获得突破并实现产业化，就意味着“甲醇经济时代”的真正到来。届时，煤化工产业不仅可以完全消化自产的二氧化碳，还能从其他行业产生的尾气中获取二氧化碳原料生产甲醇，从而大大推动低碳经济的进程。

5.3.2 推动实现我国“双碳”目标

结合我国现有的资源禀赋及所处的特殊发展阶段，保障能源安全稳定供应以促进国民经济高质量发展仍是核心要务。未来较长一段时期内，煤基能源产业仍将发挥支撑经济社会发展的重要作用。作为煤炭清洁高效利用的有效途径，在“双碳”目标背景下，现代煤化工面临发展和减碳双重挑战：一方面，作为碳排放较高行业，绿色低碳发展刻不容缓；另一方面，特种燃料和化工新材料等需求增长推动产能增长，碳排放将随之增加。可以说，能耗“双控”和“双碳”目标正在倒逼煤化工绿色、低碳发展。

5.3.3 优化煤炭消费结构

我国各行业的煤炭消费占比分别是发电用煤 51%、钢铁行业消费 16%、建材行业 11%、化工用煤约 5%、其他行业及居民生活消费 17%。与直接燃烧的传统利用方式相比，现代煤化工有利于减少二氧化硫、氮氧化物、粉尘、有害重金属等污染物的排放，大幅提高煤炭转化效率和产品附加值，更符合煤炭绿色、高效、低碳的利用方向。发展现代煤化工也有利于带动传统煤化工结构调整和优化，逐渐淘汰低效落后的煤炭利用方式，进一步提高清洁高效转化的比例。

5.4 煤化工行业清洁低碳转型路径

5.4.1 整合生产路线

科学合理地整合能够有效地提高煤化工产业的发展效能。在实际整合过程中，需要对煤化工产业链进行分析，并与相关产业进行有效整合，实现煤化工产业的多产业共生路线，从而降低煤化工产业经营成本、增加资源利用效率、提高经济效益。

一方面，煤炭是煤化工产业的主要原料，包含了碳、氢等多种元素，具有复杂的化学结构，不同的煤炭具有不同的用途和化工产物，如果将其全部作为燃料使用，会导致煤炭资源的浪费，并且还会增加碳排放。因此，需要对煤炭资源进行科学合理的分类划分，实现煤炭资源分级利用，如价值高的组分用来进行高附加值的煤化工产品生产、焦炭等部分用来进行冶炼和作为燃料。另一方面，通过开展高能效多联产，对各个生产工艺进行有效联合，促进煤炭资源的整体利用效率。多联产是指将各个煤化工工艺路线、其他工业过程实行联合生产，从而提升资源的利用效率和企业的经济效益。

5.4.2 多产业结合发展

联合生产的模式可以促进资源的循环利用，合理解决能源供给问题，目前主要有以下两个发展路线。

第一种是煤化工产业与石化产业联合。原油的重质化、劣质化是石化工业生产面临的一个主要问题，解决这一问题最有效的方法是通过加氢的方式分离油中的杂质、改进其质量。但我国天然气匮乏，这种方法并不适用；而煤化工产业在生产过程中常常会分解出氢气，这对石化生产意义重大，因此，煤化工产业与石化产业的联合是极具实践意义的生产方式。

第二种是煤化工产业与建材、冶金行业联合。我国缺少能够生产出焦炭的煤炭资源，这对工业生产造成了一定阻碍。研究发现，COREX 技术（奥钢联开发的非焦炼铁技术）可以生产出高质量的富含焦炭的煤种，这种技术在应用过程中需要使用很多的铁，其中产生的残渣可用于冶金与建材生产，生成的一氧化碳可作为煤化工或发电企业的原料进行甲醇、氢气等的生产。

5.4.3 优化生产工艺

优化升级煤化工产业。当务之急是做好现有煤化工装置上的节能增效、系统优化和综合利用的技术措施，以现代煤化工带动传统煤化工升级，淘汰或迭代落后产能；延伸煤化工产品链，增加特种燃料、高附加值产品和新材料生产，逐步向大型化、集约化、产品多元化和高值化方向发展，进一步降低能耗、煤耗和水耗，提高整体能量利用效率和碳的利用率，从而实现二氧化碳相对减排，降低单位 GDP 的二氧化碳排放强度。

耦合煤化工与绿电、绿氢技术（图 5.11）。在煤化工中应用绿电、绿氢、绿氧至少可以减少 60% 以上的二氧化碳排放。一方面，使用绿电代替煤电可使煤化工生产过程的二氧化碳排放间接减少约 5%；另一方面，使用绿电电解水生产绿氢的同时会生产绿氧，绿氧用于煤气化可减少或不用空分，这样一来，煤气化装置的规模和投资将大幅缩减；同时，绿氢用于合成气补氢和下游产品加氢精制，可减少或不用一氧化碳变换制氢工序，进而减少合成气中的二氧化碳量，整个生产过程的净化和脱碳规模将会明显降低。此外，将置于现场的绿氢生产融入煤化工工艺，可减少氢气的运输风险和投资。但耦合绿氢的煤化工新工艺是否可行，取决于绿电、绿氢和绿氧的技术成本和可持续的规模化供给以及新工艺投资成本的综合考量。

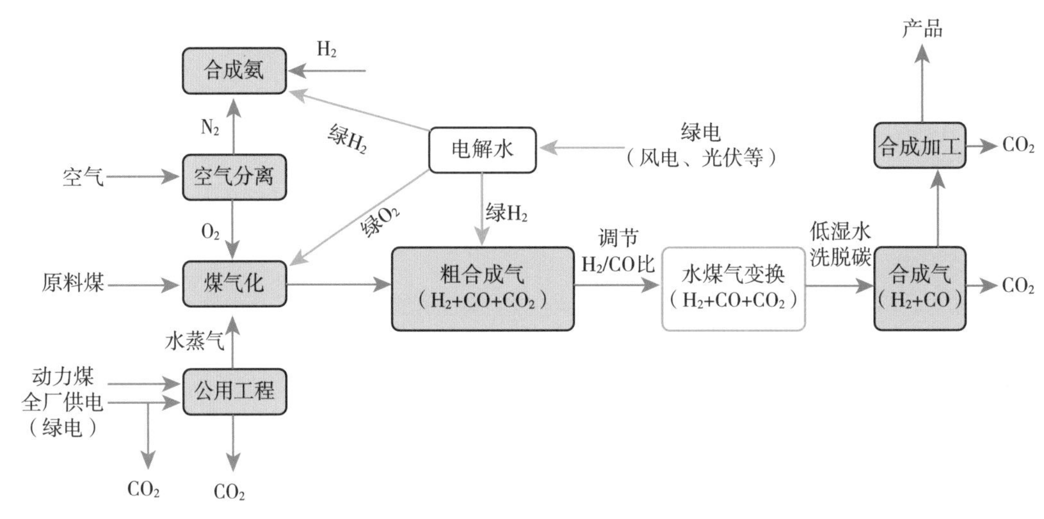

图 5.11　典型煤化工工艺耦合绿电、绿氢流程图

5.4.4　贯彻落实低碳理念与循环经济

煤化工产业在生产过程中，首先要加强对低碳理念和循环经济的解读，促使煤化工产业将资金和资源进行高效率的利用，并降低对环境的影响；其次要制定完善的低碳战略，并加大战略的执行力度，最大限度地降低二氧化碳排放量，实现友好型生产；最后要加强煤化工产业相关从业人员对低碳理念的认可，加大技术研究，合理优化生产工艺，提高二氧化碳处理技术，用实际行动践行可持续发展理念。

5.5　本章小结

以煤炭为原料的煤化工行业是解决能源问题、推动社会发展、保障国家安全的重要路径。煤化工产业潜力巨大，通过煤焦化、气化和液化技术可以生产石油化工无法生产的能源、化工产品和材料（高密度燃料、萘、蒽、菲等）。但煤化工需要排放大量二氧化碳和污染物，同时产能过剩严重、去产能成效不高且能耗较大，因此，推动煤化工行业清洁低碳转型有助于我国经济高水平发展，有助于推动我国“双碳”目标的实现。近年来，我国现代煤化工无论是在产业发展、基地建设，还是在技术创新等方面均取得显著成绩，并保持国际领先地位，为实施我国石化原料多元化战略及提升国家能源战略安全保障能力提供了重要支撑。为贯彻落实低碳理念和循环经济，煤化工行业需要从加强科技创新、优化生产工艺、整合生产路线、多产业结合发展等方面实现其清洁低碳转型。

参考文献

[1] 左跃，林振华．国内现代煤化工产业发展现状及展望［J］．一重技术，2021（6）：64-67.

[2] 贺永德．现代煤化工技术手册（第三版）［M］．北京：化学工业出版社，2019.

[3] 张德祥．煤化工工艺学［M］．北京：煤炭工业出版社，1999.

[4] 王言成，薛蓉．高温费托合成煤液化技术分析［J］．中国化工贸易，2020，12（1）：96，98.

[5] 杨双智．试论我国煤炭液化技术发展前景［J］．内蒙古煤炭经济，2017（11）：53-54.

[6] 韩红梅．现代煤化工碳排放形势和碳利用技术进展分析［J］．煤炭加工与综合利用，2017（2）：12-16，48.

[7] 王雷石，段书武．现代煤化工产业能耗状况与节能对策研究［J］．洁净煤技术，2012，18（4）：1-3.

[8] 张志旭，石建民，吕玉新．浅析煤化工行业的环境污染及其防治［J］．中小企业管理与科技，2021（8）：45-46.

[9] 宋斌，王惠．节能减排技术在新型煤化工领域的应用［J］．化工管理，2021（19）：38-39.

[10] 闫泽．浅析碳中和政策影响下发展现代煤化工的思路［J］．当代化工研究，2021（2）：8-9.

[11] 张涛，姜大霖．碳达峰碳中和目标下煤基能源产业转型发展［J］．煤炭经济研究，2021，41（10）：44-49.

[12] 姜伟．低碳理念指导的煤化工产业发展解析［J］．山东工业技术，2016（1）：37.

[13] 相宏伟，杨勇，李永旺．碳中和目标下的煤化工变革与发展［J］．化工进展，2021：1-16.

第6章 煤炭加工利用行业清洁低碳转型路径

煤炭资源有效支撑了我国国民经济的持续快速发展，在我国能源政策中占据非常关键的位置。但现阶段，煤炭加工利用行业仍存在一些弊端。“双碳”目标对我国区域节能减排提出更高要求，低碳发展的需求更为迫切，需要明确指出煤炭加工利用行业清洁低碳转型路径。基于此，本章从煤炭洗选加工行业、煤电行业、钢铁行业、建筑行业四大行业入手，结合各行业发展现状，分析各行业未来发展趋势，阐明各行业清洁低碳转型意义，明确给出各行业清洁低碳转型路径，加速煤炭加工利用行业的清洁低碳转型，走好低碳发展之路。

6.1 煤炭加工利用行业低碳转型的必要性

6.1.1 煤炭加工利用行业的弊端

6.1.1.1 煤炭资源的不可再生性造成能源枯竭

煤炭常被形象地比喻为黑色黄金，煤炭不仅对整个国家的经济发展作出重要贡献，同时也促生了一大批依赖煤炭资源发展的城市。在山西省有大同、阳泉、临汾等 11 座资源型城市，119 个县中 94 个有煤炭资源分布，这种格局曾一度推动国内经济快速发展，但经过长期的大规模开采，这些资源城市不可避免地面临资源枯竭的问题。有资料显示，部分重点煤矿出现衰老造成矿井关闭，15 年内还将有更多的矿区出现资源枯竭，减少的煤炭生产能力将达 1 亿吨；一些传统意义上的大型煤矿服务期也即将到来，最多的服役年限只有 30 年。

6.1.1.2 粗放式发展导致资源利用率低下

每开采 1 吨煤矿就会产生 6 吨的浪费，消耗 5~20 吨资源是目前我国煤炭资源经济发展的现状，这说明我国煤炭经济中存在着浪费严重、效率低下、产业结构不合理等问题。中国社科院的一份研究报告指出，山西的煤炭平均资源回采率只有40%左右，而乡镇一层的煤矿回采率仅为10%~20%，每年浪费约20亿吨煤炭资源，损失至少300亿元，这样的浪费进一步加剧了资源枯竭。除去浪费严重，产业结构的不合理也是导致煤炭经济走向没落的重要原因。山西煤炭资源重组整合前，全省共有2840座煤矿，其中机械化程度高、安全系数高的大型煤矿比例不足50%，15万吨及以下的小矿近60%。小矿见缝插针、大矿无法施展导致出现了“劣币驱赶良币”的现象，甚至影响了国家整体发展布局。

6.1.1.3 资源型经济发展环境成本高、隐形危害大

国际能源署发布的最新报告显示，随着世界经济从新冠肺炎疫情的危机中强劲反弹并严重依赖煤炭来推动经济增长，2021年全球与能源相关的二氧化碳排放量增加至363亿吨，增幅达6%，创历史新高。2021年全球二氧化碳排放量的绝对增幅超过20亿吨，尽管可再生能源发电取得了有史以来的最大增长，但不利的天气和能源市场条件（尤其是天然气价格飙升）仍然促进了2021年能源需求的增长，导致更多的煤炭用量。结合国际能源署2月公布的甲烷排放量估计值以及对一氧化二氮和燃烧相关的二氧化碳排放量的估计值，分析表明能源产生的温室气体总排放量在2021年升至历史最高水平，远远超过了1620万吨的环境自净能力；二氧化碳以9亿吨以上的碳排放量跃居世界第二；排放量超过环境自净能力约120万吨煤烟型的大气污染使全国监测的340座城市中，空气质量达二级标准以上者仅41.5%，而空气质量劣于三级的城市有91座，占26.7%。国外专家的研究结果表明，大气污染造成的经济损失占GDP的3%~7%。不仅大气，水环境污染也十分严重，七大水系中符合《地面水环境质量标准》一、二类的仅占32.2%，78%的城市河段不适宜作饮用水源，50%的城市地下水受到污染。

6.1.1.4 煤炭产能过剩导致经济下降

早在几年前，国家就把转型升级纳入发展战略，大力发展非煤产业和新兴产业。但由于缺乏相应的产业支撑体系，煤炭产业阻碍效应明显，转型升级效果不佳，煤炭工业产能过剩的问题越加突出。此外，由于主导产业单一，经济金融收入对煤炭产业有过度依赖，相关市场的供需矛盾比较突出，因此转型过程中各种产业的增长率开始出现下降。

受内部和外部环境变化的影响，从2008年开始，新一轮的产能过剩问题越发突出，其中就包括了煤炭工业，明显表现有以下几点：首先，煤炭产能过剩，煤炭投资对市场的反应滞后。近年来，煤炭开采加工业固定资产投资稳步增长，与相关市场的低迷状态相比，该行业的生产建设能力提前，出现了生产能力过剩的问题。其次，下游煤炭产能过剩。煤炭工业主要用于发电，但当前下游发电厂的

库存仍居高不下，使用率徘徊在低水平。再者，比较发达的地区及其周边地带已采取相应的减排措施，以便控制环境污染问题，因此煤炭的需求也在下降，该行业的许多高耗能企业纷纷在环境治理政策下被迫关闭。最后，是来自进口煤的影响。进口煤的价格低于国内煤炭价格，从越南及澳大利亚进口的大量煤炭已经被用于我国南方的发电厂，在一定程度上增加了国内煤炭的供应。

煤炭行业发展受阻，影响地方经济发展，具体表现在以下两点。第一，维护区域金融稳定的压力有所增加。一方面，煤炭产能过剩问题以及私人借贷危机同时增加，这些因素在金融机构中的突出表现就是不良贷款的急剧增加，需要面对的风险问题更加明显；另一方面，煤炭行业发展受阻增加了区域经济压力，金融机构吸收存款的难度加大，该方面的增长率下降。第二，煤炭行业的信贷资产质量下降。当前，金融机构的资金流程越来越难以操作，与煤炭行业相关的贷款风险也越加明显。

煤炭行业获益率降低造成企业经营遭遇更多困难。由于煤炭产能过剩会引起煤炭价格下降，相关企业利润急剧下降，企业经营将变得越来越困难。其中受影响最大的属中小煤炭厂，很多已经选择进入半停止状态。为了在成本的压力下生存，煤炭企业必须限制生产、降低当前产量，同时不断降低价格、廉价出售所拥有的资源。原本想要凭借生产来增加市场份额，却反而陷入了“产能越过剩，生产越鲁莽”的怪圈。与此同时，少数煤炭行业巨头通过价格等手段不断提高自身产量和市场占有率，不断占据其他中小煤炭企业的生存空间。

6.1.2 煤炭加工行业转型的重要性

6.1.2.1 可持续发展的需要

一直以来，煤炭作为能源支柱为我国经济的迅猛发展贡献了巨大力量，但随着能源需求的日益增加，“高开采、高消费、高废弃”的传统生产方式造成了资源的大量浪费和环境的污染与破坏，已经难以满足经济的发展需求，也不再适合时代发展的需求。煤炭是不可再生资源，资源有限并且面临枯竭，而且未来一段时间内，煤炭作为我国国民经济生产生活的主要能源的地位不会发生变化。进入新世纪，低碳经济抓住了当前我国资源大量消耗、相对短缺的症结，低碳发展成为煤炭企业探索新型工业化道路、实现可持续发展的必然选择，对解决我国煤炭行业发展瓶颈的制约具有重要现实意义。

6.1.2.2 企业发展的需要

20 世纪 50—60 年代，为响应国家建设需要，许多老矿区不顾煤炭资源长期紧缺的实际，长期超额开采，致使一些煤炭国有企业面临生产萎缩、社会负担沉重、资源枯竭的困境。进入21世纪，随着煤炭枯竭现象的加重及国内外环境政策的出台，许多煤炭企业意识到转型的重要性。但应该注意的是，企业转型的模式要符合社会发展的大趋势，不应仅仅是传统意义上的对成本进行转移，又或是由一种粗放模式转向另外一种粗放型模式，而是走低碳化的、可持续的、生态化的生产经营模式。

6.1.2.3　应对全球气候变化挑战的需要

自世界工业化革命以来，以高耗能、高碳排放为主要特征的高碳经济支撑了世界经济的快速发展，但由此引发的酸雨、光化学烟雾和全球气候变化也给人类生存和发展提出了严峻挑战。为应对国际金融危机和气候变化，世界范围内掀起了以绿色、低碳技术为核心的新一轮能源变革。而我国以煤为主的能源结构在短期内难以改变，生产消费过程中的生态环境保护问题尚未有效解决，核电、水电等非化石能源规模化开发受到多重因素制约。为此，加快煤炭资源低碳化利用是我国迎接全球气候变化挑战、增强我国低碳经济发展话语权和主动权、保护人类赖以生存环境的客观需要。

6.1.2.4　保障国家能源安全的需要

现阶段我国正处于工业化的重化工业阶段，“十一五”时期，我国一次能源消费总量从2005年的23.6亿吨上升到2010年的32.5亿吨，2020年我国一次能源消费量达49.8亿吨。如果分别按我国年经济增速6%、7%、9%测算，到2030年我国一次能源消费将达到89.2亿吨、97.9亿吨、117.8亿吨；到2050年我国一次能源消费将达到286.1亿吨、379.1亿吨、660.7亿吨。因此，煤炭在我国一次能源消费结构中的地位在相当长的时期内不会改变。加快煤炭资源的低碳化利用，发展循环经济，提高煤炭资源综合利用效率，为国民经济稳定发展提供清洁能源，从而实现煤炭工业的可持续发展，对保障国家能源安全具有举足轻重的作用。

6.1.2.5　发展绿色经济与保护生态环境的需要

从长远来看，我国仍将依靠一次能源的有效供给支撑经济的持续高速增长，而我国以煤为主的一次能源供给消费结构又必然受到环境容量方面的制约，如不采取包括节能减排、调整能源消费结构、提高能源经济利用效率和提高清洁化利用水平等在内的有效措施，可以预见伴随能源消费和使用而产生的土地破坏、水资源浪费和污染、水土流失等环境问题将愈演愈烈，其巨大的环境治理成本将成为未来我国的经济重负。因此，加快能源产业新技术的发展，坚持走新型工业化发展道路，切实改变高投入、高消耗、高污染、低效率的增长方式，是我国能源行业特别是煤炭产业发展的必然趋势。

6.1.2.6 煤炭行业自身发展的需要

传统的煤炭行业具有明显的粗放开发利用特征。长期的粗放式生产方式导致了煤炭行业生产环境恶劣、安全生产形势严峻、企业负担沉重等问题。煤炭作为支撑我国经济发展的主要能源，一方面是能源的主要提供者，经济和社会发展离不开它；另一方面又是环境的主要污染源，不利于可持续发展，而解决这一矛盾的根本途径是合理、洁净、高效地利用煤炭，大力研发和应用洁净煤技术。但加快煤炭科学开发和清洁利用势必将给现有煤炭行业的转型带来严峻挑战，如何在转型中谋求新发展将是煤炭行业自身可持续发展必须面对的现实问题。

6.2 煤炭洗选加工行业

煤炭是工业基础燃烧的主要材料，也是我国工业发展过程中必不可少的原材料。虽然煤炭是我们日常生活中经常必须消耗的主要能源，但直接生产出来的煤炭是不能被直接使用的，必须经过一系列工业化的过程处理。

6.2.1 煤炭洗选加工的重要性

首先，煤炭洗选工艺是煤炭利用过程中一个不可或缺的环节，其最重要的作用之一是能够提高煤炭利用率、减少污染物排放。所谓洗煤，就是把原煤送入洗煤厂，经过洗煤除去煤炭中的矸石，最后变成精煤。这其中洗煤的处理方式就是煤炭洗选加工过程。

其次，煤炭洗选加工是一项可以控制烟尘和污染的技术，在环境保护方面作用明显。煤炭洗选可脱除煤中 50%~80% 的灰分、30%~40% 的硫（或 60%~80% 的无机硫）。燃用洗选煤，可有效减少烟尘、二氧化硫和 NO_x 排放，洗选 1 亿吨动力煤一般可减排 60 万 ~70 万吨二氧化硫、去除矸石 16 万吨。

最后，煤炭洗选加工可以提高煤炭的利用率，节约能源。研究表明，煤炭质量提升可显著提高煤炭利用效率：发电用煤灰分每增加 1%，发热量下降 200~360 焦 / 克，每度电的标准煤耗增加 2~5 克；工业锅炉和窑炉燃用洗选煤，热效率可提高 3%~8%。同时，煤炭洗选加工还有助于降低运力浪费。我国煤炭运量大、运距长，平均煤炭运距为 600 千米，煤炭经过洗选可去除大量杂质，每入洗 100 吨原煤，可节省运力 9600 吨 / 千米。

我国煤炭资源虽然丰富，但是煤炭入洗率低、利用率低。要想让煤炭资源得到有效利用，就需要对煤炭洗选加工工艺进行改进，加大对煤炭的清洗程度，以促进我国煤炭行业工业调整和产能升级。

6.2.2 煤炭洗选加工行业发展现状

6.2.2.1 我国煤炭洗选加工情况

一方面，我国原煤入选能力、入选量和入选率大幅提高。据不完全统计，截至2021年，我国原煤入选能力达到31.1亿吨，比2016年增长7.6亿吨、增长32.3%；年均入选能力增长1.3亿吨（表6.1）。

表6.1 2016—2021年我国原煤入选情况

年份	2016	2017	2018	2019	2020	2021
原煤产量/亿吨	34.1	35.2	36.8	38.5	39.0	40.7
入洗煤量/亿吨	23.5	24.7	26.4	28.2	29.1	31.1
入选率/%	68.9	70.2	71.7	73.2	74.7	76.4

另一方面，选煤厂数量增加，单厂规模大幅度提高。据不完全统计，截至2020年，在运行规模以上选煤厂有2400多座，比2016年增加近400座；入选原煤能力超过千万吨的特大型选煤厂有82座，比2016年增加7座；82座特大型选煤厂的入选能力超过13亿吨，比2016年增加2亿吨，约占全部选煤能力的40%。

6.2.2.2 我国煤炭洗选技术发展情况

20世纪50年代，我国选煤行业处于发展初期，跳汰选煤是主流分选工艺。到了90年代，我国选煤行业进入快速发展时期，国外先进技术、设备的引进和国内重介分选设备的开发促进了选煤技术设备的发展。其中，湿法分选技术符合我国煤炭分布和煤炭自身特点；而利用射线分选技术的智能干选机具有分选精度高、喷吹精度准、设备体积小、生产成本低的优势，能够较好地响应当下煤炭行业节能、减排、降耗等政策号召，在国内选煤厂和煤矿井下得到快速推广与应用。

目前，我国原煤入选能力已经达到34亿吨，各种洗选工艺和核心装备已经完全国产化并进入世界领先行业，完全有能力保证商品煤质量的提升和稳定。仅通过原煤洗选，全社会的煤炭消费总量和节能、降耗、减排效果就可以大幅提高。但至今仍有大量原煤、低劣质煤使用，主要原因在于：一方面煤矿要保量保供，做不到优质优价；另一方面燃煤电厂负荷不足，不愿优质优价，只能拼消耗、拼设备，燃煤品质不能长期稳定保供也是一个理由；再者，对社会中小型散煤用户完全没有议价能力，有啥烧啥。全国铁路、公路的宝贵运力整天拉着大量的矸石、灰分和水分满地跑，无效运输和能源浪费巨大，全社会能效偏低、大气环境质量变差、选煤厂开工不足、用户设备磨损、燃料成本增加等问题愈加突出。因此，强制性提升商品煤质量标准，禁止采购和燃用低劣质煤炭，禁止原煤直销，采用精煤作为煤炭交易计量标准，将取得很好的节能减排降碳效果。实施“大精煤战略”是实现煤炭清洁高效利用的最优先选项，意义重大。

6.2.3 煤炭洗选加工行业清洁低碳转型意义

参考目前发达国家情况，即使到2060年实现碳中和目标后，我国的煤炭消费依然存在。但作为化石能源的生产者，煤炭行业不能单纯等待，需要积极开展低碳和减碳工作，为行业争取更大的生存空间：一方面推进新型煤化工建设，将煤炭由燃料转变为原料，减少碳排放；另一方面通过煤炭洗选加工提高煤炭质量，提高能源效率、降低能源消费、减少碳排放。

推动煤炭洗选加工行业清洁低碳转型的效应是多方面的。一是可节约运力。2020年我国铁路发运煤炭23.6亿吨，其中电煤17.2亿吨，平均运距超过800千米，这其中至少有1/4是没有经过洗选的原煤，按照洗选排18%算，全部洗选后可节约近亿吨运量；如果商品煤平均灰分降低5%，则又可节约1.2亿吨运量。二是可极大提高发电效率。2020年我国电力行业用煤23亿吨，如果平均灰分降低5%，则可提高锅炉效率5%以上，换算节约用煤1.2亿吨，碳减排数量可观。

6.2.4 煤炭洗选加工行业清洁低碳转型路径

煤炭是我国一次能源消费的主体，占有较大比例，在碳减排方面具有很大的发展空间，推动煤炭洗选技术发展可以从源头上减排，促进能源的洁净化利用。煤炭洗选技术通过重介质选煤、浮游选煤、光电分选等技术，将精煤与矸石等有效分离处理，实现原煤的除杂、除灰、除硫，进而提高煤炭产品质量，达到用户要求。通常煤炭洗选包括准备作业、分选作业及选后产品处理作业三个基本工艺过程，实现“双碳”目标离不开每个工艺环节的改进与发展。

6.2.4.1 预先智能排矸，源头减量，实现节能降耗

随着地质条件的变化及采煤机械化程度的提高，顶板和底板中的杂物在开采过程中不可避免地混入原煤，从而使原煤质量变差。大量的矸石不仅增加了分选处理的难度，而且因矸石在地面堆积造成的环境污染日益突出。以往由于矸石量少，选煤厂通常采用人工手选排矸，这种机械式的劳动不但容易出现疏忽，也存在安全风险及人力资源的浪费。而淘汰排矸与浅槽重介排矸需要以水或者重介质进行分选，不仅受资源条件的约束，而且还会使精煤产品水分增加，降低产品质量。智能光电分选可以增强系统应对煤质变化的处置能力，使选煤工艺能够满足

矿井各种复杂煤质变化的洗选要求，减少湿法选煤的入料量，实现煤炭分选“源头减量”目的，同时为后续分选创造良好条件。

6.2.4.2　优化洗选工艺，完善流程，实现提质增效

煤炭洗选工艺的有效、高质量发展对选煤厂意义重大，良好的选煤工艺对降低精煤灰分、增加精煤产量、提升选煤厂综合效益具有积极的推动作用。随着我国经济发展与环保政策对煤炭能源的需求，部分落后的选煤工艺在一定程度上已经无法满足要求，为实现选煤产品的提质增效及生态环境的集约环保，必须加快优化选煤工艺。目前，我国的煤炭洗选技术还有待提升，在洁净煤炭生产中仍存在较多难点，必须依靠科技进步与设备发展不断优化和改善选煤工艺，有效提升煤炭行业的经济效益、社会效益及环保效益，从而促进“双碳”目标的实现。

6.2.4.3　尾煤泥精细处理，进行深加工，实现环保减污

随着国家对煤炭资源深加工的重视程度逐步提高，煤炭深加工促使煤化工对精煤产品的需求量增加，对原煤进行精细化处理、提高精煤产率显得尤为重要。原有的炼焦煤分选不断探索精煤产品的降水、降灰，动力煤分选工艺正在从传统的块煤分选、末煤不分选逐步向煤炭全级入选发展。

6.2.4.4　做清洁能源供应商，保障煤炭保有产量的科学化递减进程

提高动力煤入选率，降低发电煤耗，减少二氧化碳排放量；推广干法选煤技术，充分利用干法选煤技术不用水、投资少、运行费用低、建设周期短等优势；推动井下干法选煤技术应用，引导“采选充一体化”纵深发展，充分考虑井下布置选煤技术装备的现场条件。

6.2.4.5　加强洗选废物的处理与再利用

煤矸石作为煤炭开采和洗选过程中排出的主要固体废弃物，在很长一段时间都没有得到合理利用，其产生的有害气体及粉尘等不仅危害人们的健康和安全，而且堆放占用了大量的土地与农田，是我国乃至世界环保发展的一大难题。煤矸石丰富的特性使其具有多重应用性，随着行业的发展，现如今煤矸石处理与利用的技术和思路已较为成熟，方法与途径已相对完善，方式与设备也初具规模。高效合理利用煤矸石，可以增加煤炭资源的附加值，完善煤炭行业的产业链，促进资源发展的可持续性，助力碳中和目标的实现。

6.2.4.6　推进智能化选煤厂建设，逐步实现选煤技术现代化

智能化选煤厂是以构建数字化工厂为基础，利用人工智能、大数据、云计算、物联网、智能机器人等技术进行现场信号处理、数据采集、逻辑运算、闭环控制等，以实现洗煤生产过程检测数字化、工艺控制智能化、管理决策信息化等功能，达到选煤生产工艺流程运行平稳、人工干预弱化、企业管理规范、自我堵

塞漏洞、工作效率高等目的。智能化选煤贯穿于全过程的要素数字流与数字运算，消除控制单元、子系统之间的信息通信孤岛和控制壁垒，形成一个互联互通共享的完整体系。发展大型智能化洗选设备，不仅可以高效、稳定、清洁地生产高质量的煤炭产品，而且可以提高设备处理量及洗选效率，减少不必要的能耗与人力资源，对产品结构优化与生产效率的提高有着积极影响，是我国乃至世界选煤行业发展的必然趋势。

6.3 煤电行业

6.3.1 煤电行业发展现状

我国煤炭资源丰富，从煤炭消费规模上看，电力、钢铁、建材和化工四大行业是煤炭终端消费的主要方向。其中，电力用煤占国内煤炭消费量的 50% 以上（图 6.1），这是我国以煤为主的能源结构背景下电力工业发展的必然规律，也是所有以煤为主的国家在实现工业化过程中难以摆脱的共性能源特征。

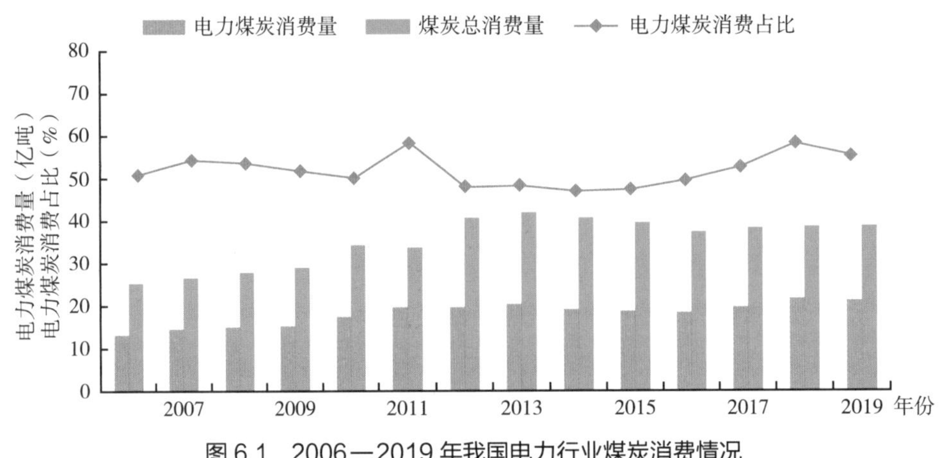

图 6.1　2006—2019 年我国电力行业煤炭消费情况

燃煤发电是将燃料的化学能通过燃烧转变为热能，再将热能转变为机械能，最后将机械能转变为电能，涵盖了燃料、燃烧、传热、动力循环、冷端等关键环节。与水电、风电、太阳能发电等可再生能源“靠天吃饭”的情况不同，燃煤发电几乎不受季节、环境等影响，调峰性能较好。只要燃料充足，常规燃煤发电机组一般可根据电网需求在 50%~100% 负荷间灵活调整。因此，燃煤发电一直是世界主要电源组成，长期贡献 40% 以上的发电量。

燃煤发电是我国煤炭利用的主要方式。进入 21 世纪以来，我国电力行业发展迅速，一方面电力装机容量和发电量逐年增长，另一方面煤炭发电装机容量占比和煤炭发电量占比有所下降但仍稳居第一，如图 6.2、图 6.3 所示。

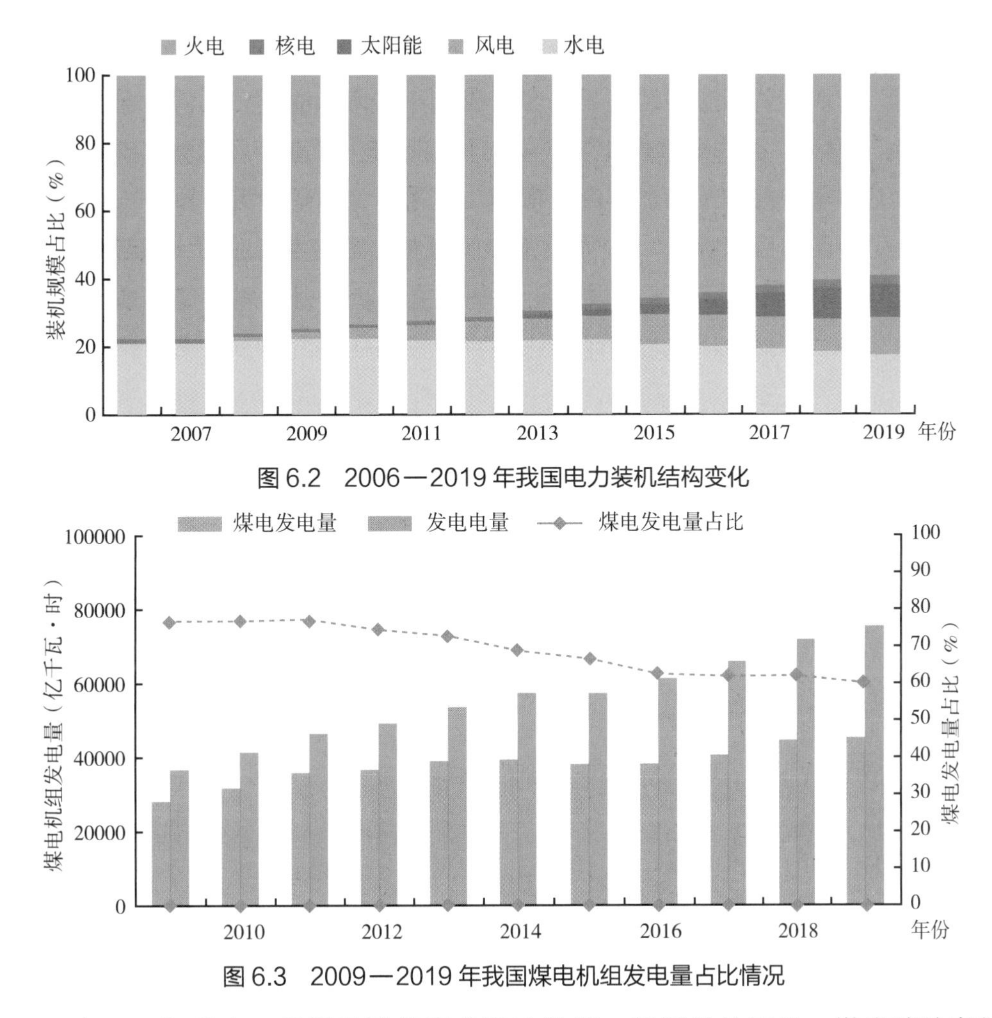

图 6.2 2006—2019 年我国电力装机结构变化

图 6.3 2009—2019 年我国煤电机组发电量占比情况

“十二五”以来，受煤炭消费需求增速放缓、能源结构调整、煤炭清洁高效利用技术进步等诸多因素的影响，我国电力行业煤炭消费量一直保持在 20 亿吨左右的规模，但电力行业煤炭消费量占煤炭消费总量的比重呈总体上升趋势，截至 2019 年这一比重已升至 55% 以上。

总体来说，虽然新兴能源发展趋势加快，但我国仍以火力发电为主。基于我国富煤、缺油、少气的资源禀赋及新能源“阴晴不定”的能源品质，随着能源结构快速转型，以燃煤发电为主体的基础能源电力的调峰能力将直接决定风电、太阳能发电等可再生能源的发展空间，进而影响我国节能减排事业以及碳达峰和碳中和国家战略的顺利实施。可以说，燃煤发电产业全面升级是确保新能源顺利发展的最可靠保障。为此，必须全面推进燃煤发电现代节能理论创新，在系统兼顾燃煤发电机组多工况能效的同时，不断强化燃煤发电机组的深度调峰能力，提高可再生能源消纳水平。

6.3.2 煤电行业清洁低碳转型意义

多煤、贫油、少气的资源禀赋决定了我国一次能源消费必须以煤炭为主。煤电在中国电源结构中占据主体地位，大规模的煤炭利用带来了一系列的能效、环境污染和温室气体排放问题。其中，由煤炭直接燃烧引起的环境污染一直是社会广泛关注的焦点。在低碳发展的大趋势下，煤电有促进低碳发展的历史性作用。一是进一步提高效率，为降低碳排放强度做出贡献；二是为维护电力系统的安全稳定运行发挥主体作用；三是提高散烧煤炭转化为电力的比重，在解决散煤严重污染环境的综合措施中发挥作用，同时提高污染控制设备的运行维护水平，为环境质量进一步改善作出新贡献；四是通过燃煤发电机组的灵活性改造，为可再生能源发电提供调峰调频电源，促进低碳发展。值得注意的是，传统燃煤发电技术基础已难以支撑相关技术进一步发展，亟待研究基于能量品级综合高效利用的现代热力系统节能理论，研发燃煤发电机组低负荷工况保效技术以及热电联产机组“按需定电”与调峰过程“能级匹配”的高效供热技术，以支撑泛热力系统能源的综合高效利用。

6.3.3 煤电行业清洁低碳转型路径

近年来，我国对能源利用多元化、清洁化、低碳化的需求日益迫切。我国总体能源利用率在35%左右，低于世界均值，与世界先进水平相差5%。作为最主要的一次能源消费者和二次能源供应者，燃煤发电生产革命对我国能源生产革命具有决定性作用。目前，超超临界发电技术是高效燃煤发电技术中的重要发展方向；循环流化床锅炉因能够对煤炭资源进行梯级利用，且以较低成本实现污染物排放控制，起到了对煤粉锅炉的“填平补齐”作用。二者相互配合能够实现能源的多元利用，其流程如图6.4所示。

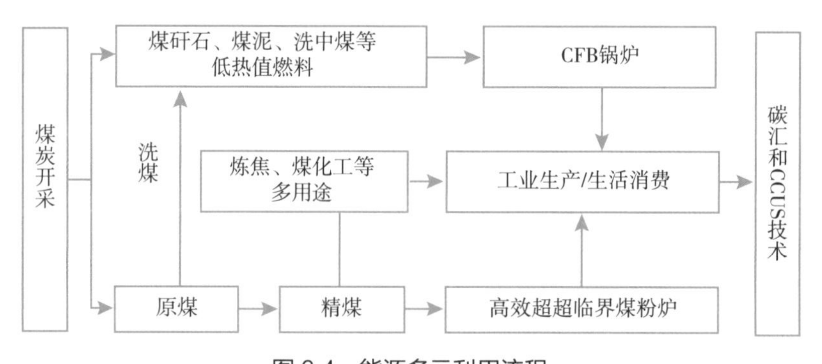

图6.4 能源多元利用流程

6.3.3.1 超超临界发电

700℃超超临界发电技术中的水蒸气被加热至700℃，压力提高到35兆帕及以上，发电效率达50%以上，可有效降低煤耗，减少二氧化硫、氮氧化物、重金属等污染物排放，同时可降低二氧化碳捕获成本，有助于推进CCUS技术的应用。但我国目前缺乏自主产权的耐高温材料技术，700℃核心技术由国外主导且尚不成熟，机组主蒸汽管道镍基高温材料非常昂贵。

当前，我国利用成熟的高温材料完成了高效600℃超超临界燃煤发电技术的研发和推广，即百万千瓦级超超临界二次再热技术，已成为国际上投运600℃超超临界机组最多的国家。超超临界二次再热技术不仅可以节约一次能源、减少温室气体排放、提高机组经济性，而且对提高国内电力行业设计制造水平有着重要意义，为将来700℃电站示范建设奠定了基础。

6.3.3.2 循环流化床燃烧

循环流化床锅炉的突出优势在于以较低成本实现污染物排放控制。在循环流化床锅炉中，可借助石灰石实现炉内脱硫和二氧化硫超低排放，相比常规煤粉炉省去了复杂的脱硫系统。此外，循环流化床燃烧技术燃烧温度低，床层内具有还原性气氛，相比常规煤粉炉具有天然低氮氧化物排放特性，主循环回路内物料粒径降低、循环流率增大，可以降低一次风量，抑制燃料中的氮向氮氧化物原始转化，实现氮氧化物超低排放。

进入超临界时代后，我国的循环流化床锅炉设计技术处于世界领先地位。截至2020年年底，我国共有48台在役的超临界循环流化床锅炉，包括3台600—660兆瓦级和45台350兆瓦级机组。循环流化床的低热值燃料利用特性和低污染物排放特性决定了其在未来能源转型和实现碳中和的过渡过程中的价值和贡献。

6.3.3.3 碳汇与CCUS

根据生态系统不同，碳汇可划分为森林碳汇、草原碳汇、耕地碳汇及海洋碳汇，其中森林碳汇具有持久稳定、成本低、可实施性高等特点，是缓解气候变化的根本措施之一。为此，习近平总书记在第七十五届联合国大会上提出“到2030年，森林蓄积量将比2005年增加60亿立方米”的目标。若按每公顷森林固定150吨二氧化碳计算，我国森林吸收了约20%的工业排放二氧化碳。

CCUS技术是适宜在电厂全流程开展的减排技术，具体流程如图6.5所示。当前，全球范围内以燃煤电厂为二氧化碳来源的CCUS项目共11个。

6.3.3.4 煤电机组灵活性技术

大规模、低成本储能技术的研发任重道远，适当比例的燃煤发电维持着电力系统的稳定运行。但在电力系统频繁的电力交换中经常出现高峰供电不足、低谷输电过多的现象，燃煤发电机组因此频繁变负荷甚至被迫启停。燃煤机组大幅度

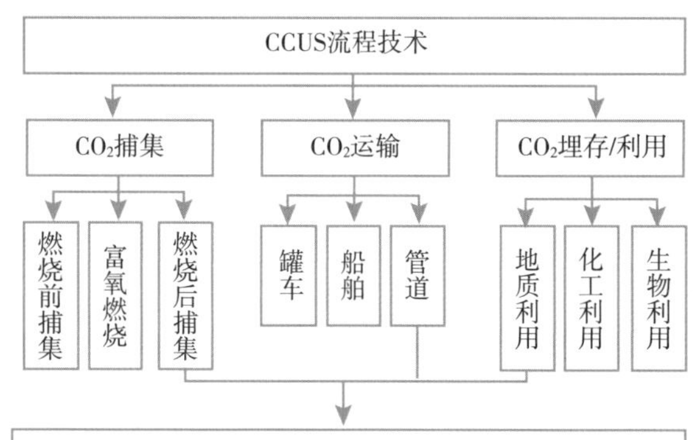

图 6.5　CCUS 流程技术

变负荷调峰运行时，发电煤耗变化较大。快速启停、快速爬坡和深度调峰是新型电力系统对煤电机组灵活性提出的新要求，需综合考虑汽轮机侧、锅炉侧、系统侧和储能侧进行技术思路和解决方案研究，采用“预测控制 + 反馈控制”的方式保障煤电机组的安全性、经济性和环保性。燃煤机组灵活性技术可在保障电网安全稳定运行的前提下，使电力系统消纳更多的新能源发电。

6.3.3.5　基于煤电机组的耦合发电技术

近年来，随着燃煤发电机组参数提高、容量增大以及超低排放技术的推广应用，电厂节能减排效果明显。但受高温材料制约，煤电机组参数很难大幅攀升，煤电机组通过自身技术革新实现节能降耗的潜力逐渐减小。对此，国外通过增加燃气发电比重来降低火电整体煤耗。而我国受资源禀赋限制，考虑到能源安全和“双碳”目标，可采用燃煤耦合多种生物质燃料发电、煤电机组分别耦合超临界二氧化碳（Super Critical Carbon Dioxide，S-CO_2）布雷顿循环发电和太阳能热发电等先进技术，实现电力行业快速减碳。S-CO_2 循环最重要的研发趋势是实现与燃煤发电的耦合，S-CO_2 循环单独用于燃煤发电的市场价值要远高于在核能、光热太阳能、余热、地热等领域的应用。

积极发展燃煤机组碳中和多联产系统，实现系统单元内的碳中和。具体思路如下：一是燃煤电厂耦合生物质、固废发电，燃煤锅炉耦合生物质、固废混烧技术可以降低二氧化碳排放，燃煤电厂耦合固废发电可以实现资源综合利用；二是积极发展分布式能源技术，研发多能互补的分布式综合供能系统；三是积极研发将二氧化碳转化为化学品的有效途径，如利用二氧化碳制甲醇、烯烃等。

6.4 钢铁行业

6.4.1 钢铁行业发展现状

6.4.1.1 钢铁行业概况

当前，我国钢铁产量世界第一。2020年，受新冠肺炎疫情影响，全球经济下滑，但我国经济逆势增长2.3%，其中一个重要数据是我国投资拉动钢铁消费增加了近1亿吨，钢铁产业在很大程度上支撑了经济发展。2020年，全国生铁、粗钢和钢材产量分别为8.88亿吨、10.65亿吨和13.25亿吨，同比分别增长9.8%、7.0%和10.0%，其中粗钢产量创历史新高。2021年，在国家能耗双控、京津冀地区错峰限产、行业严格限制新增产能及下半年普遍限产的背景下，全国生铁、粗钢和钢材产量分别为8.69亿吨、10.33亿吨和13.37亿吨，其中钢材产量同比基本持平，生铁和粗钢产量均同比下降。

钢铁属于重资产行业，生产需要较高的资本投入且进入平稳生产需要较长时间，一旦存在利润空间，企业不会轻易关停产能，故产量短期内难以大幅下降；与此同时，考虑到技术提升带来的产量增长有限，加之国家严控新增产能，随着全国钢铁企业压产政策的逐渐落地以及“双碳”“双控”政策、采暖季节限产使行业供给走弱，短期内钢铁产量持续快速增加的可能性亦较小，预计未来一段时间钢铁产量将维持现有规模。可以预见，就目前所处的发展阶段，“十四五”期间我国钢铁的消费和生产还将处于高位，这符合我国经济发展阶段的客观规律。

6.4.1.2 钢铁行业煤耗现状

钢铁行业的煤耗集中于焦煤—焦炭—高炉炉料这一流程，焦煤在高温蒸馏下形成焦炭，焦炭在钢铁高炉里作为基础炉料加热铁矿石等其他原料，同时发挥还原剂的作用，这是最为传统的炼钢工艺，也称作长流程炼钢。相对应的还有短流程炼钢，也就是通常所说的电炉炼钢，其工艺是使用交流电通过石墨电极输入炉内，在电极下端与金属料之间产生电弧，利用电弧的高温直接加热炉料，使炼钢过程得以进行。据估算，长流程高炉炼1吨钢的耗煤量为0.61~0.62吨焦煤；相比之下，短流程炼钢可节约近0.6吨煤炭、节省碳排放量约1.3吨。

近年来，我国钢铁行业吨钢综合能耗逐年下降，行业节能水平显著提升，但总能耗却不降反增。2020年，我国重点统计钢铁企业平均吨钢综合能耗为545.27千克标准煤/吨，比2010年、2015年分别下降9%和4.6%；总能耗为5.8×10^{11}千克标准煤，比2010年、2015年分别增长52%和26%。根据《关于推动钢铁工业高质量发展的指导意见》，“十四五”期间钢铁行业能源消耗总量和强度均要降低5%以上，因此，钢铁行业节能压力依然巨大。

6.4.1.3 钢铁行业节能降碳现状

钢铁行业碳排放量占全国碳排放总量的15%，是制造业31个门类中碳排放量最大的行业。我国钢铁工业的典型特点是以高炉→转炉生产流程为主的生产模式，该工艺流程吨钢二氧化碳排放量为1.8~2.1吨，电炉短流程吨钢二氧化碳排放量为0.4~0.6吨。由于我国钢铁生产多以长流程为主，因此国内多以2.0（高于全球二氧化碳排放平均水平1.8）作为二氧化碳排放强度进行碳排放数据估算。据此测算，2020年我国粗钢产量为10.53亿吨，钢铁行业碳排放总量约21亿吨。

当前，我国钢铁行业超低排放改造加速，全国范围内钢铁行业超低排放改造共涉及399家钢铁企业、10亿吨左右粗钢产能。截至2021年7月，全国229家钢铁企业、6.2亿吨左右粗钢产能已完成或正在实施超低排放改造。其中，首钢迁钢、太钢、首钢京唐、邢台德龙、山钢日照、新兴铸管、纵横钢铁等16家钢铁企业部分或全部完成改造并按程序在钢铁工业协会官网上公示，但已公示企业产能不足全国产能的10%，距离2025年80%的目标还有较大差距。

6.4.2 钢铁行业清洁低碳转型意义

我国钢铁行业碳排放量大，约占全国碳排放总量的15%，为碳排放量最高的非电行业。另外，我国废钢利用率不足，短流程电炉炼钢占比仅为10.4%，而全球电炉炼钢平均占比为33%，这从根本上造成了国内钢铁行业二氧化碳排放强度居高不下。有数据表明，我国生产每吨粗钢排放1859千克二氧化碳，分别高于美国、韩国和日本生产每吨粗钢所排放的1100千克、1300千克和1450千克。钢铁行业迫切需要通过加速低碳转型、降低全社会碳排放量，确保国家碳达峰与碳中和目标顺利实现。

此外，钢铁行业是工业化国家的基础工业之一，钢铁产品是基础设施建设、汽车制造、船舶制造、装备制造、国防建设等领域的主要原材料，被誉为“工业粮食”。因此，从产品全生命周期碳排放角度来看，钢铁行业低碳转型对制造业整体减碳具有重要带动作用。绿色低碳发展已经成为钢铁行业转型发展的核心命题，也是钢铁行业实现高质量发展的必由之路。推动我国钢铁行业低碳转型示范，刻不容缓。

6.4.3 钢铁行业清洁低碳转型路径

在“双碳”政策背景下，钢铁行业作为节能降碳的重点领域，制定了《钢铁行业碳达峰及降碳行动计划》，初步确定了钢铁行业在2025年前实现碳排放达峰，2030年碳排放量较峰值降低30%、实现碳减排量4.2亿吨的行动目标，并提出加快绿色布局、节能及提升能效、优化用能及流程结构、构建循环经济产业链和应用突破性低碳技术五大路径实现行业低碳发展。

6.4.3.1 加快绿色布局

提高行业集中度。推行“宝武模式”，打造数家亿吨和5000万吨钢铁集团，提升钢铁企业集中度，增加铁矿石集中采购话语权、各钢材品种的定价权，提升国际市场竞争力和钢铁行业盈利水平。

淘汰落后产能，严格控制钢产量。与先进的生产能力相比，落后产能在生产技术、技术设备、能源消耗和环境保护水平等方面均具有明显弊端。因此，供给侧改革是低碳发展的重要动力。我国钢铁行业已经进入“高质量、减量化”的发展阶段，提高产品附加值，构建高效、循环的发展体系，是钢铁行业未来发展的主要方向。

提高钢材产品性能。采取“以细代粗、以薄代厚、以轻代重”的方式，在不降低用钢行业产品质量的前提下减少钢材使用量，优化钢材产品制造工艺，延长使用寿命，减少钢材用量。

创新性技术普及。加快突破性冶炼技术的开发和应用是最终实现碳中和目标的关键。目前，全球钢铁行业已研究和开发了许多低碳冶炼技术，如表6.2所示。

表6.2 国际上主要的低碳冶炼技术

技术名称	地区 / 国家	技术介绍	二氧化碳减排效果
TGR-BF（ULCOS）	欧洲	利用氧气鼓风并将高炉炉顶煤气应用真空变压吸技术脱除二氧化碳后，返回高炉重新利用	与VPSA、CCS技术结合可减排76%
HIsarna（ULCOS）	欧洲	避免烧结和焦化工序	与CCS技术结合可减排80%
ULCORED（ULCOS）	欧洲	利用天然气产生的氢还原气，将块状或球团矿直接还原成固态金属铁	与CCS技术结合可减排70%
ULCOWIN/ULCOLYSIS（ULCOS）	欧洲	使用电能将铁矿石转化成金属铁和氧气	使用可再生能源前提下，可达到零碳排
COURSE50	日本	采用一种新的焦炉煤气的氢分离技术和高炉煤气净化技术	可减排30%
FINEX	韩国	避免烧结和焦化工序	与CCS技术结合可减排45%
HYBRIT	瑞典	采用氢气作为主要还原剂，氢气和球团矿反应生成直接还原铁和水	使用可再生能源前提下，可减排98%

推行绿色物流。运输带来的实际污染物排放占钢铁行业污染物总量的30%以上应进一步升级非道路移动机械（车间内运输机械），提高机械排放标准（或直接进行电气化或新能源改造），减少厂内物料倒运距离；严格管理进出厂区运输

车辆，尽快实现产区运输车辆电动化、近距离厂外运输电动化和远距离运输车辆非油化（电动汽车或氢燃料电池汽车）；重点推进公转铁、公转水、管道和管状带式输送机等清洁方式运输，减少公路运输。

6.4.3.2 改变能源结构模式，实现节能提效

钢铁生产的能源利用效率对其二氧化碳排放有直接影响，提升能效水平是未来十年内钢铁工业节能减排的重点。钢铁工业是长流程高耗能行业，以吨钢综合能耗 600 千克计算，每年消耗煤炭 6 亿吨以上，在我国钢铁产量持续增加的情形下，碳排放将继续增加。钢铁工业应从根本上改善能源消费结构，减少煤炭消耗，提升可再生能源利用技术，实现能源结构低碳化发展，从源头上解决以煤炭为主要能源结构所导致的碳排放问题。一方面将高二氧化碳排放因子煤炭逐渐转变为煤气→天然气→氢气清洁能源，实现钢铁碳零排；另一方面采用碳含量较低的燃料、还原剂，降低工业过程产生的直接碳排放。

推广使用绿色能源。利用太阳能、风能、氢能、地热能、潮汐能和生物能等清洁能源，推广应用非化石能源替代技术、生物质能技术、储能技术等，进一步压缩传统能源电力使用比例；提高余热、余能自发电率；在能源产生（发电）、输送、利用等环节实现数字化、智能化控制，减少能源损耗，提高利用效率。国际能源署已对 2050 年钢铁行业的能源结构做出预测，如图 6.6 所示。

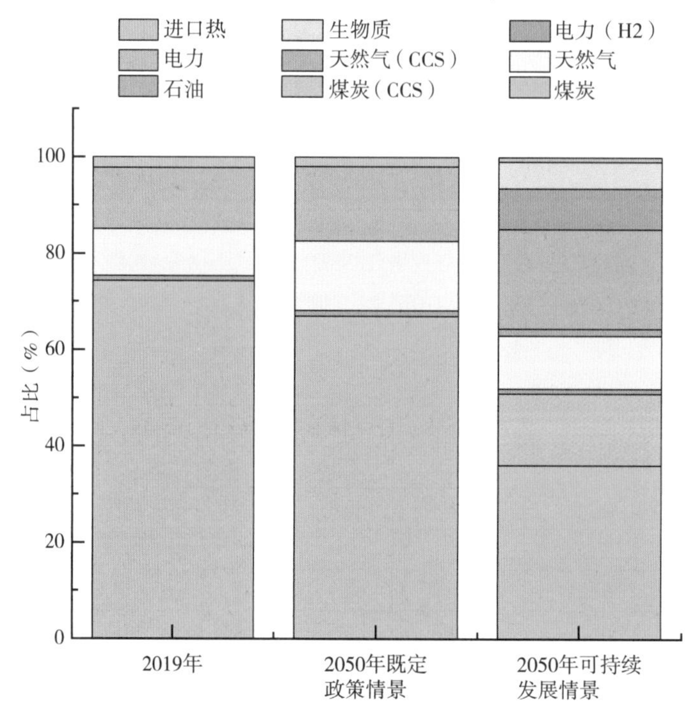

图 6.6 2050 年全球钢铁行业能源结构

6.4.3.3 优化用能及流程结构

原燃料结构优化。原料包括烧结矿、球团矿、生矿以及在特殊情况下用到的辅助熔剂（锰矿、萤石等）；燃料包括焦炭、煤粉等喷吹物（欧美国家也使用重油、城市垃圾、塑料及天然气进行喷吹）。燃料的碱金属含量要控制在合理范围，原料的化学成分、机械强度和冶金性能要合理优化，保证高炉冶炼流程顺利、低碳运行。

工艺流程优化。通过优化工艺生产流程，减少工业生产过程中的直接碳排放；同时利用副产能源重整技术，提高能源利用效率、降低间接碳排放。高炉炼铁作为碳排放量最高的工序，应首先对其进行升级改造。另外，在降碳方面应优先选用高成熟度减碳技术。

废钢资源回收利用。2020 年，我国电炉钢产量占比仅为 10.4%（世界平均水平为 30% 左右，美国为 70%），应扩大再生资源在工业原料中的占比，有效减少初次生产过程中的碳排放，适当布局城市周边钢厂，利用城市矿山打造循环钢铁生态。到 2025 年、2030 年和 2060 年，努力实现再生钢铁资源冶炼占比分别达到 35%、55% 和 75%，逐渐实现产业生态闭环。

6.4.3.4 构建绿色循环经济产业链

区域能源整合。进行钢厂—电厂—城市区域能源整合工程，共享电能和热能，实现区域低碳排放；实现厂级、分厂级、车间级的三级能源消耗在线、实时监测和控制，实现工艺流程能源精细管理、低碳排放。

固废资源化有效利用。加强固废利用数据统计和精细化管理，完善固废统计标准和技术评价体系，建立固废回收利用数据库和风险防控体系；加大资源综合利用技术、装备和产品标准的制修订工作，促进固废利用新技术的推广应用和技术进步。

推动钢化联产。在条件适合的地区推广钢铁—化工联合生产模式，实现钢铁行业转型升级、低碳绿色发展；推进产业间耦合发展，构建跨资源循环利用体系，如从高炉、转炉、焦炉尾气中提取分离一氧化碳气体，作为原料生产甲醇、甲酸、乙二醇等化工产品；钢铁生产的副产品如高炉渣可以制水泥，蒸汽和副产煤气可用于发电或化工行业等。

6.4.3.5 发展绿色低碳技术

推广氢冶炼技术。氢冶炼技术能耗低、污染小、成本低，用氢气代替煤炭（粉）作为高炉的还原剂，副产物只有水，可避免冶炼过程中二氧化碳排放；而且冶炼过程中产生的大量高温可燃气体可二次利用，能够自发电。此外，氢冶金技术与 CCUS 技术结合使用，可进一步增加钢铁工业的二氧化碳减排潜力。

逐步推广氧气高炉技术、富氢碳循环高炉技术。氧气高炉工艺是使用纯氧气代替热鼓风，与传统高炉相比，碳排放减少 40% 以上、产能提升 40%，并能解决炉温不均衡等技术难题。目前，氧气高炉技术工业化应用处于探索阶段，需要逐步推广。富氢碳循环高炉工艺以富氢碳循环为手段，以降低高炉还原剂比为方向，重构高炉流程，最大限度利用碳的化学能，以工业绿色电气化取代碳进行加热，可实现高炉流程的大幅减碳。

大力发展二氧化碳捕集技术，进一步深度脱碳。预计到 2050 年，我国钢铁行业粗钢炼钢排放二氧化碳约 6.88 亿吨，碳中和难度较大，需要通过末端碳捕集的方式加快实现钢铁行业碳中和。当前碳捕集成本较高（400~500 元 / 吨二氧化碳），其商业可行性很大程度上取决于政府制定的碳排放税和碳交易价格。只有当 CCUS 技术、资金和成本障碍被克服后，才可能实现钢铁行业真正的碳中和。

6.5 建筑行业

6.5.1 建筑行业发展现状

6.5.1.1 建筑行业概况

建筑业在国民经济各行业中所占的比重仅次于工业和农业，为我国经济发展支柱产业之一，是国民经济的重要组成部分。建筑业是围绕建筑的设计、施工、装修、管理而展开的行业，按国民经济行业分类，可以细分为房屋建筑业（E47）、土木工程建筑业（E48）、建筑安装业（E49）、建筑装饰、装修和其他建筑业（E50）4 个类别。其产品为各种工厂、矿井、铁路、桥梁、港口、道路、管线、住宅以及公共设施的建筑物、构筑物和设施。建筑业的产品转给使用者之后，就形成了各种生产性和非生产性的固定资产。

随着城镇化和城市化进程的推进，建筑业经营规模不断扩大。2020 年全国建筑业总产值 263947 亿元，同比增长 6.2%；全国建筑业房屋建筑施工面积 149.5 亿平方米，同比增长 3.7%。据国家统计局最新数据显示，2021 年我国建筑业房屋建筑施工面积 157.5 亿平方米，较 2020 年增长 8 亿平方米，同比增长 5.4%（图 6.7）。

目前，我国已基本形成目标清晰、政策配套、标准完善、管理到位的绿色建筑推进体系。截至 2020 年年底，全国获得绿色建筑标识的项目累计达到 2.47 万个，建筑面积超过 25.69 亿平方米；当年新建绿色建筑占城镇新建民用建筑比例达 77%。与此同时，以装配式建筑为代表的新型建筑工业化发展的政策环境不断完善，产业

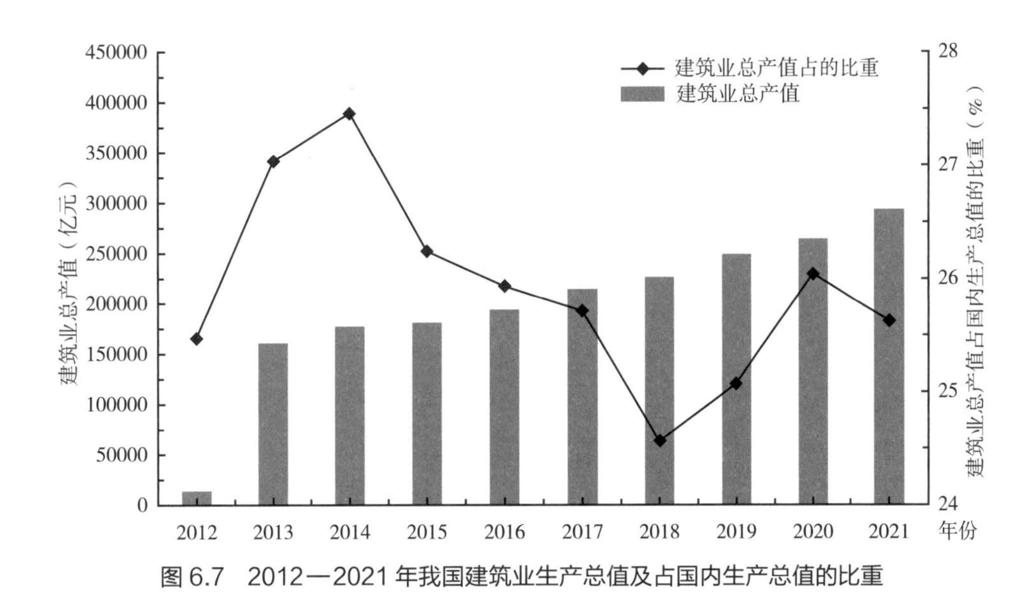

图 6.7 2012—2021 年我国建筑业生产总值及占国内生产总值的比重

规模快速增长。认定了 48 个城市、12 个园区和 316 家企业为装配式建筑示范（范例）城市和园区类、企业类产业基地，着力推动了装配式建筑产业发展。“十三五”期间，新开工的装配式建筑面积年均增长 54%，2020 年当年全国新开工的装配式建筑面积达 6.3 亿平方米，占当年城镇新建建筑面积总量的 20% 以上。

6.5.1.2 建筑行业耗煤现状

“十三五”期间我国建筑领域煤耗主要有四个方面，分别是电力煤炭消耗量、城镇供暖煤炭消耗量、农村供暖煤炭消耗量和农村炊事煤炭消耗量。建筑领域累计消耗煤炭 44.22 亿吨，分别为 2016—2020 年的 8.74 亿吨、8.88 亿吨、8.90 亿吨、8.89 亿吨和 8.81 亿吨。在 2020 年我国建筑领域实际煤炭消耗量 8.81 亿吨中，电力煤炭消耗量为 5.30 亿吨、城镇供暖煤炭消耗量为 1.86 亿吨、农村散煤（供暖 + 炊事）消耗量为 1.65 亿吨。

6.5.1.3 建筑行业减碳措施

我国建筑材料工业碳排放 2014 年以后基本维持在 14.8 亿吨以下，这是国家和行业积极推进节能减排的成果，特别是建筑材料工业技术进步、产业结构调整和能源结构优化的效果显现。

在技术进步方面，以水泥行业为例。2014 年我国水泥产量达到 24.9 亿吨的历史最高点，之后未曾超过 24.2 亿吨。随着新型干法水泥技术工艺的普及，落后生产能力已基本淘汰，行业持续推进技术创新研发，生产技术装备水平不断提升，单位生产能耗持续下降。2005—2014 年水泥产量增长 133%，煤炭消耗仅上升 46%，年均减少二氧化碳排放量近 2000 万吨。技术进步成为碳减排的重要途径。

在产业结构调整方面，以墙体材料行业为例。墙体材料行业曾是建筑材料工业中仅次于水泥的第二耗能行业和碳排放源。2015 年后，墙体材料行业产业结构调整步伐加快，砖瓦企业锐减到目前的 2.1 万家，砖产量只有高峰时期的 60%，碳排放明显下降。其中，墙材行业二氧化碳排放量从最高峰的 1.5 亿吨已减少到目前的 1322 万吨，而这正是产品产量减少、免烧结墙体材料发展等因素对产业结构的影响结果。目前，我国墙材行业能耗、煤耗、二氧化碳排放只有高峰时期的 21%、8%、9%。

在能源结构优化方面，建筑材料工业的第一大燃料是煤炭，全行业煤炭消耗高峰时期曾达到 3.4 亿吨 / 年，占建筑材料工业能耗总量的 70% 以上。当前这一比重已下降到 56.0%，实现二氧化碳减排近 1 亿吨。

除此之外，还可以在建材准备阶段进行节能减排的尝试：一方面尽可能使用回收利用率高的建材，特别是金属、钢筋等高回收率的建材且多为人工回收，不仅回收过程引起的二氧化碳排放量小，还可增加建材的使用周期；另一方面通过结构的合理设计减少建材用量。

6.5.2 建筑行业清洁低碳转型意义

建筑部门是重要的终端用能部门，我国建筑能源消费量约占全国能源消费总量的 22%，建筑建造、运行使用过程中的碳排放量约占全国碳排放总量的 1/3。建筑节能是新型城镇化建设的重要内容，是增进民生福祉的必然选择，也是增强经济发展新动能、实现“双碳”目标的关键着力点。

与钢铁行业相似，长期以来建材行业也是我国煤炭消费的主要部门。在建材工业中，水泥、砖瓦、石灰、平板玻璃、建筑卫生陶瓷、磨具磨料、玻璃纤维等七个行业是建材工业的能耗主体，占能耗总量的 92.5%。其中，建材行业中的能耗有 70% 以上来源于煤炭，煤炭是水泥、砖瓦、石灰三个行业的主要燃料，分别占到了建材行业煤炭消费的 64.0%、20.7% 及 5.4%。

当前，我国是全球最大的建筑市场，且新建建筑中大部分为高能耗建筑，建筑能源消耗占比不断上升。如图 6.8 所示，我国建筑能耗由 2016 年的 8.99 亿吨标准煤增长至 2019 年的 10.6 亿吨标准煤，其能耗占比由 2016 年的 20.63% 增加到 2019 年的 21.81%。2020 年，我国建筑材料工业二氧化碳排放达 4.8 亿吨，比 2019 年上升 2.7%，其中，水泥工业二氧化碳排放 12.3 亿吨，同比上升 1.8%；石灰石膏工业二氧化碳排放 1.2 亿吨，同比上升 14.3%；墙体材料工业二氧化碳排放 1322 万吨，同比上升 2.5%；建筑卫生陶瓷工业二氧化碳排放 3758 万吨，同比下降 2.7%；建筑技术玻璃工业二氧化碳排放 2740 万吨，同比上升 3.9%。

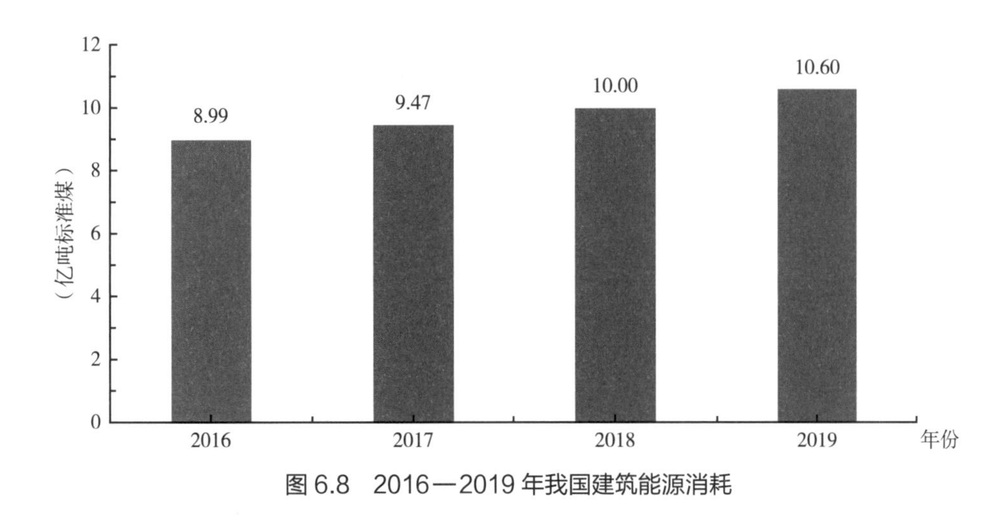

图 6.8　2016—2019 年我国建筑能源消耗

6.5.3　建筑行业清洁低碳转型路径

在“双碳”目标要求下，既要满足人民对美好生活的向往带来的用能服务需求的增长，又要努力构建绿色生活生产体系，这就要求建筑领域加快建筑节能标准提升步伐，大幅提升建筑能效，以更快节奏、更大力度推进建筑用能低碳化。为此，可以考虑从完善政策环境、创新投融资模式、加强城乡建设规划管理、推进低碳供热、发展绿色建筑和装配式建筑等方面进行。

6.5.3.1　健全既有建筑节能改造标准体系，开展既有建筑超低能耗改造试点

加大城镇老旧小区综合整治升级改造力度，把建筑节能改造作为基础类改造内容，积极推动社区基础设施绿色化和既有建筑节能改造，改善社区人居环境；加强建筑运行管理，以提升公共建筑节能管理水平为目标，将数字化、物联网和人工智能等技术与建筑运维工作相结合，加强能力建设，全面提升公共建筑数字化和智能化技术水平。

6.5.3.2　完善规划建筑面积

建筑面积是影响建筑建造、建筑运行阶段能源消费和碳排放的重要因素。近年来，在城镇化发展、收入水平、服务业发展等因素驱动下，我国建筑业规模持续扩大，每年的城镇住宅和公共建筑竣工面积约为 36 亿平方米、拆除面积约为 17 亿平方米。为此，建议根据经济社会发展愿景设定人均建筑面积发展目标，引导建筑面积合理增长；构建绿色低碳的城乡建设布局，推动发展紧凑型城市，开发融合居住、工作、生活服务、休闲娱乐场所于一体的综合社区；倡导简约适度、绿色低碳的绿色生活方式。

6.5.3.3　统筹可再生能源资源禀赋、建筑利用条件和用能需求

以城镇公共建筑、农村建筑及工业厂房建筑为重点，推广太阳能光伏发电与

建筑一体化，并配置分布式储能；推动太阳能光热系统在中低层住宅、酒店、学校等建筑中的应用，推进地热能、生物质能、周边环境热能的综合利用，因地制宜推广使用各类热泵技术，以满足建筑采暖、制冷和生活热水需求。

6.5.3.4 大力推广绿色建筑

绿色建筑是指建筑在其设计、施工、竣工并投入直至达到设计使用年限这一完整周期内，最大限度地保证对有限资源的合理利用，尽可能地做到能源、材料包括水资源等自然要素的节约、环境友好与平衡、减少环境破坏的同时，为人们提供良好、宜居、和谐的生存环境。应推进建造施工方式绿色转型，鼓励发展装配式建筑，形成可复制、可规模化推广的装配式建筑技术体系；提高绿色低碳建材使用率，充分挖掘本土低碳建筑材料，探索因地制宜的绿色、低碳、可回收的建筑材料，并加强传统工艺的现代化发展；大力发展基于低碳建材的新型高性能结构体系，结合施工法，合理引导应用高性能混凝土、高强钢；通过技术引进、产业本土化、工程作法创新等手段，大幅降低高性能外围护结构等成熟技术的造价。

6.5.3.5 发展装配式建筑

装配式建筑是指把需要在现场作业加工的生产流程转移到工厂区域进行，然后把加工好的配件和构件运输到施工现场，最后通过简便地加工装配完成安装。装配式建筑能在保障工程质量的条件下降低安装过程的安全隐患，而且大型设备参与施工能降低人力成本，减少现场作业能耗和污染。当前，我国新阶段大型房地产建筑已经开始运用装配式建筑，装配式建筑是未来建筑行业的发展趋势和方向。

6.6 本章小结

“双碳”背景下，煤化工行业面临发展和减碳双重挑战：一方面，作为碳排放较高行业，绿色低碳发展刻不容缓；另一方面，特种燃料和化工新材料等需求增长推动产能增长，碳排放将随之增加。从长远看，煤化工低碳发展已是必然趋势。

基于煤炭洗选准备作业、分选作业及选后产品处理作业三个基本工艺过程，提出煤炭洗选加工行业低碳转型路径，主要涉及三方面：一是预先智能排矸，源头减量，实现节能降耗；二是优化洗选工艺，完善流程，实现提质增效；三是尾煤泥精细处理，进行深加工，实现环保减污；四是做清洁能源供应商，保障煤炭保有产量的科学化递减进程；五是洗选废物的处理与再利用；六是推进智能化选煤厂建设，逐步实现选煤技术的现代化。

煤电行业低碳转型路径包括采用超超临界发电技术、CFB燃烧、碳汇与

CCUS、煤电机组灵活性技术、基于煤电机组的耦合发电技术。

钢铁行业低碳转型路径包括加快绿色布局；改变能源结构模式，实现节能提效；优化用能及流程结构；构建绿色循环经济产业链；发展绿色低碳技术。

建筑行业低碳转型路径包括健全既有建筑节能改造标准体系，开展既有建筑超低能耗改造试点；完善规划建筑面积；统筹可再生能源资源禀赋、建筑利用条件和用能需求；大力推广绿色建筑；发展装配式建筑。

参考文献

[1] 牛克洪. 新常态新方略中国煤炭企业转型发展实策［M］. 北京：煤炭工业出版社，2015.

[2] 王宏. 煤炭洗选加工实用技术［M］. 北京：中国矿业大学出版社，2010.

[3] 程子曌. 新形势下我国煤炭洗选加工现状及展望［J］. 煤炭加工与综合利用，2021（1）：20–26.

[4] 顾大钊，张勇，曹志国. 我国煤炭开采水资源保护利用技术研究进展［J］. 煤炭科学技术，2016，44（1）：1–7.

[5] Maria H，Amit K，Vinoth K K，et al. Investigation of the effect of particle size，petrographic composition，and rank on the flotation of Western Canadian coals［J］. International Journal of Coal Preparation Utilization，2018，41（11）：1–17.

[6] Zhou E H，Yan G H，Weng X Y，et al. A novel and low cost coal separation process：Combination of deep screening classification and gravity separation［J］. Powder Technology，2020（367）：568–575.

[7] 谢广元. 选矿学［M］. 北京：中国矿业大学出版社，2016.

[8] 赵计辉，王栋民，惠飞，等. 矸石电厂循环流化床灰渣特性分析及其资源化利用途径［J］. 中国矿业，2014，23（7）：133–138.

[9] 张润泽. 新形势下煤炭洗选加工现状与发展趋势［J］. 煤炭加工与综合利用，2021（9）：47–50，54.

[10] 杨方亮. 我国电力行业煤炭产品需求前景浅析［J］. 中国煤炭，2020，46（8）：10.

[11] 帅永，赵斌，蒋东方，等. 中国燃煤高效清洁发电技术现状与展望［J］. 热力发电，2022，51（1）：1–10.

[12] 柯希玮，蒋芩，吕俊复，等. 循环流化床燃烧低污染排放技术研究展望［J］. 中国工程科学，2021，23（3）：120–128.

[13] 魏宁，姜大霖，刘胜男，等. 国家能源集团燃煤电厂 CCUS 改造的成本竞争力分析［J］. 中国电机工程学报，2020，40（4）：1258–1265.

[14] 王树民. 清洁煤电近零排放技术与应用［M］. 北京：科学出版社，2020.

[15] 赵春生，杨君君，王婧，等. 燃煤发电行业低碳发展路径研究［J］. 发电技术，2021，42（5）：547–553.

[16] 曲余玲，邢娜，黄维，等. 我国钢铁行业节能降碳现状及存在的问题和对策建议 [J]. 冶金经济与管理，2022（1）：10–11，15.
[17] 郑明月. 钢铁产业发展趋势及碳中和路径研究 [J]. 冶金经济与管理，2022（1）：4–6.
[18] 张琦，沈佳林，许立松. 中国钢铁工业碳达峰及低碳转型路径 [J]. 钢铁，2021，56（10）：152–163.
[19] 张建国. “十三五”建筑节能低碳发展成效与“十四五”发展路径研究：装配式建筑技术与近零能耗建筑融合成为行业热点 [J]. 中国能源，2021，43（6）：31–38.
[20] 刘常平，张时聪，杨芯岩，等. “十三五”我国建筑领域煤炭消耗总量计算研究 [J]. 中国能源，2021，43（2）：28–33，77.

第7章　国内外碳达峰碳中和发展态势

本章介绍了国内外碳达峰碳中和发展态势，分别从低碳发展的内涵、碳排放与经济社会发展的关系、产业环境等方面进行了深层次的阐述，探讨了国内外碳中和产业的发展背景、发展现状，最后分析了国内外碳达峰的发展进程，并对碳中和市场进行了前景预测。

7.1　低碳发展内涵

什么是具体的低碳发展，这在学术界有许多不同的观点。有的学者认为以低排放、低能耗、低污染为基础的经济发展模式就是低碳发展；有的学者则认为低碳发展应该更加宽泛，从内涵角度上应该是在生产、流通、分配、消费这四个环节都做到低碳。

虽然很多定义从不同角度阐述了低碳发展，但总体看来其核心内容还是基本一致的，那就是通过技术进步、产业升级等多种途径减少经济社会发展中的温室气体排放，使经济、生态、社会能够实现和谐发展。

推进低碳发展，不仅符合中国资源环境承载力有限的国情和实现可持续发展的要求，而且符合国际发展潮流。作为全球最大的发展中国家，中国推进低碳发展是一个功在千秋、与他国互利共赢的正确选择。

7.1.1　低碳发展的基本特征

7.1.1.1　阶段性

有学者利用脱钩理论指出，一个国家在很长一段时间中逐渐使经济增长和温室气体排放量脱钩的过程就是该国走向低碳经济的过程。要使经济增长和温室气体排放这两者完全脱钩，对于大多数国家而言是非常困难的，尤其是发展中国家。实现绝对的低碳发展需要一个漫长且复杂的过程，所以在每一个不同的经济发展水平和科学技术水平时期，落实低碳发展首先要明确本国国情，其次是为低碳发展划分阶段，分阶段地实现低碳目标。

7.1.1.2 动态性

低碳发展的动态性分为两个方面。首先，面对现在的全球气候变暖和能源使用现状，低碳经济是当前大环境下相对合理的经济发展模式，但是大环境也是不断变化的，社会经济的发展、生态环境的变化等都会对低碳经济发展提出更加具体的要求，具体的政策也会有所变化。其次，科学技术的进步和国际间交流的深入都会使低碳内容获得不断更新与发展。所以，综合以上两点，低碳发展并不是一成不变的固定形式，而是根据现有状况不断发展和变动的。

7.1.1.3 新兴性

低碳发展的新兴性在其发展过程中也有着很多方面的体现。首先，在这个发展过程中不只产生了许多新生的经济能源和产业，而且低碳的理念开始成为社会上的一股风潮，低碳的想法越来越深入人心。人们渐渐注意到生活消费中的碳排放和能源的节约，对于新兴能源也有了更高的接受度，有利于低碳消费领域的进一步扩展。其次，越来越盛行的低碳风潮、越来越大范围的低碳行为成为现下低碳技术、低碳产品进步发展不可忽视的助力，也营造了低碳产业良好发展的氛围，使得众多低碳经济体、低碳产业如雨后春笋般出现。

7.1.1.4 协同发展性

“低排放、低消耗、低污染”绝不是低碳发展的一味追求，而是要让“低碳”和“经济”协同发展。远观曾经的“自给自足”“刀耕火种”生活的碳排放量一定在低碳范围内，但这绝对不是当下人们所追求的低碳发展。低碳发展的一大特征就是协同发展性，即在低碳发展的同时满足人们对于经济发展的需求，使人们的生活品质和幸福感同步提升。所以，低碳的发展必须是一个不断提升生产力、不断提升人民幸福指数的过程，在这个过程中的“低排放、低消耗、低污染”才是人们所期待的。

7.1.1.5 全球性

气候变暖是全球范围内的问题，是全人类共同面对的问题。低碳发展作为应对气候变暖的一种方法，在出现伊始就具有全球性。而低碳发展作为全球可持续发展、共同应对气候变化的途径，表明了低碳已成为国际间的共识，更是国际间的一种协调。想要真正推进低碳发展、实现全球共同的可持续发展，需要全球各个国家加强合作、一起协调行动，而在这个过程中有必要建立国际低碳发展的新体制，包括公平、公正的国际贸易体系以及节约资源、友好自然等相关技术转让数量与质量的提升。

7.1.2 碳排放与经济发展关系

7.1.2.1 全球碳排放与经济发展关系

（1）总量视角

20 世纪 70 年代至今，全球碳排放与全球经济发展基本呈现正相关关系，即随着全球经济发展，全球碳排放总量和人均碳排放量均有大幅增长。从碳排放总量和增速来看，全球碳排放量与经济总量呈现同步上升趋势，但增速近年来有所放缓。经济总量与碳排放同步增长的原因是经济增长加大了各经济部门对电力、石油等能源的需求，而电力生产、石油、天然气等化石能源的使用会产生大量的碳排放。而经济衰退时期，能源使用量下滑，碳排放量也同样出现阶段性下滑，如 2008 年经济危机、2020 年新冠肺炎疫情都带来了阶段性的碳排放量下降。2018 年，全球碳排放量达到了历年最高值 340.5 亿吨，是 1965 年的 3 倍。增速方面，随着气候问题逐步成为全球共识，各国纷纷采取措施控制碳排放，碳排放增速开始放缓，直到 2019 年全球碳排放增长率已接近 0。然而，根据国际能源署最新报告，随着世界经济从病毒大流行中反弹并严重依赖煤炭来推动这一增长，2021 年全球与能源相关的二氧化碳排放量增加了 6%，达到 363 亿吨，创下历史最高水平（图 7.1）。

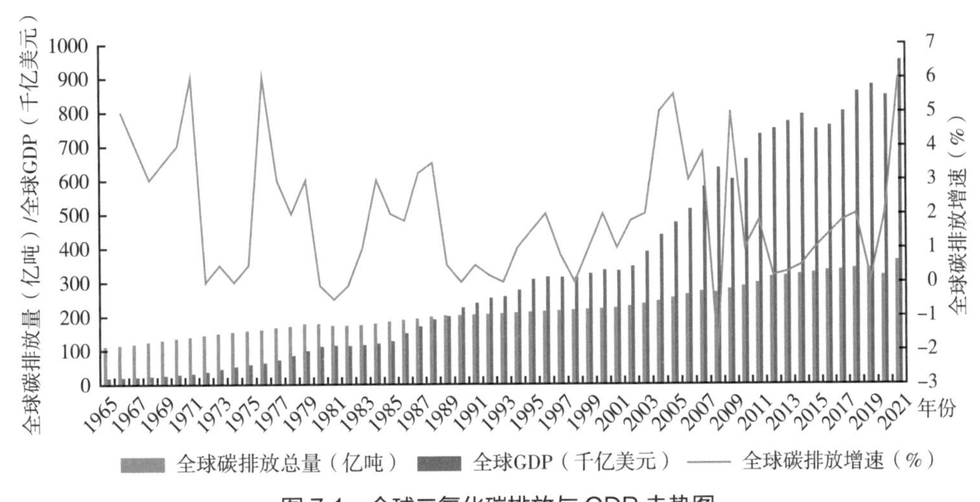

图 7.1 全球二氧化碳排放与 GDP 走势图

从人均碳排放量来看，全球人均碳排放量和全球碳排放量基本呈现出相同的变化趋势，在波动中逐渐增长。2018 年，全球人均碳排放量增至 4.42 吨 / 人，较 1971 年增长了 20%（图 7.2）。

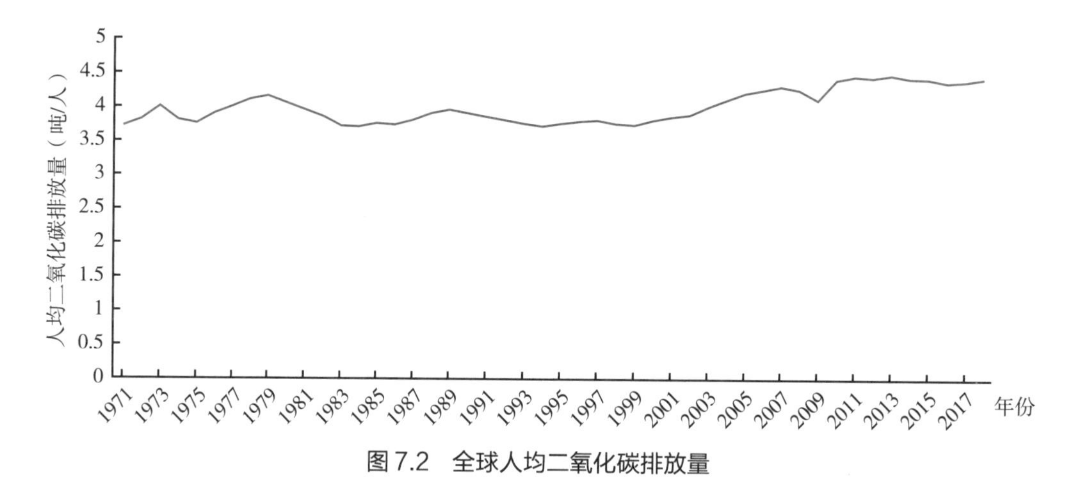

图 7.2　全球人均二氧化碳排放量

（2）区域视角

从区域结构来看，在中国、日本等国家经济增长的驱动下，亚洲碳排放量快速增加，逐步成为世界第一大碳排放地区；北美、欧洲的碳排放量则逐步走低，进入负增长阶段；大洋洲、非洲、南极洲由于碳排放量极小，此处不进行分析。

亚洲的碳排放量在 1985 年超过北美洲，在 1992 年超越欧洲，成为世界碳排放量最多的地区；其碳排放量从 1965 年的 16.46 亿吨增长到 2019 年的 202.42 亿吨，增长超过 12 倍，而欧洲和北美洲年度碳排放量大体上从 2008 年前后开始逐渐减少（图 7.3）。主要原因是二战后很多亚洲国家开始进行大规模经济建设，随着中国、日本、韩国、印度等国家的经济快速发展（图 7.4），对能源、工业产品等的需求剧增，从而带动碳排放量快速增长。

从区域碳排放增速来看，亚洲增速开始进入下行通道，欧洲、北美洲已经保持在负值。其中，亚洲在 2011 年以前除个别年份外都保持着高增速，随着各国逐

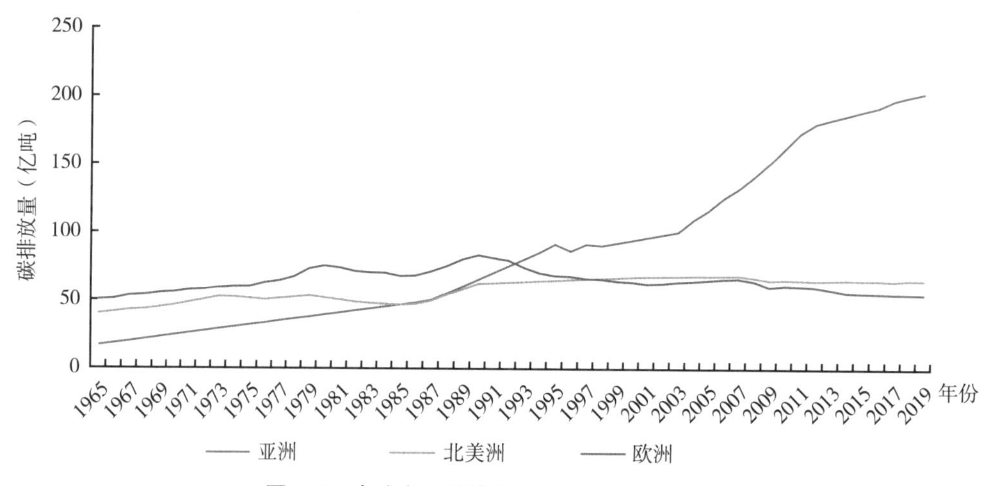

图 7.3　全球主要碳排放区域年度碳排放走势

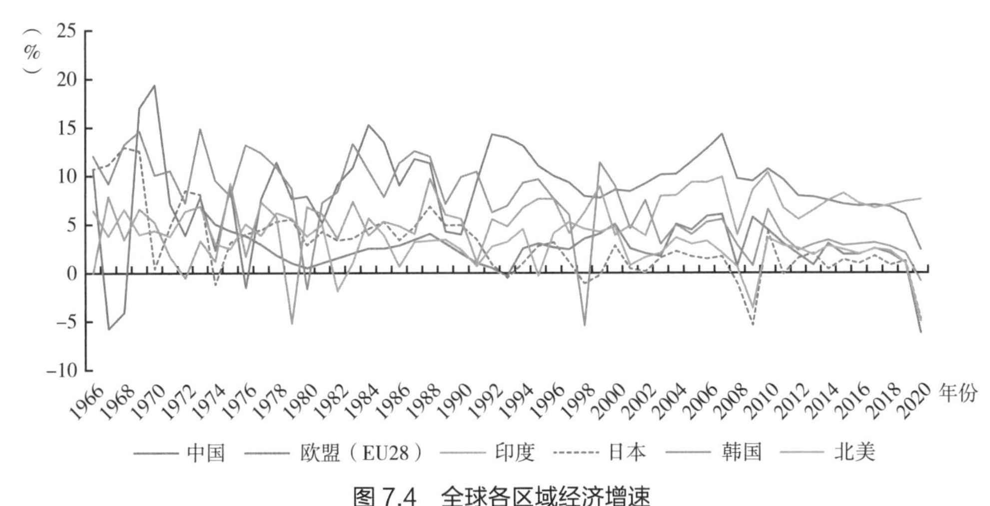

图7.4　全球各区域经济增速

渐重视碳排放问题，2011年以后增速进入下行阶段；而欧洲在1990年后、北美洲在2007年后碳排放增速多保持在负值（图7.5）。

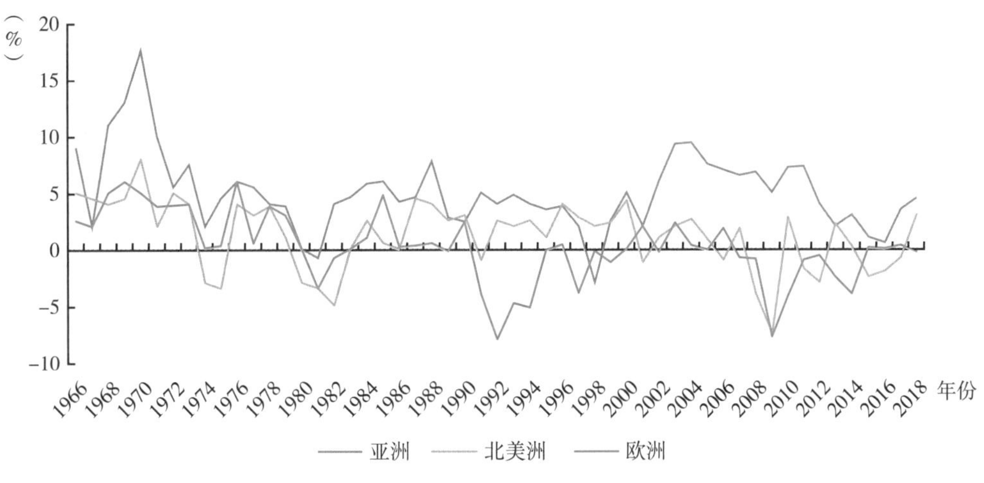

图7.5　全球主要碳排放区碳排放增速

7.1.2.2　我国碳排放与经济社会发展

我国二氧化碳排放量与化石能源消费和GDP呈现正相关，表明我国当前依靠消耗化石能源带动经济发展（图7.6）。

从二氧化碳排放看：1965—2002年二氧化碳排放量以较低水平增长，从1965年的4.89亿吨到2002年的38.34亿吨，平均增速为6.39%；2002—2014年二氧化碳排放量整体呈现快速上升，从2002年的45.23亿吨增至2014年的92.24亿吨，虽2015年和2016年连续负增长，但依旧维持在91亿吨以上。

从经济社会发展情况来看：1965—2016年GDP平均增速为10.45%，2010—2016年GDP平均增速为10.65%；1965—2016年平均人口增速为1.30%，2010—2016年平均人口增速为0.50%；1965—2016年人均GDP平均增速为9.04%，

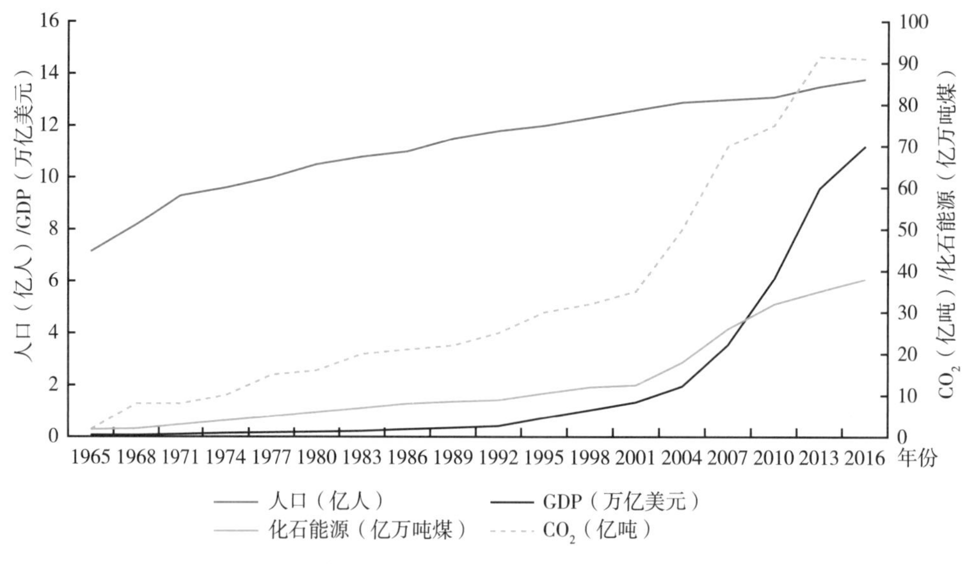

图 7.6　中国碳排放与人口、GDP、化石能源变化

2010—2016 年平均人均 GDP 增速为 10.10%；与此同时，人均二氧化碳排放量呈增长趋势，人均 GDP 增长与人均二氧化碳排放量并未相背离（图 7.7）；化石能源方面，从 1965 年的 1.81 亿吨标煤到 2016 年 37.94 亿吨标煤，年平均化石能源增速为 6.15%，近 7 年（2010—2016 年）的年均化石能源增速为 2.44%，从 2010 年的 32.82 亿吨标煤上升到了 2016 年的 37.94 亿吨标煤。

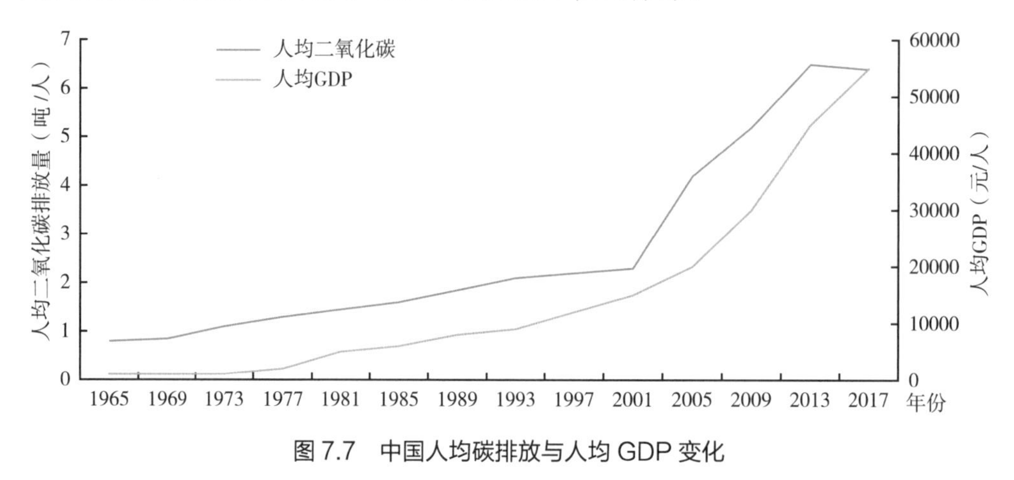

图 7.7　中国人均碳排放与人均 GDP 变化

7.2　世界低碳发展格局

气候变化问题与工业化时代的化石燃料燃烧与使用密切相关，因此，该问题已经超越了单纯的环境维度，而是全面涉及一国的能源系统、产业结构和经济发展模式等重大问题，各大国之间围绕碳排放权与发展权的国际博弈日益升级。目

前，全球碳中和态势意味着碳约束和能源转型已经成为全球生态文明建设中无法忽视的首位要务。据统计，截至2021年5月，全球已有127个国家和地区承诺兑现碳中和目标，其中22个国家和地区通过纳入国家立法、提交协定或政策宣示的方式正式提出了碳中和相关承诺。2021年3月15日，习近平总书记在中央财经委员会第九次会议上强调，“实现碳达峰碳中和是一场广泛而深刻的经济社会系统性变革，要把碳达峰碳中和纳入生态文明建设整体布局”。基于此，碳中和背景下的全球生态文明建设具有如下三重内涵：第一，全球生态文明建设的首要目标是基于可持续发展、环境正义、生态安全等理念来不断推进全球环境治理体系的优化，从而塑造一种基于更加绿色、公平、合理、包容、安全的国际经济政治秩序的全球生态环境安全共同体；第二，碳中和背景下全球生态文明建设推进的动力源于中国“两山”生态治理理念和低碳治理最优实践的国际化外溢；第三，碳中和背景下全球生态文明建构需要把握目前国际绿色对话空间不断扩展的契机，推进气候能源外交模式的不断创新。

7.2.1 全球碳中和产业发展背景

根据联合国气候变化框架公约网站的不完全统计，全球已经有超过300家国际公司、商业机构、投资银行加入了碳中和行列，力争2030—2050年实现净零排放。

7.2.1.1 传统能源公司推进低碳转型

老牌石油公司BP宣布了净零的全新愿景和目标，提出“2050年或之前成为净零公司”，并提出实现愿景的新战略。新战略聚焦三大重点领域，提出在2030年之前在低碳能源领域的年投资额由约5亿美元逐步增加到约50亿美元，氢能业务在核心市场的份额增长到10%，与全球10~15座大城市以及三个核心行业建立能源合作伙伴关系。

壳牌计划全面削减产品制造过程中的碳排放，到2035年将销售产品的碳足迹减少30%，到2050年减少65%。公司的目标是最迟在2050年成为净零排放的能源企业。为此，壳牌设置了ESG（环境、社会和治理）事务专员，跟政府部门和股权交易基金沟通、交涉气候变化和温室气体排放问题；同时切实加大在氢能、储能电池等交通无碳能源动力技术和CCS/CCUS低碳减排技术方面的研发投入，并寻找低碳转型战略的核心与抓手。

道达尔集团致力于2050年在集团全球生产业务以及客户所使用的能源产品中实现净零排放，并确定了到2025年可再生能源发电装机容量达到25吉瓦的目标。为积极推动能源转型，道达尔投入低碳电力的资本支出比例将在2030年或更早从 10% 提高到 20%。

7.2.1.2 高耗能企业加快脱碳步伐

一些国际高耗能企业也提出了碳中和目标和减排路线图。大型钢铁企业安塞乐米塔尔（ArcelorMittal）承诺到 2030 年比 2018 年减排 30%，到 2050 年实现碳中和。安塞乐米塔尔一直在探索以碳中和方式生产钢铁的技术，在 2019 年发布的《气候行动报告》中提出了不同的技术途径，并于 2020 年公布了实现碳中和的减排路线图。其 2030 年目标旨在实现三大突破：一是实现氢能源炼钢；二是实现碳循环炼钢，使用生物质能等可再生碳能源替代传统炼钢过程中的化石燃料；三是实现化石燃料的碳捕获和封存，并在生产过程中反复利用。瑞典钢铁集团（SSAB）提出“到 2045 年实现无化石燃料冶金、2026 年投放无化石燃料钢铁产品”目标；利百得钢铁集团（Liberty Group）更是超前地提出到 2030 年实现碳中和的目标；德国迪林格钢铁集团（Dillinger）的法国子公司近期获得法国政府 180 万欧元的国家补贴，以加快脱碳。

7.2.1.3 商业巨头带动供应链零碳发展

除跨国能源公司和大型耗能企业外，高端制造业和互联网商业巨头也纷纷作出零碳或减碳承诺，将带动产业上下游协同发展绿色供应链，实现供应链净零排放的愿景。

各大车企纷纷出台减排目标和措施。最近，通用汽车宣布 2035 年停止销售燃油车，全力发展电动车；未来五年投资 270 亿美元用于电气化和自动驾驶汽车，助力实现到 2040 年其全球产品和运营实现碳中和目标。德国汽车制造商宝马宣布在 2030 年前达成减排 1/3 的目标。韩国现代汽车宣布将停止更新柴油内燃机机型，并逐步降低对化石能源内燃机的依赖，加大向电动汽车以及燃料电池汽车转型的力度。美国福特汽车及德国大众汽车宣布在 2050 年实现碳中和目标。日本丰田汽车宣布在 2050 年实现减碳 90% 的目标。

苹果公司 2020 年表示将在未来 10 年内全面消除企业碳排放，包括产品和其庞大的供应链。针对供应链，苹果将解决来自价值链的间接排放，表示任何希望成为苹果供应商的公司都必须承诺在 10 年内使苹果产品 100%使用再生能源。戴尔公司宣布到 2030 年碳排放减少 50%，并承诺增加回收、整个业务范围内使用更多再生能源。亚马逊发表了《气候宣言》，提出于 2040 年实现碳中和。微软提出除了 2030 年达到负碳排放，2050 年负碳排放量还要等于其曾经排放过的碳排放总量。谷歌也提出要将本身营运范围碳中和扩大到供应链。

7.2.1.4 传统能源逐步退出

碳中和催生了新一轮的以“脱碳”为特征的能源技术革命和产业革命。2017

年，英国和加拿大牵头成立了旨在2030年前彻底弃煤的“助力淘汰煤炭联盟”，到2019年加入这个联盟的国家达到32个，另有59个地方政府及工商企业加入。2020年，英国电网创下无煤电运行满一个月的新纪录。荷兰、英国、法国、德国、挪威等十多个国家和地区以及沃尔沃、大众、戴姆勒、宝马等十多家全球汽车企业都已提出禁售燃油车的时间表。

7.2.1.5 清洁能源成为主体

在传统能源逐步退出的同时，清洁能源成为全球能源转型的发展方向和世界能源供应增长的主体。在2020年国际能源署清洁能源转型峰会上，代表全球能源消耗和碳排放量80%的40个发达经济体和新型经济体部长强调，要让清洁能源技术成为推动经济复苏的重要组成部分。2010—2019年全球净增发电装机容量中，70%以上是光电和风电。过去10年间，光伏发电成本下降82%、产业规模增长15倍。

氢能发展也将提速。日本早在2017年就发布了氢能源基本战略；2020年6月，德国发布国家氢能战略，确认了绿氢的优先地位；随后，欧盟公布《欧盟氢能战略》，在未来十年内将向氢能产业投入5750亿欧元。据埃信华迈（IHS Markit）判断，到2023年全球每年在绿氢能源方面的投资预计将超过10亿美元并呈加速趋势，2020—2030年预计欧洲5个主要国家（法国、德国、意大利、葡萄牙和西班牙）将投资440亿美元用于绿氢和蓝氢项目。

7.2.1.6 新兴技术催生绿色产业

新兴技术方兴未艾，催生了一大批绿色产业。在建筑领域，热泵、绿色照明、绿色建筑等节能技术得到推广，净零碳建筑正逐渐成为建筑发展的新趋势。交通部门逐步走向电气化或氢能化，燃油车正在被新能源汽车逐步淘汰。工业领域除氢能和可再生能源大规模使用、电气化水平提升外，CCUS技术进行了大量示范，储能、微网、氢能、直流电等新兴技术也将得到进一步推广。

7.2.2 全球碳达峰发展进程

碳达峰是实现碳中和的基础和前提，达峰时间的早晚和峰值的高低直接影响碳中和实现的时长和难度。世界资源研究所认为，碳达峰并不单指碳排放量在某个时间点达到峰值，而是一个过程，即碳排放首先进入平台期并可能在一定范围内波动，然后进入平稳下降阶段。碳达峰是碳排放量由增转降的历史拐点，标志着碳排放与经济发展实现脱钩。

碳达峰的目标包括达峰时间和峰值。一般而言，碳排放峰值指在所讨论的时间周期内，一个经济体温室气体（主要是二氧化碳）的最高排放量值。联合国政府间气候变化专门委员会（IPCC）第四次评估报告将峰值定义为“在排放量降低之前达到的最高值”。据经济合作与发展组织（OECD）统计数据显示，1990 年、2000 年、2010 年和 2020 年碳排放达峰国家的数量分别为 18 个、31 个、50 个和 54 个（图 7.8）。

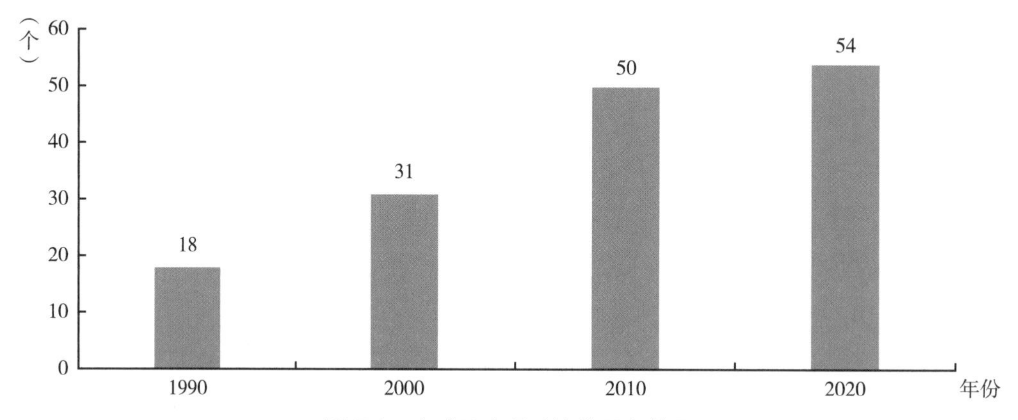

图 7.8　全球已实现碳达峰国家数量

截至 2020 年，碳排放量排名前十五位的国家中，美国、俄罗斯、日本、巴西、印度尼西亚、德国、加拿大、韩国、英国和法国已经实现碳达峰（表 7.1）。中国、马绍尔群岛、墨西哥、新加坡等国家承诺在 2030 年以前实现碳达峰。

表 7.1　全球主要碳排放国家中已实现碳达峰的时间表

国家	碳达峰时间	国家	碳达峰时间
法国	1991	巴西	2004
立陶宛	1991	葡萄牙	2005
英国	1991	澳大利亚	2006
波兰	1992	加拿大	2007
瑞典	1993	意大利	2007
芬兰	1994	西班牙	2007
比利时	1996	美国	2007
丹麦	1996	冰岛	2008
荷兰	1996	日本	2012
瑞士	2000	韩国	2018

7.2.3　全球碳中和发展路径

7.2.3.1　各国纷纷提出碳中和愿景目标

以应对气候变化为主要目标的《巴黎协定》代表了全球绿色低碳转型的大方向。为呼应《巴黎协定》提出的 1.5℃温控目标，巴黎会议之后，各国纷纷提出碳中和愿景目标。

在2017年12月“同一个地球”峰会上，29个国家签署了《碳中和联盟声明》，承诺21世纪中叶实现零碳排放；在2019年9月联合国气候行动峰会上，66个国家组成了气候雄心联盟；截至2021年1月20日，已有127个国家和地区提出碳中和目标，其中英国、瑞典等六国已将该目标法律化，欧盟、西班牙等6个国家和地区提出了相关法律草案。总的来看，大部分国家（包括南非、斐济等发展中国家）均以2050年为碳中和目标年，少数国家（如瑞典、芬兰等国）把目标年提前到了2035—2045年。我国是唯一一个提出2060年前实现碳中和的国家。

7.2.3.2　主要国家的碳中和行动计划

欧盟委员会于2018年11月发布“2050年净零排放”政策性文件，2019年11月发布了“2050欧盟绿色新政”。欧盟绿色新政以“2050年实现碳中和”作为推动全局性转变的抓手，制定了具体的时间表、路线图，包括能源、产业、建筑、交通、农业等各个领域的重点行动，明确了能效、可再生能源、循环经济等领域的立法计划以及每年新增2600亿欧元绿色投资的资金保障机制。绿色新政是欧盟的绿色发展战略和世纪工程，其根本战略目标是重塑未来的发展方式，建设公平繁荣的社会和富有竞争力的现代经济，引领全球绿色转型进程。

在美国，尽管特朗普上台后退出了《巴黎协定》，但是许多市州和企业的低碳转型力度未减。而当前，美国已正式重返《巴黎协定》，并承诺到2035年通过向可再生能源过渡实现无碳发电；到2050年实现碳中和。为了实现美国的“3550”碳中和目标，拜登政府计划推动绿色复苏，大力发展清洁能源，承诺4年内为气候友好型基础设施投入2万亿美元，涉及高铁扩建、电动汽车生产、风能、太阳能和其他可再生能源技术的推广；10年内投资4000亿美元用于清洁能源技术创新，加快清洁技术在美国经济中的应用。

2020年年底，日本经济产业省发布《绿色增长战略》，计划在2050年实现碳中和目标，构建“零碳社会”。日本经济产业省将通过监管、补贴和税收优惠等激励措施，动员超过240万亿日元（约合2.33万亿美元）的私营领域绿色投资，针对包括海上风电、核能产业、氢能等在内的14个产业提出具体的发展目标和重点发展任务。日本提出将在15年内逐步淘汰燃油车；到2050年可再生能源发电占比超过50%；计划引入碳价机制来助力减排，并在2021年制定一项根据二氧化碳排放量收费的制度。日本将以此来促进本国经济的持续复苏，预计到2050年该战略每年将为日本创造近2万亿美元的经济增长。

此外，德国计划将1300亿欧元刺激资金中的1/3用于公共交通和绿色氢开发等领域；英国启动了440亿美元的清洁增长基金，用于绿色技术研发；韩国的

“数字和绿色新政”计划投入73.4万亿韩元（约600亿美元）支持节能住宅和公共建筑、电动汽车和可再生能源发电等。

7.2.3.3 地方政府的碳中和行动

除了国家政府层面，来自地方政府“自下而上”的碳中和行动也已蔚然成风。截至2021年2月，有454个城市参与由联合国气候领域专家提出的“零碳竞赛”。据不完全统计，全球有102个城市承诺在2050年实现净零碳排放，社会经济最领先的城市，如巴黎、伦敦、纽约、东京、悉尼、墨尔本、维也纳、温哥华等都提出了实现净零碳排放的愿景。

多个城市已经开展了零碳城市或示范区的尝试，如英国的布里斯托零碳城倡导供热脱碳、能源脱碳、交通脱碳、所有新建建筑做到净零碳排放、废弃物脱碳等。2018年，布里斯托启动了CityLeap项目，计划吸引10亿英镑的全球投资，推动2030年之前在城市实现零碳、智慧能源系统。英国的亨伯零碳区也开展了大规模的CCUS网络以及氢能设施的探索建设。除此之外，英国的贝丁顿零碳社区、丹麦森讷堡零碳城区等也都进行了很好的零碳尝试。

7.3 中国低碳发展格局

我国已连续多年成为全球最大能源消费国，2021年能源消费总量达52.4亿吨标准煤，占全球能源消费总量的23%。其中，煤炭消费29.3亿吨标煤，占比高达56%，远高于27.2%的世界平均水平。在此背景下，我国已连续多年成为全球第一大碳排放国，2017年的碳排放量约占全球总量的27.6%。与此同时，我国已经成为全球最大的水能、风能与太阳能利用国，并正在进一步推动能源生产与消费革命，计划在2020年、2030年和2050年分别将一次能源中的非化石能源占比提高到15%、20%和50%。此外，我国积极推进碳排放管控，在单位GDP能源消费强度、单位GDP碳强度方面取得了积极进展。2005—2015年，我国以年均5.1%的能源消费增速支撑了国民经济年均9.5%的增长，其间全国GDP增长1.48倍、碳排放强度下降38.6%，但同期的碳排放总量仍上升52.3%。

能源变革是基于供应能力、安全性、经济性、生态环境和气候可持续性等约束条件下能源结构、发展方式和发展路径的优化调整，能源结构低碳化转型必须立足我国发展阶段特点与资源禀赋条件。从发展阶段看，我国仍处于工业化、城镇化快速发展期，能源消费总量仍将上升，在经济社会发展的同时有效控制碳排放量、探索低碳化发展路径是我国的重要政策导向。因此，亟待以多维度、长周期的视角，系统分析比选和优化未来适合我国国情的低碳能源格局与发展路径。

7.3.1　中国碳中和产业环境分析

7.3.1.1　区域竞争格局：全国各地协同发展

碳中和产业发展需全国各地协同发展，一方落后必将拖全局后腿，因此，在我国明确“双碳”发展目标后，全国各地均抓紧制定碳中和行动方案。从目前各地已发布的方案来看，全国各省市结合自身发展情况以及能源产业结构，或注重发展清洁能源替代高碳能源，或加大高碳产业节能减排，还有部分地区大力发展碳中和金融市场推进地区节能减排（表 7.2）。

表 7.2　中国碳中和产业各地区发展重点分析

发展重点	地区
清洁能源替代	新疆、河北、山东、四川
高碳产业减排	内蒙古、山西、陕西、江苏
碳金融	广东、湖北、北京、上海

其中，碳市场机制特别是碳金融的发展，有助于推动社会资本向低碳领域流动，有利于激发企业开发低碳技术和应用低碳产品，带动企业生产模式和商业模式发生转变，提高企业的市场竞争力，为培育和创新发展低碳经济提供动力。从各个试点地区的交易情况来看，湖北省和广东省的碳交易中心的市场规模要远超其他地区，其中湖北省的碳交易总量和碳交易总额位列第一，分别为 7827.65 万吨和 16.88 亿元。在北京、上海、天津、深圳和重庆五个城市中，北京和深圳的碳交易相对活跃，其碳交易额分别为 9.06 亿元和 7.38 亿元（图 7.9、图 7.10）。

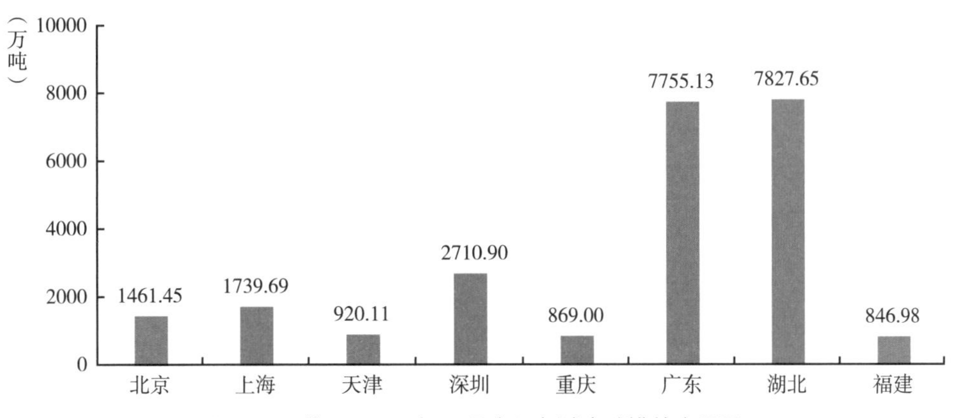

图 7.9　截至 2021 年 6 月中国各试点碳排放交易量

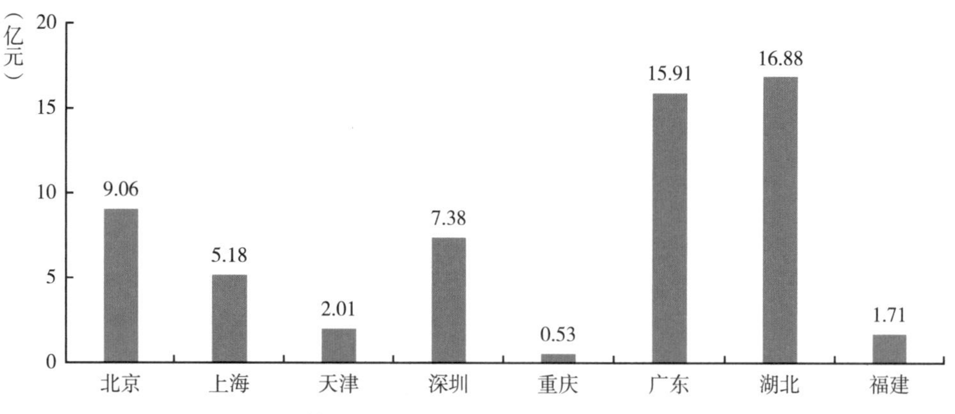

图 7.10　截至 2021 年 6 月中国各试点碳排放交易额

7.3.1.2　企业竞争格局：碳中和产业参与企业众多

碳中和产业中的参与企业众多，每个领域的优势竞争者各不相同。如三峡能源、隆基股份、长江电力专注于碳中和产业链中的能源替代，包钢股份、河钢股份、海螺水泥专注于碳中和产业链中的节能减排，福建金森和远达环保则是碳吸收领域的代表性企业，中成碳资产和恒生电子是碳交易领域的代表性企业（图 7.11）。

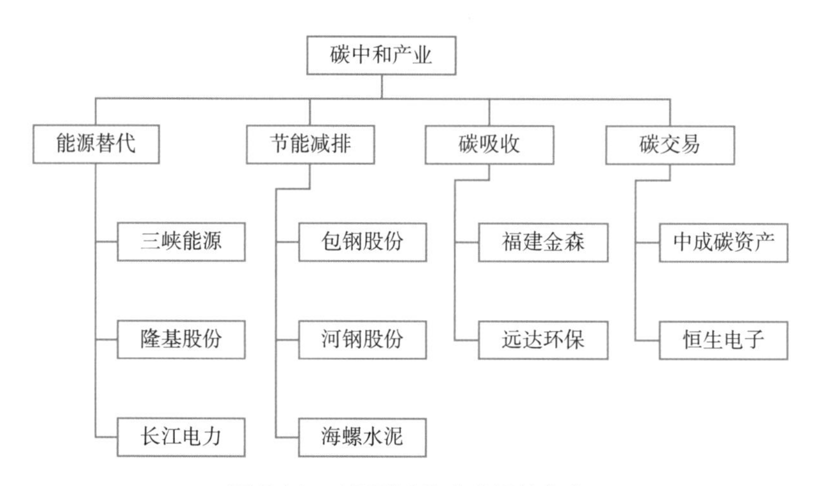

图 7.11　中国碳中和产业相关企业

在前段能源替代方面，光伏发电行业、风力发电行业、水力发电行业中的企业主要为国有大型能源企业。其中，光伏发电运营规模第一的是国家电投，其光伏发电运营规模达到 32632.7 兆瓦；在风力发电行业，我国风力发电装机容量排名首位的是国家能源投资集团，装机容量达 3868.02 万千瓦，占全国统计装机容量的 22.72%；在水力发电行业，长江电力是中国也是全球最大的水电上市公司（表 7.3）。

表 7.3　中国能源替代重点行业竞争格局

行业	竞争格局
光伏发电行业	截至 2020 年，我国光伏发电运营规模第一的是国家电投，光伏发电运营规模达到 32632.7 兆瓦；华能集团和中广核太阳能紧随其后，光伏发电运营规模分别为 7490 兆瓦和 6940 兆瓦
风力发电行业	截至 2019 年，我国风力发电装机容量排名首位的是国家能源投资集团，装机容量达 3868.02 万千瓦，占全国统计装机容量的 22.72%；华能集团和国家电投紧随其后，装机容量占比分别为 11.98% 和 10.96%
水力发电行业	我国水电行业市场集中度较低，目前我国水电排名前四的上市企业是长江电力、华能水电、国投电力、桂冠电力，其中长江电力是中国也是全球最大的水电上市公司

7.3.2　中国碳中和产业发展现状

7.3.2.1　采取两大发展路径、“三步走”发展策略

根据碳排放产业的分布，我国碳排放大部分来自发电和工业端，其次是交通行业，而农业与商业占比较少。实现碳中和的路径可以拆分为两个部分：可避免的排放和不可避免的排放。在可避免的方向上，国家提出优先解决电力生产过程的碳排放，进而完成燃油车向电动汽车的转化，最终实现深度脱碳。在不能完全避免排放的领域，可通过 CCUS 或森林、海洋进行自然吸收，最终实现碳中和。

从碳排放发展情况来看，我国碳中和基本确定“三步走”策略（表 7.4）：首先在 2030 年完成碳达峰；其次在 2045 年前快速降低碳排放；最后在 2060 年实现深度脱碳，实现碳中和。

表 7.4　中国碳中和“三步走”发展策略

阶段	发展策略
第一阶段（2020—2030 年）	实现碳达峰：提高能源效率，控制煤炭消费，大规模建设可再生能源，推进新能源汽车渗透，引导居民向低碳生活方式转型
第二阶段（2030—2045 年）	快速降低碳排放：大规模应用可再生能源，实现交通全面电力化，推广 CCUS，完成第一产业减排改造
第三阶段（2045—2060 年）	深度脱碳，实现碳中和：工业、发电、交通等领域完成清洁能源改造，可再生能源、储能、氢能等相关技术实现商业化利用

7.3.2.2　细分市场之前端：能源替代

在碳中和产业链中，前端能源替代是指加强能源结构的调整，用低碳替代高碳、用清洁能源替代传统化石能源。人类活动导致的二氧化碳排放主要来源于化石燃料消费，使用清洁能源和可再生能源替代传统化石能源可以从产业链前端减少碳排放量。

近年来，我国大力发展清洁能源来替代化石能源。截至 2020 年年底，我国光伏发电累计装机 253.43 吉瓦，风电累计并网装机容量达 2.81 亿千瓦，水电装机容量达 3.70 亿千瓦，核电装机容量 0.51 亿千瓦，均较 2019 年有所增长（表 7.5）。

表 7.5　2016—2020 年中国光伏、风电并网、水电、核电装机容量

	2016	2017	2018	2019	2020
光伏累计装机容量（吉瓦）	77.42	130.25	174.46	204.18	253.43
风电累计装机容量（亿千瓦）	1.49	1.64	1.84	2.09	2.81
水电累计装机容量（亿千瓦）	3.32	3.44	3.53	3.58	3.70
核电累计装机容量（亿千瓦）	0.34	0.36	0.45	0.49	0.51

天然气、水电、核电、风电等清洁能源消费量占能源消费总量的比重逐年增长。2020 年，我国清洁能源消费量占能源消费总量的比重达 24.3%（图 7.12）。

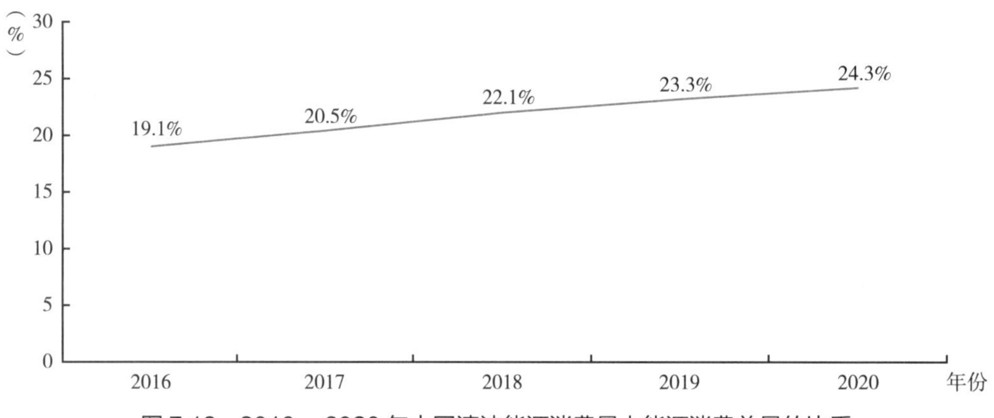

图 7.12　2016—2020 年中国清洁能源消费量占能源消费总量的比重

7.3.2.3　细分市场之中端：节能减排

在碳中和产业链中，中端主要表现为提升节能减排水平，包括产业结构转型、提升能源利用效率、加强低碳技术研发及完善低碳发展机制等，代表性行业包括钢铁、化工、建材、造纸、有色、交运行业等。

（1）钢铁行业

领先企业积极发布碳中和行动计划。钢铁行业的碳达峰行动方案和路线图已基本明确，正在编制的《钢铁行业碳达峰及降碳行动方案》已形成修改完善稿，初步确定行业达峰目标和重点任务。其中，中国宝武、河钢、包钢、鞍钢 4 家钢企已发布碳中和行动计划（表 7.6）。

表 7.6　中国钢铁行业减碳转型碳中和行动计划

企业	计划
中国宝武	2021 年提出低碳冶金路线图，2023 年力争实现碳达峰，2025 年具备减碳 30% 工艺技术能力，2035 年力争减碳 30%，2050 年力争实现碳中和
河钢集团	2021 年发布低碳冶金路线图，2022 年实现碳达峰，2025 年实现碳排放量较峰值降低 10% 以上，2030 年实现碳排放量较峰值降低 30% 以上，2050 年实现碳中和
包钢集团	力争 2023 年实现碳达峰，2030 年具备减碳 30% 的工艺技术能力，力争 2042 年碳排放量较峰值降低 50%，力争 2050 年实现碳中和
鞍钢集团	2021 年年底发布低碳冶金路线图，2025 年前实现碳排放总量达峰，2030 年实现前沿低碳冶金技术产业化突破，深度降碳工艺大规模推广应用，力争 2035 年碳排放总量较峰值降低 30%，持续发展低碳冶金技术，成为中国钢铁行业首批实现碳中和的大型钢铁企业

（2）建筑行业

水泥能耗近年下降，但仍需加强碳排放量控制。中国建筑行业规模位居世界第一，现有城镇总建筑存量约 650 亿平方米，这些建筑在使用过程中排放了约 21 亿吨二氧化碳，约占中国碳排放总量的 20%、占全球建筑碳排放总量的 20%。其中，建筑行业中的水泥工业是非金属矿物制品中最为主要的能源消耗和碳排放来源之一。2015—2020 年，在我国政府和行业的集体努力下，我国水泥制造业生产每吨水泥的能源消费量从 0.112 吨标准煤下降到 0.108 吨标准煤，但每吨水泥的碳排放量从 0.463 吨上升到 0.517 吨（图 7.13）。因此，我国水泥行业仍需继续加强节能减排。

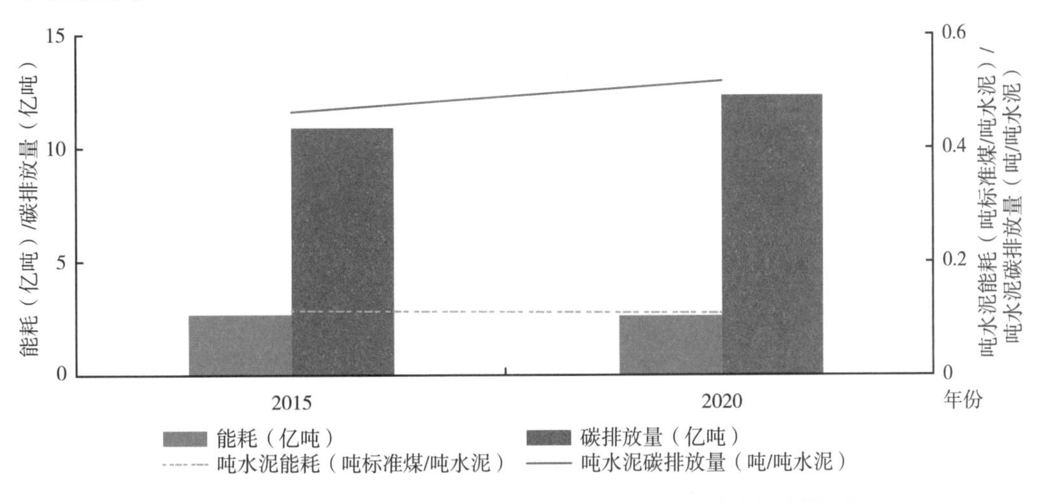

图 7.13　2015—2020 年中国水泥制造业产量及能源消费与碳排放情况

（3）铁路交通运输电气化

电气化率逐年提升。近年，我国铁路运输逐渐往电气化转型。2013—2020 年，我国电气化铁路营业里程数和电气化率呈逐年增长趋势。2020 年，我国电气化里程达 10.7 万千米，比 2019 年增长 0.7 万千米；铁路电化率达 72.8%，较 2019 年增长 0.9%（图 7.14）。

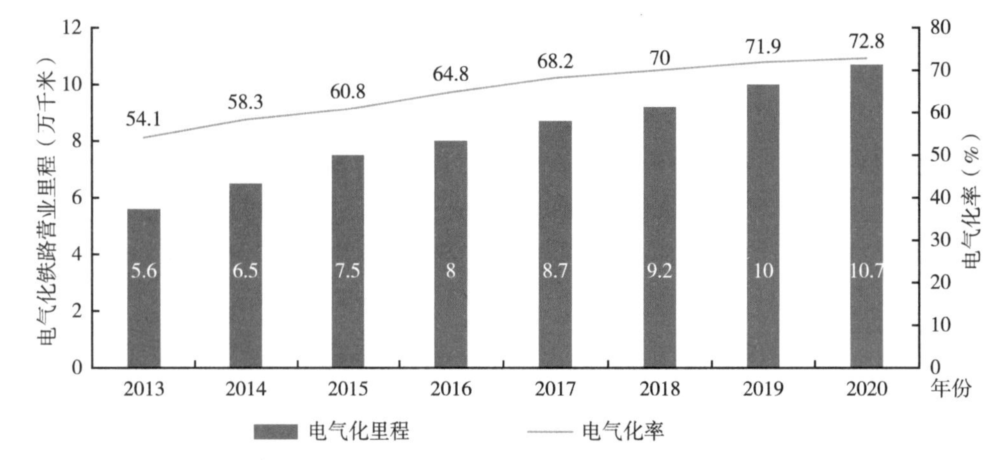

图 7.14　2013—2020 年中国电气化铁路营业里程及电气化率

（4）公路交通运输电气化

新能源汽车渗透率稳步提升。在公路交通运输电气化方面，新能源汽车是典型代表。2014 年，我国开始出现私人购买新能源汽车，由此开启了我国新能源汽车元年。2015 年，我国进入新能源汽车产业高速增长年，同年 11 月，我国新能源汽车产销量在整体汽车行业里的占比首次突破 1% 关卡，我国也是在这一年成为全球最大的新能源汽车市场。根据中国汽车工业协会最新公布的数据显示，2020 年我国新能源汽车市场渗透率（全国新能源汽车销量占全国汽车总销量比例）达到 5.4%，较 2019 年有所上升（图 7.15）。

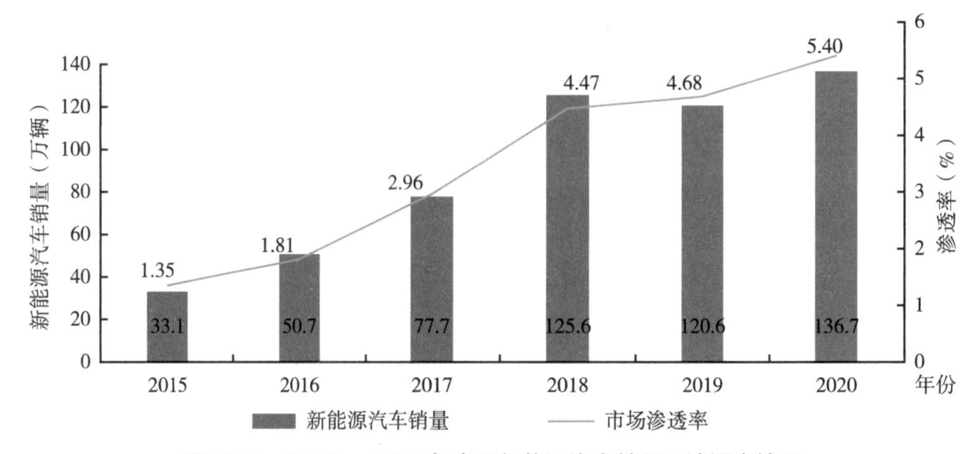

图 7.15　2012—2020 年中国新能源汽车销量及渗透率情况

（5）低碳发展机制

完善绿色发展机制，碳中和债券发行提速。2021 年 3 月 18 日，中国银行间市场交易商协会发布《关于明确碳中和债相关机制的通知》，使我国成为首个在全球以碳中和贴标绿债、建立碳中和债券市场机制的国家。根据《关于明确碳中和债相关机制的通知》，碳中和债是指募集资金专项用于具有碳减排效益的绿色项目的债务融资工具。目前，我国碳中和债券发行主要在银行间市场和交易所市场。

自 2021 年 2 月首只碳中和债券发行到 2021 年 6 月，银行间市场共发行 92 只绿色债券，其中碳中和债 51 只，占比 55.4%；发行的碳中和债包含了信用债、利率债和资产证券化产品，合计发行规模 822.9 亿元。交易所市场共发行 65 只绿色债券，其中碳中和债 31 只，占比 47.7%；发行一般公司债和资产证券化产品，合计金额有 310.19 亿元。从发行人类别来看，目前碳中和债券以电力行业为主，合计占比为 43.9%（图 7.16）。

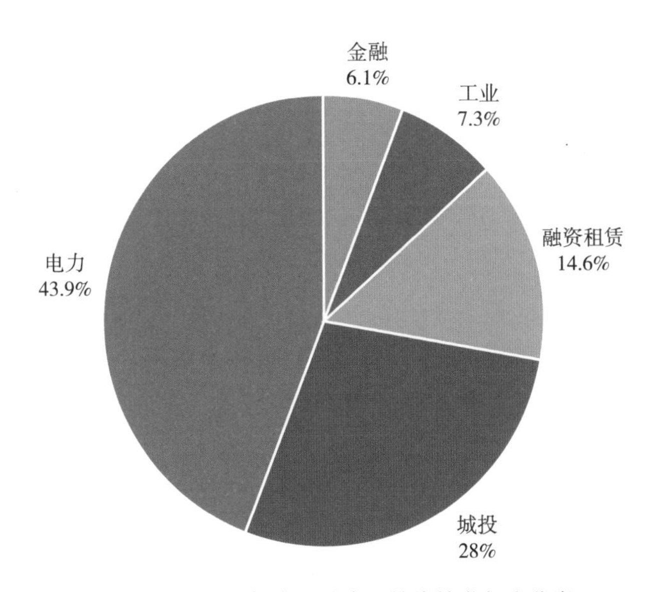

图 7.16　2021 年中国碳中和债券按发行人分类

7.3.2.4　细分市场之后端：碳吸收

森林、湿地及草原生态系统的碳汇功能对实现碳中和具有重要作用，其中森林碳汇是目前世界上最为经济的碳吸收手段。我国森林面积和森林蓄积量已连续 30 年保持“双增长”（表 7.7）。截至 2020 年 12 月，我国森林碳储量超过 92 亿吨，平均每年增加的森林碳储量在 2 亿吨以上，折合碳汇为 7 亿 ~8 亿吨。“十四五”期间，我国森林覆盖率有望达到 24.1%，森林蓄积量达到 190 亿立方米。随着森林覆盖率和森林蓄积量的提升，未来我国森林碳汇还将逐步提高。

表 7.7　1973—2020 年中国森林覆盖率

	时期	森林面积 / 百万公顷	森林蓄积量 / 亿立方米	森林覆盖率 /%
第一次清查	1973—1976	121.86	86.56	12.70
第二次清查	1977—1981	115.28	90.28	12.00
第三次清查	1984—1988	124.65	91.41	12.98
第四次清查	1989—1993	133.70	101.37	13.92
第五次清查	1994—1998	158.94	112.67	16.55
第六次清查	1999—2003	174.91	124.56	18.21
第七次清查	2004—2008	195.45	137.21	20.36
第八次清查	2009—2013	207.69	151.37	21.63
第九次清查	2014—2018	220.45	175.60	22.96
“十四五”目标	2021—2025	—	190.00	24.10

7.3.2.5　细分市场之碳交易：碳交易市场规模创新高

2012 年之前，我国碳市场发展较缓慢，主要以参与清洁发展机制项目为主。随着“后京都时代”到来，我国开启了碳市场建设工作，对建立我国碳排放权交易制度作出了相应的决策部署。2011 年 11 月，我国发布《关于开展碳排放权交易试点工作的通知》，拉开了碳市场建设帷幕。2013 年 6 月，深圳率先开展碳交易，其他试点地区也在 2013—2014 年先后启动市场交易。

从 2014—2020 年碳交易市场成交量来看（图 7.17），我国整体呈现先增后减再增的波动趋势，2017 年我国碳交易成交量最大，为 4900.31 万吨二氧化碳当量；2020 年全年，我国碳交易市场完成成交量 4340.09 万吨二氧化碳当量，同比增长 40.85%。

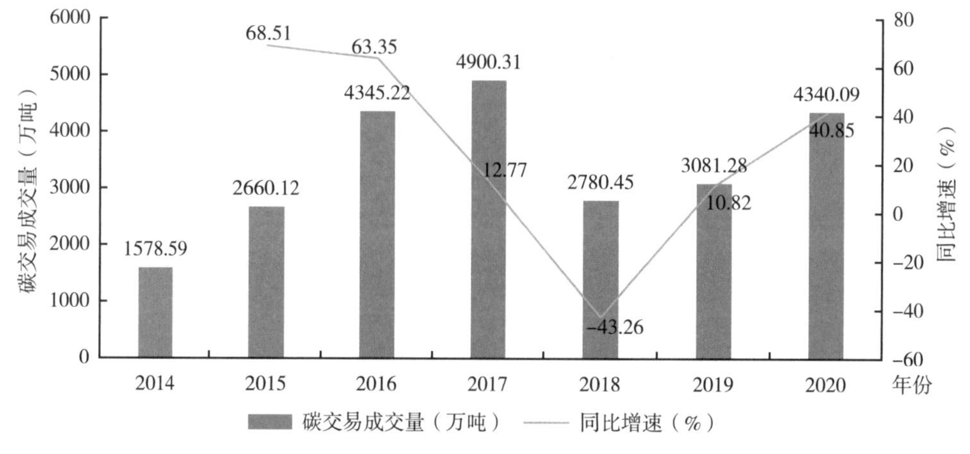

图 7.17　2014—2020 年中国碳交易市场配额成交量

从我国碳交易市场的成交金额变化来看，2014—2020 年我国碳交易市场成交额整体呈现增长趋势，仅在 2017 年、2018 年有小幅减少（图 7.18）。2020 年我国碳交易市场成交额达到 12.67 亿元人民币，同比增长 33.49%，创下碳交易市场成交额新高。

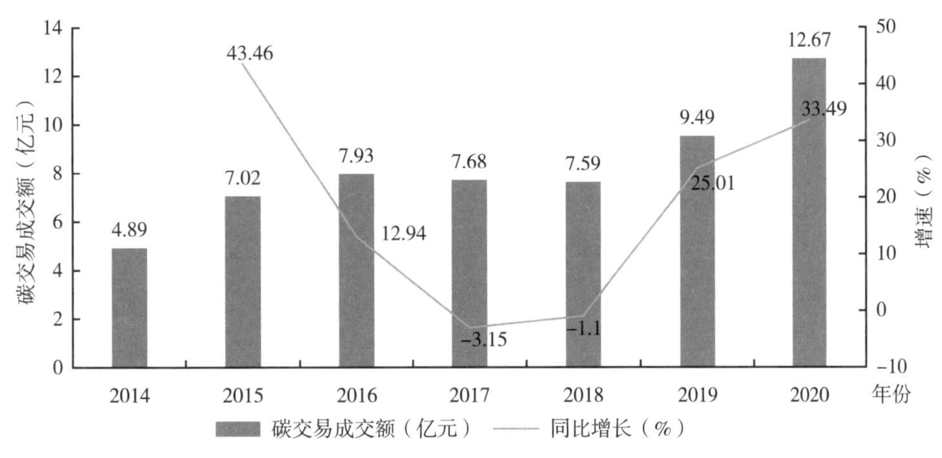

图 7.18　2014—2020 年中国碳交易市场配额成交额

7.3.3　中国碳中和产业市场前瞻

7.3.3.1　海洋石化开采产业有望得到快速发展

当前我国能源以煤炭为主。根据目前已探明的南海盆地石油储量 200 亿 ~300 亿吨、天然气储量 16 万亿立方米，海洋石化的开采和利用能大大缓解我国对煤炭的需求，从而减少碳排放量，因此，海洋开采行业有望快速发展。

7.3.3.2　碳市场覆盖范围将逐步扩大

由于我国的工业大体量和高数量碳排放，我国未来碳交易市场容量将是巨大的，有很大的发展空间。预计 2021 年我国碳交易市场成交量或将达到 2.5 亿吨，为 2020 年各个试点交易总量的 3 倍，成交金额将达 60 亿元。随着全国统一的碳排放交易市场的建立，未来我国碳市场覆盖范围将逐步扩大，到 2030 年累计交易额或将超过 1000 亿元。

7.3.3.3　碳中和相关投资总额或达 140 万亿元左右

国内许多机构均对我国碳中和下的新增直接投资做了测算，其中中国投资协会发布的《零碳中国 · 绿色投资蓝皮书》测算碳中和相关的投资规模约 70 万亿元；清华大学气候变化与可持续发展研究院预测投资规模在 127.2 万亿 ~174.4 万亿元；国家发改委价格监测中心预测碳中和新增投资将超过 139 万亿元。

综合各家结果，未来我国碳中和带来的相关投资总额或在 140 万亿元左右。

7.4 本章小结

本章详细阐述了低碳发展的深刻含义，探讨了碳排放与经济发展之间的内在联系，并分别从国内、全球两个视角介绍了碳中和产业的发展背景，对碳中和产业的现状进行了分析，并且立足于现状对碳中和市场前景进行了大胆预测。

随后对世界低碳发展格局进行了分析，从全球碳中和产业发展背景着手，结合世界各国碳达峰具体实施路径，总结出发达国家的相关经验，并从中梳理出各国碳中和的发展路径。

最后立足于本国，对中国的碳中和产业环境进行分析，其中包括总体状况和各地、各产业的具体情况，并收集了中国碳中和产业发展现状和相关发展策略。此外，基于现状和发展规划还对中国碳中和产业市场进行了前瞻，预测了相关的市场规模。

参考文献

[1] 国家可再生能源中心. 中国可再生能源产业发展报告[M]. 北京：中国经济出版社，2018.
[2] 石元春. 中国可再生能源发展战略研究丛书·生物质能卷[M]. 北京：中国电力出版社，2008.
[3] 中国工程院可再生能源发展战略研究项目组. 中国可再生能源发展战略研究丛书.水能卷[M]. 中国电力出版社，2008.
[4] 杜祥琬. 中国可再生能源发展战略研究丛书·综合卷[M]. 北京：中国电力出版社，2008.
[5] 殷志强. 中国可再生能源发展战略研究丛书·太阳能卷[M]. 北京：中国电力出版社，2008.
[6] 中国能源中长期发展战略研究项目组. 中国能源中长期（2030、2050）发展战略研究：电力·油气·核能·环境卷[M]. 北京：科学出版社，2011.
[7] 贺德馨. 中国可再生能源发展战略研究丛书·风能卷[M]. 北京：中国电力出版社，2008.
[8] 钱伯章. 水力能、海洋能和地热能技术与应用[M]. 北京：科学出版社，2010.
[9] 田廷山，李明朗，白冶. 中国地热资源及开发利用[M]. 北京：中国环境科学出版社，2006.

第 8 章　绿色转型常用手段及路径

本章从绿色转型着手，介绍了碳中和愿景下国内外的碳排放市场以及碳交易市场的减排运行机制，同时对碳捕集利用与封存、碳税征收政策进行了详细阐述。最后探讨了氢能技术及其产业发展，分析了氢能在绿色能源中的作用以及实现氢能高效利用的关键技术，通过分析国际氢能利用案例的思路，对我国氢能发展给出了良好建议。

8.1　碳排放交易市场

8.1.1　碳市场的减排运作机制

目前，碳市场的运行机制有如下两种形式。一是基于配额的交易，即管理者在总量管制与配额交易制度下，向参与者制定、分配排放配额，通过市场化的交易手段将环境绩效与灵活性结合起来，使参与者以尽可能低的成本达到遵约要求。有减排指标的国家、企业或组织即包括在该市场中。二是基于项目的交易，即通过项目合作，买方向卖方提供资金支持，获得温室气体减排额度。由于发达国家的企业在本国减排的成本很高，而发展中国家平均减排成本低，因此发达国家提供资金、技术及设备帮助发展中国家或经济转型国家的企业减排，产生的减排额度必须卖给帮助者，也可以在市场上进一步交易。

欧盟排放权交易体系于 2005 年 4 月推出碳排放权期货、期权交易，碳交易被演绎为金融衍生品。2008 年 2 月，首个碳排放权全球交易平台 BLUENEXT 开始运行，该交易平台随后推出了期货市场。其他主要碳交易市场，如英国排放交易体系、澳大利亚国家信托和美国的芝加哥气候交易所也都实现了比较快速的扩张。加拿大、新加坡和东京也先后建立了二氧化碳排放权的交易机制。

8.1.2 国际碳排放交易市场

目前，全球范围内主要碳排放权交易体系包括欧盟碳市场、美国区域温室气体倡议、韩国碳市场、新西兰碳市场等，以及中国全国和试点地区碳市场。截至2021年，全球共有33个正在运行的碳排放权交易体系，其所处区域的GDP总量约占全球总量的54%，人口约占全球人口的1/3，覆盖了全球温室气体排放总量的16%左右，全球各个碳排放权交易体系已通过拍卖配额筹集了超过1030亿美元资金。此外，还有8个碳排放权交易体系即将开始运营，14个碳排放交易体系正在建设中。

欧盟碳排放权交易系统覆盖了欧洲经济区内电力部门、制造业和航空业约40%的排放。欧盟碳市场作为全球启动最早的碳市场、世界上运行时间最长的碳市场，也是目前全球第二大碳市场，其碳价在2021年创历史新高。欧盟碳排放交易体系在2021年正式启动第四阶段，将年度总量折减因子由第三阶段的1.74%提高至2.20%，并且修订制造业免费分配的基准值。2021年欧盟委员会提交修正案，进一步扩大碳市场的覆盖范围、调整市场稳定储备机制以及建立碳边境调节税机制，以防止碳泄漏。更严苛的减排目标使2021年欧盟碳市场空前活跃，碳价持续剧烈增长，屡屡刷新纪录，在2021年9月底到达75美元/吨，远远高于其他碳市场。

美国区域温室气体倡议源于2005年美国东北部地区十个州共同签署的应对气候变化协议，其碳市场碳价稳定且市场弹性大、稳定机制强。美国区域温室气体倡议在2015年引入成本控制储备机制（CCR），即如果在设定的CCR触发价格之上有足够的需求，该机制会立即在每次拍卖中引入固定数量的额外碳配额；在2021年引入排放控制储备机制（ECR），即如果在高于ECR的触发价格上没有足够的需求，该机制会立即从拍卖中减少碳配额。ECR和CCR并行的市场机制维持着碳价的稳定。如果一个市场对需求冲击的反应没有出现价格飙升或崩盘，那么它就可以被认为是有弹性的。2020—2021年，美国区域温室气体倡议碳市场的碳配额价格相对稳定，2020年年初平均为5.77美元/吨，2020年3月受到新冠肺炎疫情的影响下跌至4.69美元/吨，随后在4月初迅速复苏，到2020年6月稳定在6美元/吨左右，价格已经恢复到新冠肺炎疫情前的水平，此后碳价持续缓慢上升，至2021年10月达到10美元/吨左右。总体来看，美国区域温室气体倡议碳市场碳价稳定、上升幅度较小，表现出了弹性碳市场的特征。

韩国碳市场的碳价格受新冠肺炎疫情影响波动性较大，2020—2021年整体呈下降趋势。2020年是韩国碳市场运行第二阶段的最后一年，碳价受新冠肺炎疫情的影响波动剧烈。碳配额价格在2020年4月初高达35.92美元/吨，从5月开始大幅下降，8月降至16.95美元/吨，而后在12月短暂回升至25.84美元/吨，从2021年年初又持续降低，于当年7月降至11美元/吨后又开始缓慢回升。

新西兰对其碳市场进行重大结构性改革且效果良好。2020年6月16日,《气候变化应对（排放交易改革）修正案2020》的通过，标志着新西兰完成了对碳市场的重大结构性改革，为其2021—2025年碳市场奠定了法制基础。该修正案通过对碳市场设定排放上限、引入碳配额拍卖和开发新的碳配额价格控制机制来支持新西兰新制定的2050年前实现净零排放的目标。改革后的计划已于2021年1月1日正式生效，并于2021年3月对碳配额进行了首次拍卖。在新冠肺炎疫情期间，新西兰碳市场的碳价在2020年3月底短暂下跌至14.35美元/吨，但很快恢复并于当年6月初超过19.48美元/吨，此后一直整体呈上升趋势，至2021年10月已经超过40美元/吨。整体来看，新西兰碳市场在新冠肺炎疫情的冲击下表现良好。

8.1.3　我国碳排放交易市场

2017年年底，我国全国碳市场完成总体设计并正式启动。《全国碳排放权交易市场建设方案（发电行业）》明确了碳市场是控制温室气体排放的政策工具，碳市场的建设将以发电行业为突破口，分阶段稳步推进。2021年7月16日，全国碳市场上线交易正式启动。截至2021年12月31日，全国碳市场碳排放配额累计成交量达1.79亿吨、成交额达76.84亿元。自2013年，我国七个试点碳市场先后启动。截至2021年12月31日，七个试点碳市场碳排放配额累计成交量达4.83亿吨、成交额达86.22亿元。试点碳市场预计将与全国碳市场持续并行一段时间，逐步向全国碳市场平稳过渡。

8.2　碳捕集利用与封存

8.2.1　碳捕集技术

碳捕集技术主要应用于大量排放二氧化碳的工厂，不同生产过程其技术水平和集成程度是不一样的。一般来讲，碳捕集技术主要有燃烧前捕集、燃烧后捕集、富氧燃烧捕集和化学链燃烧四种。燃烧前脱碳技术是首先将煤进行气化得到合成气，在合成气净化后进行变换，最终变为一氧化碳和氢气的混合物，再对一氧化碳和氢气进行分离。IGCC是最典型的可以进行燃烧前脱碳的系统。燃烧后捕集是指采用吸收、吸附、膜分离、低温分离等方法在燃烧设备（锅炉或燃气轮机）后从烟气中脱除二氧化碳的过程。富氧燃烧技术是利用空分系统制取富氧或纯氧气体，然后将燃料与氧气一同输送到专门的纯氧燃烧炉进行燃烧，生成烟气的主要成分是二氧化碳和水蒸气。燃烧后的部分烟气重新回注燃烧炉，一方面降低燃烧温度，一方面进一步提高尾气中二氧化碳的质量浓度。化学链燃烧的基本思路是采用金属氧化物作为载氧体，同含碳燃料进行反应；金属氧化物在氧化反应器和还原反应器中进行循环。还原反应器中的反应相当于空气分离过程，空气中的氧气同金属反应生成氧化物，从而实现氧气从空气中的分离，这样就省去了独立的空气分离系统。燃料和氧气之间的反应被燃料与金属氧化物之间的反应替代，相当于从金属氧化物中释放的氧气与燃料进行燃烧。

碳捕集能耗和成本过高是目前碳捕集技术面临的共性问题，也是技术研发的重点，各国均在积极推进下一代碳捕集技术的研发。例如，美国能源部明确提出了"投资增加不高于 20%、效率降低不高于 5%"的碳捕集技术发展目标，2013 年专门设置了"先进燃烧系统"研究计划，以期在 2030—2035 年前实现碳捕集成本 10 美元 / 吨二氧化碳的目标，并在 2013 年、2016 年先后推出 800 万、1000 万美元的专项激励基金支持相关研究。

表 8.1　美国 DOECCS 技术分类（2013 版）

类别	描述	捕集成本（美元 / 吨二氧化碳）
第一代技术	正被示范或已经商业化的技术	60
第二代技术	正被研发并可在 2020—2025 年示范的技术	40
变革性技术	尚处于研发早期或者概念阶段，且有望性能远优于第二代的技术。该类技术的研发和放大有望在 2016—2030 年完成，并在 2030—2035 年进行示范	10

8.2.1.1　燃烧后捕集技术

燃烧后二氧化碳捕集是指从燃烧设备（锅炉、燃机、石灰窑等）后的烟气中捕集或者分离二氧化碳。这种技术路线适用于各类改造和新建的二氧化碳排放源，包括电力、钢铁、水泥等行业。燃烧后捕集技术相对成熟，分为吸收法、吸附法及膜法分离。

（1）吸收法

吸收法捕集分离二氧化碳的基本流程如图 8.1 所示。经过除尘脱硫预处理后的烟道气进入吸收塔塔底，二氧化碳负载较低的吸收剂贫液由塔顶喷淋而下，气液两相在吸收塔内逆向接触发生相间传质，脱除二氧化碳的贫气从塔顶流出，吸收二氧化碳后的富液进入解吸塔再生后（变压或变温再生）转变为贫液循环使用，解吸出的富集的二氧化碳从塔顶排出后进入下道工序。

根据吸收解吸原理的不同，吸收法可分为化学吸收法、物理吸收法和物理化

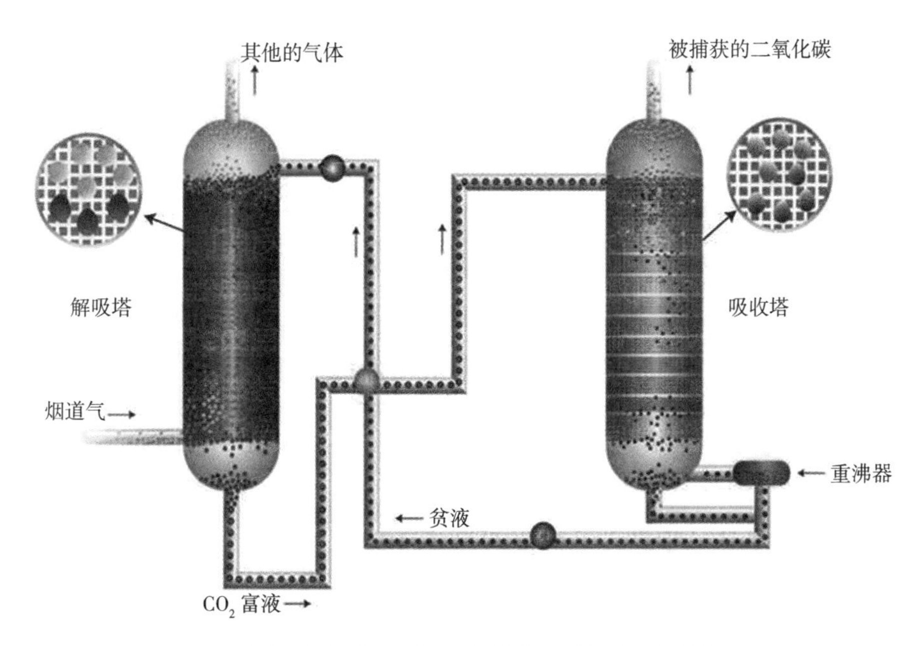

图 8.1　典型的溶剂吸收法捕集二氧化碳工艺流程

学吸收法（表 8.2）。对于燃烧后二氧化碳捕集而言，由于烟道气中二氧化碳分压较低，因此，化学吸收法是目前应用最为广泛，也是最有希望实现二氧化碳大规模捕集分离的技术。加拿大边界大坝燃煤电厂二氧化碳捕集项目以及 2017 年 1 月启动的 PetraNova 碳捕获项目（世界上最大的发电厂二氧化碳捕集项目）采用的就是这种技术路线。主流的技术提供商包括壳牌、西门子、三菱、阿尔斯通等公司，它们的技术区别主要在于所使用的吸收剂不同，如表 8.3 所示。

表 8.2　二氧化碳吸收法捕集技术分类

分类	吸收原理	主要方法
化学吸收法	吸收剂与二氧化碳发生化学反应	热钾碱法、氨基酸盐法、醇胺法、氨水洗涤法、联尿（碱）法等
物理吸收法	吸收剂不与二氧化碳发生化学反应	水洗涤法、碳酸丙烯酯法、低温甲醇法、聚乙二醇二甲醚法、N- 甲基吡咯烷酮法等
物理化学吸收法	介于物理吸收和化学吸收之间	环丁砜 - 二乙醇胺法等

表 8.3　国外主要燃烧后碳捕集技术开发企业技术比较

	壳牌	西门子	三菱	阿尔斯通
吸收剂类型	有机胺	氨基酸盐	位阻胺	低温氨水
技术特点	二氧化硫、二氧化碳一体化分步脱除	高浓度运行、降解损耗小	结构稳定、降解损耗小	原料成本低、降解损耗小

（2）吸附法

吸附分离是基于混合气体中各组分分子与吸附剂表面上的活性点之间的引力差异来实现的，常用吸附剂有天然沸石、分子筛、活性氧化铝、硅胶和活性炭等。依照二氧化碳吸附、解吸的方法不同，吸附法又可分为变压吸附法、变温吸附法和变压与变温相结合的吸附法。其中，变压吸附法虽然二氧化碳回收率低，一般在 50%~60%，但因其具有能耗小、无腐蚀、操作简单、易自动化等特点，已逐渐成为颇具竞争力的二氧化碳分离回收技术。

吸附法的核心是新型大容量吸附剂的研究。由于二氧化碳的物化性能和吸附材料的孔径等特点，不同吸附材料对二氧化碳的吸附效果也不同。英国伯明翰大学等研究的以钾为促进剂的水滑石吸附介质，吸附烟道气中二氧化碳的能力为 0.8 摩尔 / 千克，日本 Toshiba Corporate R&D Center 研究的锂钇锆酸盐吸附剂能吸附和解吸 500 倍于自身体积的二氧化碳。最近，表面接枝修饰的介孔材料作为吸附分离介质的研究受到重视。表面修饰介孔材料在二氧化碳吸附分离中的应用研究刚刚起步，其技术成熟度尚没有达到溶剂吸收分离法。此外，金属有机物框架材料（MOF）也是比较有前景的吸附剂之一。MOF 是由金属和有机物组成的一种多孔的晶体结构，有关研究表明，某些 MOF 的吸附容量可以达到 250 毫克 / 克以上。但目前吸附剂的成本普遍偏高，如能在高效吸附剂研究方面取得突破并进一步优化工艺，吸附法有望成为一种有竞争力的技术。

（3）膜法分离

气体膜法分离是一种以压力为驱动力的分离过程——在膜两侧混合气体各组分分压差的驱动下出现气体渗透，因各组分渗透速率不同，从而实现混合气体各组分之间的分离。膜法分离主要包括膜分离法和膜吸收法。膜分离法构造简单、操作方便、能耗较低，其重点是高选择性、高渗透性膜材料的开发。膜吸收法是利用膜提供气液反应的表面，利用吸收剂进行二氧化碳的吸收，其关键仍然是新型吸收剂的开发。

用于二氧化碳气体分离的膜主要有有机膜和无机膜。分离气体中二氧化碳的有机膜有乙酸纤维素膜、聚砜膜、聚醚砜膜、聚酰胺膜、聚苯氧改性膜和硅橡胶膜等。有机膜分离系数高，但气体透过量低、使用温度低（30~60℃）。无机膜具有耐热、耐酸、耐烃类腐蚀性能，气体渗透率比有机膜大，但分离系数小。近年来，无机膜用于气体分离过程显示出良好的发展前景。

与其他分离方法相比，气体膜法分离具有无相变、能耗低、一次性投资少、设备紧凑、占地面积小、易于操作、结构简单、无二次污染、便于扩充气体处理容量等优点，是应用前景良好的二氧化碳气体分离方法。目前，已有膜分离法工业规模捕集和分离温室气体二氧化碳的报道，但受限于特效分离膜成本高和长期运行可靠性等问题，气体膜法分离尚处于实验室研究阶段。

8.2.1.2 燃烧前捕集技术

燃烧前捕集技术是指在碳基燃料燃烧前，将其化学能从碳中转移出来，然后再将碳和携带能量的其他物质进行分离，从而实现碳在燃料利用前进行捕集。IGCC 是最典型的可进行燃烧前碳捕集的系统——化石燃料经过气化转化成主要成分为一氧化碳和氢气的合成气，然后利用水煤气变换反应提高二氧化碳的浓度，二氧化碳分离后利用得到的富氢燃气燃烧发电。燃烧前捕集工艺主要有聚乙二醇二甲醚法和低温甲醇法。这两种方法都属于低温吸收过程，均比较成熟。另外，这两种技术能够同时脱除二氧化碳和硫化氢，且净化度较高，可以在系统中省去脱硫单元，但相应气体处理单元需要采用耐硫变换技术。

目前，在基于 IGCC 的燃烧前捕集工艺商业示范的主流技术路线方面，美国 Kemper 项目、TCEP 项目是这类技术的代表，其中 Kemper 项目（582 兆瓦电力）已于 2016 年 10 月全面投产，而 TCEP 项目（400 兆瓦电力）基本已经停滞。上述两个项目主要面临的问题均为预算大幅度超支。

8.2.1.3 富氧燃烧技术

富氧燃烧技术用纯氧或富氧气体混合物代替助燃空气，燃烧干烟气中二氧化碳含量可达 80% 以上；如再经过简易的压缩纯化过程，即可达到 95% 以上的纯度。该技术是最具有商业潜力的规模化减排技术之一，目前正处于大型化发展的关键时期。2008 年，德国黑泵建成了世界上第一套全流程的 30MWth 富氧燃烧试验装置，2011 年在澳大利亚卡利德建成了目前世界上第一套也是容量最大的 30 兆瓦电力富氧燃烧发电示范电厂，两套装置先后完成了 5000~15000 小时的考核试验。

然而在全球范围内，富氧燃烧的大型示范进展并不顺利。美国未来电力项目 2.0（168 兆瓦电力）旗舰项目由于能源部撤资，已于 2015 年 2 月暂停。英国白玫瑰项目在 FEED 研究工作完成后，由于缺少可再生能源补贴等原因已被终止。西班牙 Compostilla 项目（300 兆瓦电力）原计划在 2015 年年底前全面投产，但在 2013 年 10 月后决定暂缓进度，目前该项目处理捕集二氧化碳能力为 3~5 吨 / 天，捕集效率为 90%。澳大利亚的 Callide Oxyfuel 项目（30 兆瓦电力）已于 2012 年投产，二氧化碳捕集率超过 85%。

大型空分装置的高投资和高能耗，以及系统升压 – 降压 – 升压过程中的不可逆损失较大，是制约富氧燃烧技术成本降低的主要因素。下一代富氧燃烧技术正处于技术突破阶段，增压富氧燃烧、耦合膜分离富氧燃烧、化学链燃烧等技术将给富氧燃烧技术带来变革性的进步。在美国，ALSTOM 温莎技术中心全球最大的

3 兆瓦钙基化学链装置在 2012 年已实现了自热连续运行，具有领先地位；美国巴威公司也正在筹建 3 兆瓦的铁基化学链燃烧装置；在欧洲，意大利电力公司已完成 5 兆瓦等级的增压富氧燃烧试验。据测算，化学链和增压富氧技术的归一化发电成本仅增加 20%~26%，远低于目前的主流碳捕集技术（归一化发电成本增加约 60%）。

8.2.2 碳运输技术

8.2.2.1 罐车运输技术

用罐车运输二氧化碳的技术目前已经成熟，而且我国也具备了制造该类罐车和相关设备的能力。

罐车分为公路罐车和铁路罐车两种。公路罐车具有灵活、适应性强和方便可靠的优点，但运量小、运费高且连续性差。铁路罐车可以长距离输运大量二氧化碳，但需要考虑当前铁路的现实条件以及在铁路沿线配备二氧化碳装载、卸载和临时储存等相关设施，势必大大提高运输成本，因此，目前国际上还没有用铁路运输二氧化碳的先例。

8.2.2.2 船舶运输技术

从世界范围看，船舶运输还处于起步阶段，目前只有几艘小型的轮船投入运行，还没有大型的用于运输二氧化碳的船舶。但是必须注意到，当海上运输距离超过 1000 千米时，船舶运输被认为是最经济有效的二氧化碳运输方式，运输成本将会下降到 0.1 元 /（吨 · 千米）以下。

8.2.2.3 管道运输技术

由于管道运输具有连续、稳定、经济、环保等多方面优点，且技术成熟，对于 CCS 这样需要长距离运输大量二氧化碳的系统来说，管道运输被认为是最经济的陆地运输方式。但由于海上管道建设难度较大、建设成本较高，因此，目前还没有用于二氧化碳运输的海上管道。

从二氧化碳运输技术的整体发展来看，国外已有 40 多年用管道输送二氧化碳的实践，积累了丰富的输送经验。国外管道输送的主要做法是将捕集到的气态二氧化碳加压至 8 兆帕以上，以提升二氧化碳密度，使其成为超临界状态，避免二相流，便于运输和降低成本。目前，全球约有 6000 千米的二氧化碳运输管线，每年运输大约 0.5 亿吨二氧化碳，其中美国有超过 5000 千米的二氧化碳运输管线。

我国二氧化碳输送以陆路低温储罐运输为主，尚无商业运营的二氧化碳输送管道，只有几条短距离试验用管道。如大庆油田在萨南东部过渡带进行的 CO_2-EOR 先导性试验中所建的 6.5 千米二氧化碳输送管道，用于将大庆炼油厂加氢车间的副产品二氧化碳低压输送至试验场地。目前，我国有关二氧化碳运输技术的研究刚刚起步，与国外相比，主要在二氧化碳源汇匹配的管网规划与优化设计技术、大排量压缩机等管道输送关键设备、安全控制与监测技术等方面存在技术差距。

8.2.3 碳利用与封存技术

碳捕集、利用和封存技术（Carbon Capture，Utilization and Storage，CCUS）是将二氧化碳从生产过程中（化工、电力、钢铁）分离出来，投入到新的生产过程加以循环再利用，并将多余的二氧化碳进行地质封存。CCUS 是一项将二氧化碳资源化、实现化石能源低碳利用、减缓二氧化碳排放的重要技术。从 CCUS 技术的整个流程来看，可分为碳排放源－捕集－压缩－运输－利用 / 封存五个单元，如图 8.2 所示。

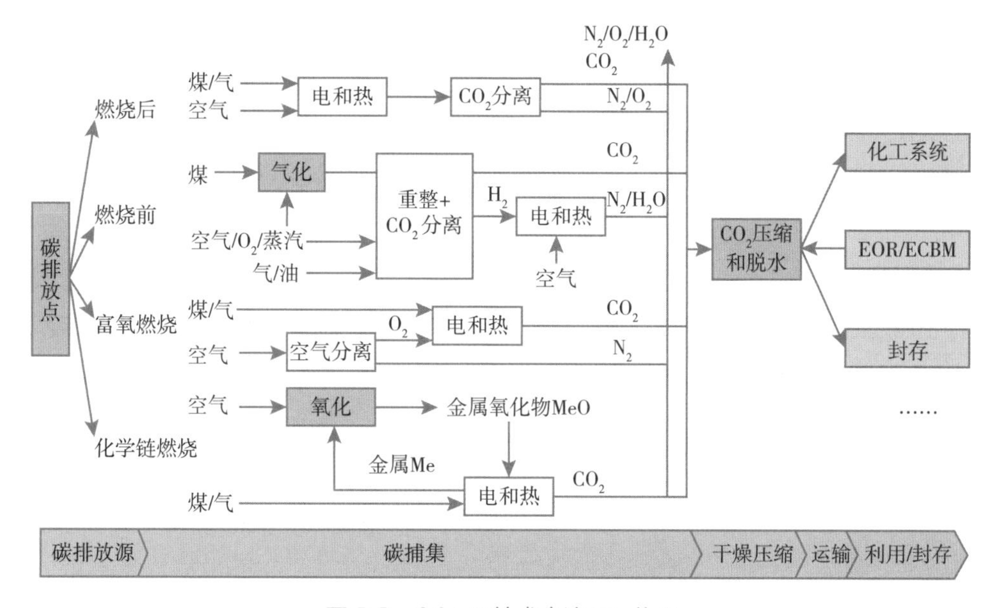

图 8.2 CCUS 技术全流程网络图

据《2015 年全球碳捕集与封存现状》报道，全球共有 15 个大型 CCS 项目在运行，二氧化碳捕集量达 2800 万吨 / 年。与国外相比，我国 CCS/CCUS 技术起步较晚，尚处在发展初期阶段，技术发展相对不平衡，如图 8.3 所示。同时，在缺乏相关政策的支持下，CCUS 技术应用存在较大的经济风险，如现有 CCUS 技术付出的能耗代价将使热转功效率下降 6%~15%、成本增加约 30%。与此同时，二氧化碳回收利用的方式还存在规模偏小、不能满足当前二氧化碳大规模减排的迫切需要。优化碳排放源－捕集－压缩－运输－利用 / 封存全工艺流程，减少二氧化碳捕集能耗，提高系统能量利用效率，降低二氧化碳捕集成本，是推动 CCUS 技术从研发到应用的必要环节。

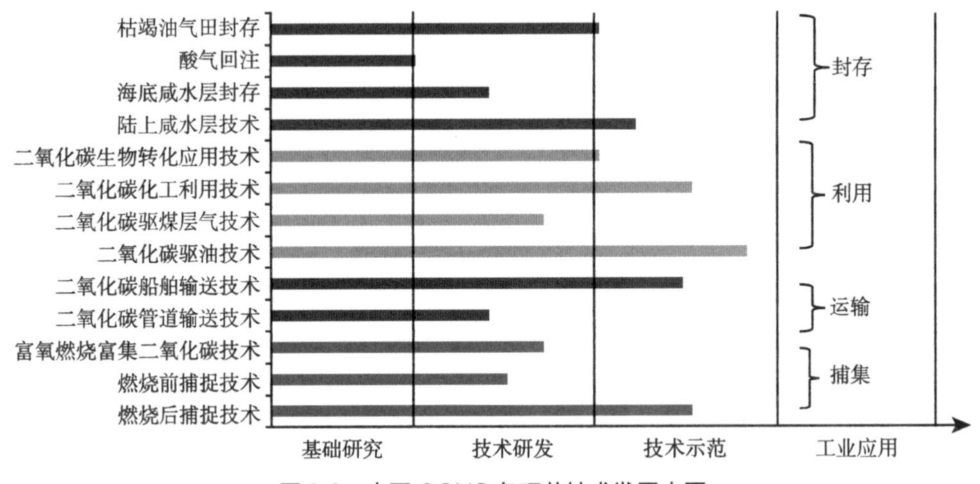

图 8.3　中国 CCUS 各环节技术发展水平

在过去的十几年中，我国对二氧化碳捕集与封存的各环节技术进行研发，已经建设了 12 个试点项目，为建设大型 CCUS 示范和工业化项目做好了准备。我国能源消耗主要是煤炭，大量煤化工产业靠近煤矿和油田，有利于提高 EOR、ECBM 等二氧化碳项目的发展，不仅利于二氧化碳封存，同时能够增加油田 / 煤矿的采油量 / 采气量，具有 CCUS 技术低成本运用的地域条件。

8.2.4　CCUS 技术的应用现状

8.2.4.1　国内外碳捕集技术应用

从目前运行和规划的大型碳捕集项目来看，对于电力行业，燃烧前和燃烧后捕集是主要技术途径（表 8.4）。燃烧后捕集技术相对成熟，广泛应用的是化学吸收法，国外许多天然气处理厂、化石燃料电厂和化工生产厂等都应用此技术。燃烧前捕集技术在降低能耗方面具有较大潜力，国外许多 IGCC 厂已开始应用此技术。富氧燃烧捕集技术发电领域的 30 兆瓦小规模试验正在研发，250 立方米高炉应用已获验证。据全球碳捕集与封存研究院统计，2016 年全球 CCS 大规模一体化项目共有 72 个，其中大部分还处于评估和确认阶段。在这些项目中，以电厂为排放源的项目有 34 个，占项目总量的 47%；以工业过程为排放源的项目有 38 个，占项目总量的 53%。在电厂二氧化碳捕集项目中，采用燃烧后捕集技术或燃烧前捕集技术的占 82%，采用富氧燃烧捕集技术的仅占 15%。2016 年，全球在建、运行、计划的 CCS 大规模一体化项目共有 48 个（表 8.5），其中在运行项目 19 个，捕集能力约 40 吨 / 年。

表 8.4　2016 年世界主要国家各领域二氧化碳捕集项目数

领域	技术	北美洲	欧洲	亚洲	澳大利亚	中东和非洲	小计
电力领域	燃烧前捕集	5	4	3	—	—	12
	燃烧后捕集	6	6	2	1	1	16
	富氧燃烧捕集	1	2	2	—	—	5
	多种方式综合	—	—	1	—	—	1
其他	气体加工处理	8	2	2	1	2	15
	钢铁生产	—	1	1	—	1	3
	其他行业	13	—	5	1	—	19
	多种方式综合	—	—	—	1	—	1
合计		33	15	16	4	4	72

表 8.5　2016 年世界主要国家大型二氧化碳捕集项目及进展

国家	早期计划	近期计划	建设	运行	总计
美国	1	3	4	12	20
中国	5	3	1	—	9
欧洲	2	4	—	2	8
海合会	—	—	—	2	2
世界其他国家	4	—	2	3	9
总计	12	10	7	19	48

近年来，国内二氧化碳捕集技术及捕集项目发展迅速，已建设了多套燃煤电厂烟气二氧化碳捕集示范工程，对二氧化碳捕集放大规律进行了模拟研究及试验验证，开发了百万吨级二氧化碳捕集工艺包。碳捕集过程中的主要能耗是吸收剂再生时所需的蒸汽消耗。目前，国外先进水平捕集 1 吨二氧化碳的再生能耗为 2.5 吉焦，而我国为 3.5~4.0 吉焦，距离国际水平还有一定差距。

8.2.4.2　二氧化碳资源化利用技术

（1）二氧化碳增产石油（CO_2–EOR）

过去四十年的全球经验表明，CO_2–EOR 技术积累了足够的操作和管理方面的经验，技术成熟。在 CO_2–EOR 过程中，有 90%~95% 注入的二氧化碳留在油藏当中，大约 40%~50% 注入的二氧化碳封存在油藏中。在实现地质封存方面，CO_2–EOR 具有如下优势：改善 CCS 技术并降低 CCS 技术的成本；改善 CCS 示范项目和先导项目的运行状况；促进二氧化碳运输网络的发展；短期或中期内可以为残余油开采阶段的油藏提供较大的二氧化碳封存能力；促进 CCS 知识传播，弥补 CCS 经验的不足，提供高技术人才为 CCS 服务；有助于获得公众和决策者的认同。

美国是全球CO_2-EOR第一大国，其国内已经形成了较为成熟的CO_2-EOR市场，代表了全球CO_2-EOR的发展方向。美国通过CO_2-EOR方式增产的采油量由1986年的约3万桶/天增至2014年的30万桶/天，发展迅速。2014年，美国共注入二氧化碳6800万吨、采油1752万吨。根据美国能源部2009年的研究报告，如果美国发展并实施新一代CO_2-EOR技术，CO_2-EOR采油量将由目前的3.81亿桶增至6.65亿桶，增幅达74.5%。

（2）二氧化碳驱替煤层气（CO_2-ECBM）

国外驱替煤层气技术的研究始于20世纪90年代初。美国是世界上最早进行相关研究，也是研究投入最多的国家，其Coal-Seq项目是世界上第一个，也是迄今为止规模最大的一个ECBM现场试验项目。该项目包括两个现场试验，其中AllisonUnit试验现场自1989年开始煤层气生产，在进行了6年的单纯抽采后，煤层气产量大幅减少；1995年开始注入二氧化碳，二氧化碳注入作业一直延续到2001年。通过实施二氧化碳驱替，煤层气产量提高了150%，采收率达到95%，共注入27.7万吨二氧化碳。

加拿大自1998年开始在Alberta省的Fenn Big Valley试验区进行单井注入试验，主要研究注入气体，包括纯二氧化碳、烟道气（87%氮气、13%二氧化碳）、纯氮气、富含二氧化碳的烟道气（53%氮气、47%二氧化碳），对煤层渗透性的影响。加拿大另一个ECBM现场试验项目——CSEMP的目的是研究在注入二氧化碳提高煤层气采收率的同时封存二氧化碳的技术和经济可行性。该试验项目于2005年开始注气，到2008年共注入约1万吨二氧化碳。

欧盟2001年开始的Recopol项目是欧洲第一个驱替煤层气先导试验项目，目的是研究驱替煤层气的技术经济可行性。该试验项目于2003年9月开始注入二氧化碳，注入深度为1050~1090米，注气作业持续到2004年年底结束，共注入760吨二氧化碳。

总体上来讲，驱替煤层气技术在国际上处于工业应用的初期水平。

（3）二氧化碳化工利用

二氧化碳化工利用是将二氧化碳作为碳氧资源合成种类众多的化学品，以实现在经济运行过程中的二氧化碳减排。目前已经实现商业化应用的二氧化碳化工利用主要包含二氧化碳与氨气合成尿素、二氧化碳与氯化钠合成纯碱、二氧化碳与环氧烷合成碳酸酯、二氧化碳与苯酚合成水杨酸等；接近商业化推广阶段的有二氧化碳经尿素醇解合成碳酸二甲酯、二氧化碳合成可降解材料；处于工业化示范阶段的有二氧化碳与甲烷制备合成气、二氧化碳与氢气合成甲醇、二氧化碳间接合成异氰酸酯/聚氨酯、二氧化碳间接合成聚碳酸酯、二氧化碳与工业固体废弃物矿化合成碳酸盐等；处于技术基础研究阶段的有二氧化碳经一氧化碳合成液体燃料、二氧化碳间接合成聚酯材料、二氧化碳矿化合成钾肥等；还有许多具有广阔应用前景的探索性技术，包括二氧化碳加氢合成甲酸、二氧化碳直接合成碳酸二甲酯等。

（4）二氧化碳矿化利用

二氧化碳矿化利用是模仿自然界中二氧化碳的矿物吸收过程，利用碱性或碱土金属氧化物，如氧化钙或氧化镁与二氧化碳反应，生成诸如碳酸钙、碳酸镁等稳定的碳酸盐化合物。

二氧化碳矿化过程产生的碳酸盐化合物能够长时间稳定存在，不会分解生成二氧化碳释放到大气中，可以进行安全处置或在建筑过程中得到利用，不需要监测处置地点，环境风险较小，是一种具有发展前景的二氧化碳地质储存替代路线。但针对以天然矿石为原料的碳化流程尚需澄清若干问题，如大规模开展此项技术的可行性及相应能源需求、技术和经济上能够真正用于二氧化碳封存的硅酸盐占总储量的比例、开采的环境影响、废弃物处置和产品储存限制等。目前，利用含有碱性或碱土氧化物天然硅酸盐的矿物碳酸化技术正处在研究阶段，但利用工业废弃物为原料的矿物碳酸化技术已经进入工业示范阶段。其中，采用钢铁渣等固体废弃物为原料，通过过程集成，利用钢铁厂、水泥厂等二氧化碳排放大户的余热作为能源，将二氧化碳碳酸化固定与现有生产过程废气资源进行综合利用耦合，将是二氧化碳碳酸化固定近期最有工业化前景的工艺路线。

（5）二氧化碳生物利用

二氧化碳生物利用技术具有固碳、增能、环保多重效益，目前多采用微藻生物将二氧化碳转化为食用油或者生物燃料。这一技术随石油价格起伏而经历波折，进入21世纪，由于石油价格再度大幅上扬，微藻固碳与生物能源技术重新受到各界关注，逐步从实验室走向中型规模验证和生产放大阶段。2002年，美国圣地亚哥国家实验室在LiveFuels公司的资助下，历经5年制取出性能与大豆油类似的海藻油。2005年12月，第一辆采用海藻燃料和大豆油（调合体积比为1∶9）的示范样车在印度成功完成了1500千米的实车试验，开辟了微藻生物能源在交通运输领域应用的新纪元。美国国际能源公司于2007年11月启动“海藻变油”研发计划，利用海藻来生产可再生柴油和航空燃料。美国Sapphire能源公司利用微藻进行规模化培养的面积已达数千亩，并建立了配套的全能源化加工系统，无须离心纯化就可直接收获微藻，将其转化为原油，大大提高了技术应用的经济性。

8.2.4.3 二氧化碳封存技术

二氧化碳地质封存是指通过工程技术手段将捕集的二氧化碳储存于地质构造

中，实现与大气长期隔绝的过程。按照不同的封存地质体划分，主要包括陆上咸水层封存、海底咸水层封存、枯竭油气田封存等技术。有些情况下，封存的二氧化碳气体中含一定量的硫化氢等酸性气体杂质，对封存有特定的技术要求，如较典型的有酸气回注技术。目前，长期安全性和可靠性是二氧化碳地质封存技术发展的主要障碍。

陆上咸水层封存所需技术要素几乎都存在于油气开采行业，油气行业已有技术要素能够部分满足示范工程的需求。对我国而言，陆上咸水层封存各技术要素的发展程度很不一致，其中监测与预警、补救技术等尚处于研发水平。目前正在开展 10 万吨 / 年规模的陆上咸水层封存示范，相关技术和经验还在积累过程中。

海底咸水层封存与陆上咸水层封存有一定相似性，但工程难度更大，国际已有多年的工程实践经验，但我国尚无示范先例。枯竭油气田封存与咸水层封存也很相似，原有注采井的完整性等对枯竭油气田封存的安全性影响很大。

（1）国外二氧化碳地质封存示范工程

目前，在世界范围内处于不同阶段大规模全流程 CCUS 项目中，封存方式为 EOR 的有 29 个，咸水层封存的有 21 个，其余项目封存目标尚未确定。21 个咸水层封存项目中的 7 个项目（Sleipner、InSalah、Snøhvit、Petra Nova、Gorgon、Illinois、Quest）处于实质性执行阶段，其中前 4 个项目实现了运行。

从已有的国外封存项目的规划与开展情况看，其发展特征可总结为：咸水层封存仍然受北美、欧洲和澳大利亚的重视。从项目数量来看，咸水层封存是仅次于 EOR 的技术选择；项目的规模也逐步增大，未来几年内即可达到每年 400 万吨；为了减少项目成本，所有项目的二氧化碳均来自捕集成本比较低的工业过程（化工或天然气处理）；利用已有基础设施或者地质资料丰富的场地，发挥存量资源作用。实质执行的封存场地具有多样性，既有陆地，也有离岸封存（陆地 3 个、海洋 2 个、海岛 1 个）。

一方面，工程概念有所发展。Gorgon 项目首次设计了多个压力管理井，可降低对地质条件的要求，为实现复杂地质条件下二氧化碳封存的安全性和稳定性提供了新思路。另一方面，工程推进策略和工程技术进展显著。项目前期评估进行得越来越完备和有效，包括场地调查与评价、环境影响及安全性和有效性、公众接受度等工作；监测技术越来越完善，发展出了包括 U 形管、土壤水气、大气监测以及卫星遥感监测等手段的普遍运用并日渐成熟。

（2）国内二氧化碳地质封存示范工程

中联煤利用二氧化碳强化煤层气开采项目。中联煤层气公司开展了“深煤层注入 / 埋藏二氧化碳开采煤层气技术研究”，项目目标是研究和开发一套二氧化碳注入深部煤层中开采煤层气资源的技术。通过实验室研究和野外试验相结合，研究煤储层二氧化碳吸附解吸特征，开展现场煤层气井二氧化碳注入试验，探索性地研究和开发一套二氧化碳注入深部煤层中开采煤层气资源的技术，研究地区位于山西沁水盆地。截至 2010 年，共向深部煤层埋藏二氧化碳 234 吨。

神华 10 万吨 / 年 CCS 工程示范——深部咸水层封存项目。神华集团建立了全流程的 10 万吨 / 年 CCS 示范工程：鄂尔多斯煤气化制氢中心排放出的二氧化碳尾气经捕获提纯后，由槽车运送至封存地点，加压注入目标地层。三维地震勘探和初步数值模拟研究表明，神华煤直接液化厂附近的地下具有潜在的深部咸水层可用于二氧化碳的地质封存，单井能够达到10万吨/年的注入规模，是我国首个，也是世界上规模最大的全流程深部成水含水层二氧化碳地质封存示范工程。截至 2014 年 6 月底，示范工程已灌注二氧化碳近 30 万吨。示范工程及相应的科学研究与技术开发，为我国开展二氧化碳地质封存提供了初步技术储备。

延长综合碳捕集与封存示范工程为美中联合气候变化联合声明中的合作项目。延长石油公司通过关联公司正在开发两类二氧化碳捕获源用于石油增产，其中榆林煤化工公司捕获源规模较小，已于 2012 年投入使用；玉林能源化工公司捕获源较大，在 2017 年 3 月底进入执行阶段，预计捕获能力为 200 万吨。该项目也是我国第一个进入建设阶段的大型 CCS 项目。

8.2.5 CCUS 技术的挑战与展望

CCUS 作为一种新兴的应对气候变化技术，具有跨部门、跨领域、空间规模大、时间跨度长、投资大、风险大等特点。无论是研发与示范，还是产业化推广，CCUS 都需要合适的政策支撑。当前 CCUS 研发与示范的主要障碍在于：缺少系统的发展规划和可实施的技术路线；资金支持力度不够、投融资机制不成熟；缺乏监管、安全等相关法规体系；公众认知度与接受度低。因此，需要制定鼓励推动研发与示范的政策，加强未来产业化关键政策的研究，并促进 CCUS 的国际合作与技术转移。

8.2.5.1 加强技术研发与示范

对 CCUS 分阶段研发目标与重点进行统一部署与规划，纳入国家科技计划和产业发展规划，建立 CCUS 产业技术专项发展资金，为 CCUS 技术研发提供持续、稳定、充足的经费支持；建立 CCUS 相关部门协调的机制，保障涉及多部门的全流程示范的有序开展；制定 CCUS 研发示范项目监管条例，明确研发示范项目的责任主体和监管与审批主体，保障 CCUS 示范的有序开展；加大国家对示范项目财政支持力度，制定推动示范项目顺利开展所需要的财税激励政策，鼓励企业与私人资本投入；建立产学研合作平台，整合各种资源，推动CCUS关键技术的突破与示范的顺利开展；加强相关专业人才的培养与引进，建立稳定、高水平的研发队伍；加强宣传教育，提高公众认知度与接受度。

8.2.5.2 推动技术产业化进程

一是加强CCUS相关法律法规研究。开展二氧化碳管道建设与施工标准、封存选址标准、监测评价方法与标准等环境保护、安全保障与监管体系，以及地下空间利用权、长期责任等方面研究，为制定CCUS相关法律法规提供支撑。

二是推进产业链协作机制研究。全产业链CCUS项目将涉及多个企业部门，捕集成本约占CCUS总成本的70%左右，需要设计合理的成本、效益和责任分担机制，将全产业链CCUS产生的社会责任、经济效益和社会效益在各相关企业部门间合理分担和分配，促进全产业链CCUS项目相关企业部门的有效协作。

三是推进投融资机制研究。综合考虑国内碳减排目标、碳税与碳排放贸易等市场机制，设计合理的投融资机制，克服CCUS投资与运行成本高的障碍。

四是强化基础设施规划与共享的政策研究。开展CCUS源汇匹配研究，规划CCUS运输管道网络，设计不同CCUS项目运输管道干线共享机制。

五是强化知识产权保护政策研究。设计完善的知识产权保护机制与体系，促进企业间的合作。

8.2.5.3 加强国际技术合作与转移

CCUS是纯粹以减缓气候变化为目的的气候友好技术，基本不产生经济效益，却伴随着高昂的经济和资源代价。CCUS技术投资大、核心技术成熟度低、系统复杂，要实现CCUS技术在全球发挥减缓气候变化的重要作用，需各国的共同努力。

发达国家应从自身责任和能力出发，在CCUS技术研发、工程示范、商业推广和资金支持方面承担更大的责任，推动该技术的早日成熟和商业化应用，并通过广泛的国际合作帮助发展中国家掌握和应用该技术。作为发展中国家，中国当前面临着发展经济、消除贫困和减缓温室气体排放的多重压力。需要切实的国际合作，特别是积极利用各种国际机制推动发达国家向包括中国在内的广大发展中国家提供相关的技术和资金，加强合作研发与技术转移，推动CCUS技术在中国的发展。

8.3 碳税征收政策

8.3.1 碳税发展历程

碳定价机制是指生产商排放一定量的二氧化碳需支付相应费用的政策，其背后的经济原理较容易理解：如果一项商品价格越昂贵，那么其使用量会越少。碳定价机制在提高资源利用效率、加大清洁能源投资、鼓励开发和销售低碳产品与服务等方面起到积极的促进作用。

碳定价机制主要包括碳税和碳排放权交易两项内容。碳税又分为广义碳税和狭义碳税，狭义碳税特指对二氧化碳排放量或对化石燃料按照其碳含量征收的税；广义碳税还包括对能源使用征收的税，主要是能源消费税。碳排放权交易是指将碳排放作为一种商品，允许企业在一定排放总量的前提下买入或卖出相应的配额。

根据世界银行发布的《2021 碳定价发展现状与未来趋势》报告，截至 2021 年 5 月，世界上已经实施的碳定价机制共计 64 种，覆盖全球温室气体总排放量的 21%，其中 35 项是碳税制度，涉及全球 27 个国家。芬兰、挪威、瑞典、丹麦等北欧国家从 20 世纪 90 年代初开始征收碳税，是世界上最早征收碳税的国家。进入 21 世纪，爱沙尼亚、拉脱维亚、瑞士、列支敦士登等欧洲国家也陆续开征碳税。2010 年以后，冰岛、爱尔兰、乌克兰、日本、法国、墨西哥、西班牙、葡萄牙、智利、哥伦比亚、阿根廷、新加坡、南非等越来越多的国家加入了征收碳税的行列。

各国的碳税征收情况不尽相同，有的是作为独立税种，有的以早已存在的能源税或消费税税目的形式出现，还有的取代了之前的燃料税。据统计，已开征碳税的国家其税率水平差距较大，从低于 1 美元 / 吨二氧化碳当量到 137 美元 / 吨二氧化碳当量不等。总体来看，欧洲国家税率较高，如瑞典为 137 美元 / 吨二氧化碳当量，瑞士为 101 美元 / 吨二氧化碳当量，冰岛、芬兰、挪威、法国等国碳税税率在 40~73 美元 / 吨二氧化碳当量。部分美洲和非洲国家碳税税率较低，阿根廷、哥伦比亚、智利、墨西哥、南非等国家普遍低于 10 美元 / 吨二氧化碳当量。新加坡和日本是亚洲目前征收碳税的 2 个国家，虽然其税率水平较低，分别是 3.7 美元 / 吨二氧化碳当量和 2.6 美元 / 吨二氧化碳当量，但覆盖碳排放范围较广，分别达到本国的 80% 和 75%。

8.3.2　全球碳税最新进展

世界银行《2021 碳定价机制发展现状与未来趋势》报告对近一年来各个国家和地区碳税的最新进展作了介绍。冰岛碳税税率在 2020 年上涨 10% 后，2021 年继续上涨，达到 34.83 美元 / 吨二氧化碳当量，并从 2021 年 1 月 1 日起向进口含氟气体全面征税，税率为 19.79 美元 / 吨二氧化碳当量。爱尔兰汽柴油的碳税税率于 2020 年 10 月从 30.54 美元 / 吨二氧化碳当量提高至 39.35 美元 / 吨二氧化碳当量，此外，爱尔兰政府还计划于 2030 年进一步将碳税税率提高至 117.46 美元 / 吨二氧化碳当量。拉脱维亚于2021年将碳税税率提高至14.1美元/吨二氧化碳当量。卢森堡于2021年1月1日起开始征收碳税，汽油税率为37.07美元/吨二氧化碳当量，柴油为40.12美元/吨二氧化碳当量，除电力之外的所有其他能源产品税率为23.49美元/吨二氧化碳当量；为达到卢森堡政府承诺的气候目标，其他能源产品的税率将在2022年提高至25欧元，2023年达到30欧元。荷兰工业碳税法案于2021年1月1日生效，碳税税率为35.24美元/吨二氧化碳当量。

目前，欧盟国家和美国等部分发达国家已开始着手研究碳边界调整机制。据美国彭博社报道，欧盟已考虑对水泥、钢铁、电力等碳排放量高的进口产品征税，该政策预计于2026年全面生效。

8.3.3 我国碳税征收相关政策研究

世界经济发展的经验数据表明，当国家和地区的人均GDP处于500~3000美元的发展阶段时，往往对应着人口、资源、环境等瓶颈约束最为严重的时期。我国属于发展中国家，为发展经济、提高人民生活水平，能源消耗势必会加速增长，温室气体排放的速度也会有较快增长，我国的温室气体排放应属于“生存性排放”。但与此同时，我们必须清醒地看到温室效应毕竟有可能在根本上危害人类的生存环境。因此，在防止气候变化的国际合作与斗争中，我国应该寻找到一条符合我国实际的可持续发展之路。

8.3.3.1 碳税暂不现实

随着全球气候变化的形势日益严峻，气候问题也越来越多地与贸易问题联系在一起。欧洲议会就曾通过决议，要求欧洲委员会考虑对非《京都议定书》成员国的出口品加征关税。布鲁塞尔欧洲政策研究中心董事托马斯·布鲁尔指出，虽然这一动议最终未获实施，但它反映了相当一些国家的担心，即他们的国际竞争水平会受挫于非协议国家的低能源价格。因此，碳税等所谓“绿色壁垒”被不断地带入有关国际贸易的讨价还价中。

早在2002年，中国国家统计局和挪威统计局就曾联合做过一个课题“征收碳税对中国经济与温室气体排放的影响”。研究表明，征收碳税将使中国经济状况恶化，但二氧化碳的排放量将有所下降。虽然从长远看，征收碳税的负面影响将会不断弱化，但对中国这样一个发展中国家，通过征收碳税实施温室气体减排，经济代价十分高昂。所以，中国限制排放将主要通过有关能效、可再生能源发展、核能发展的国内政策以及国内可持续发展和能源安全计划得以实施。事实上，中国在这方面也付出了长期努力。2004年11月，中国节能中长期专项规划开始实施；2005年中国颁布《可再生能源法》，要求2020年实现可再生能源占能源总量15%的能源发展目标；2007年6月，《应对气候变化国家方案》出台，中国承诺会严肃完成全部目标，这是发展中国家的第一次突破，具有里程碑意义。

8.3.3.2 下一步措施

国家发改委和财政部有关课题组经过调研，形成专题报告《中国碳税税制框架设计》。报告建议采用二氧化碳排放量作为计税依据，采用定额税率形式征税；在税收的转移支付上，建议利用碳税重点对节能环保行业和企业进行补贴。同时，报告对碳税的征收范围进行了较为清晰的界定：根据碳税的征税范围和对象，我国碳税的纳税人可以相应确定为向自然环境中直接排放二氧化碳的单位和个人；我国的碳税最终应该根据煤炭、天然气和成品油的消耗量来征收。但根据我国现阶段情况，从促进民生的角度出发，对于个人生活使用的煤炭和天然气排放的二氧化碳，建议暂不征税。

8.4 氢能技术与产业发展

8.4.1 氢能在绿色能源结构中的作用

氢能的价值在于可为各种关键性的能源挑战提供应对策略，即为多种能源之间的物质与能量转换提供解决方案，氢能在未来能源结构中的作用如图8.4所示。《欧洲氢能路线图》中对氢能价值的描述如下：首先，氢是当前交通、工业和建筑等碳排放大户实现大规模脱碳的最现实选择；其次，氢在可再生能源生产、运输、消费过程中发挥着重要的系统性调节作用，可提供一种能灵活地跨领域、跨时间和跨地点的能源流通体系；最后，氢的利用方式更符合当前使用者的偏好和习惯。在未来能源系统中，氢具有替代煤炭、石油、天然气等传统化石能源的潜力。

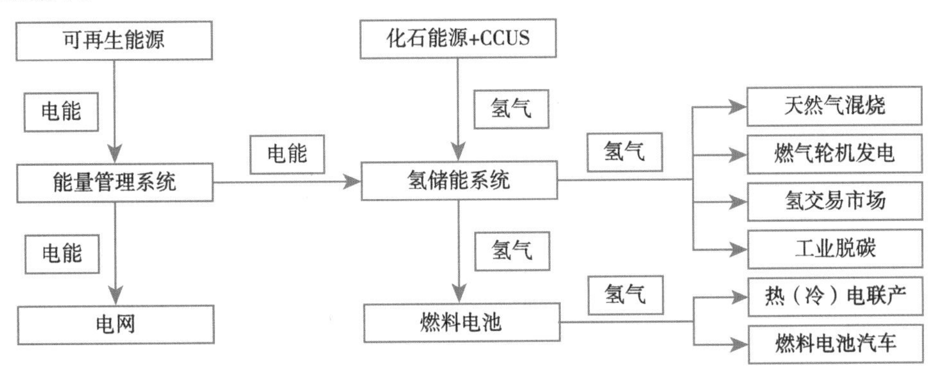

图8.4 氢能在未来能源结构中的作用

根据各国氢能发展路线所描绘的图景，在制氢方面，利用趋于成熟的 Power-toGas（PtG）技术，将弃风、弃光等无法并网的可再生能源用于电解水制氢，以解决可再生能源的消纳问题。在氢能利用方面，氢可直接作为燃料，按照一定比例混入天然气中进行混烧或在纯氢燃气轮机中直燃；也可利用氢的电化学性质，作为燃料电池的原料用于燃料电池汽车、分布式热电联产等。氢能可被广泛利用已成为发达国家的一种普遍共识。

8.4.2 实现氢能高效利用的关键技术

将氢气作为一种原料广泛应用于工业原料、直燃供能、家用燃料电池和燃料电池汽车等领域是氢能的主要使用与发展方向，相关技术已取得了长足进步。然而，新兴能源发展的核心是实现低廉、高效的原料来源和储运，氢能发展也面临同样的问题。因此，制氢与储氢技术是氢气得到高效利用的关键，是限制氢能大规模产业化发展的重要瓶颈，也是目前氢能产业化发展的重点和难点之一。

8.4.2.1 氢源供应方式

氢气的来源十分广泛，主要的氢源供应方式有煤、天然气等化石能源重整制氢、工业副产氢和电解水制氢，未来或具有规模化氢源供应潜力的其他方式还包括生物质制氢、光热制氢、光电制氢及核能制氢等。当前 95% 以上的氢气来源于化石能源重整制氢及工业副产氢，其他来源的氢气非常有限。但利用可再生能源电解水制氢，让可再生能源通过“电 – 氢 – 电（或化工原料）”的方式将电力、交通、热力和化工等领域耦合起来，实现绿氢的真正高效利用，才能发挥氢作为一种能源的真正作用。可再生能源制氢的关键核心技术是高效的电解水制氢技术，即在直流电作用下，通过电化学过程将水分子解离为氢气与氧气，分别在阴、阳两极析出（总反应：$H_2O \rightarrow H_2+\frac{1}{2}O_2$，阴极：$2H^{+}+2e^{-} \rightarrow H_2$，阳极：$H_2O \rightarrow \frac{1}{2}O_2+2H++2e^{-}$）。

根据电解质系统的差别，可将电解水制氢分为碱性电解水制氢、质子交换膜（Proton Exchangeme Mbrane，PEM）电解水制氢和固体氧化物电解水制氢三种。三者的基本原理是一致的，即在氧化还原反应过程中阻止电子的自由交换，而将电荷转移过程分解为外电路的电子传递和内电路的离子传递，从而实现氢气的产生和利用。但三者的电极材料和电解反应条件不同，其技术比较如表 8.6 所示。

表 8.6　三种主要电解水制氢技术比较

系统	碱性电解水制氢	PEM 电解水制氢	固体氧化物电解水制氢
电解槽	无贵金属催化剂，成本低；电流密度小（0.2~0.4 安 / 平方厘米）；窄载荷波动范围（40%~110%）；气体纯度低；电解液有腐蚀性和剧毒 V_2O_5，规模可达 1000 立方米 / 小时（标准状态）；体积大，电解槽较难集成；工作温度≤ 95℃，工作压力为 1.6 兆帕	需贵金属催化剂，成本高；电流密度大（1.5~3 安 / 平方厘米）；系统响应快，适应动态操作和 0~200% 宽负荷波动范围；无毒，无腐蚀性，效率高，气体纯度高，单堆可达 100 立方米 / 小时（标准状态）；体积小，适用于多电解槽集成兆瓦级产品；性价比提升空间大；工作温度为室温 ~80℃，工作压力高，达到 3.5 兆帕，并可进一步提高	使用热能和电能输入，电能消耗低，无贵金属催化剂；陶瓷工艺，难以加工大面积组件；成本高；工作温度为 600~900℃，工作压力低
整体系统	氢氧侧等压设计；系统组成和操作复杂、成本高；氢水分离器容积大；系统留存氢气量多，安全性低；氢氧不完全隔离，难以通过多电解槽集成大规模系统	氢氧侧可压差设计；系统组成简单、紧凑、小型化，成本低；氢水分离器容积小；系统留存氢气量少，安全性高；氢氧两侧物理隔离，便于通过电解槽集成实现，可集成 10~100MW 的超大规模系统；小型系统已商业化，开启大规模系统示范应用	高温工作；系统复杂，成本高；大规模系统集成难，尚不具备商业化条件

8.4.2.2　碱性电解水制氢

碱性液体电解水技术是以氢氧化钾、氢氧化钠水溶液作为电解质，采用石棉布等作为隔膜，在直流电的作用下将水电解生成氢气和氧气，反应温度较低（60~80℃）。产出的氢气纯度约为 99%，需要进行脱碱雾处理。碱性电解槽主要结构特征为液态电解质和多孔隔板，如图 8.5 所示。碱性电解槽的最大工作电流密度小于 400 毫安 / 平方厘米，效率通常在 60% 左右。碱性液体电解水于 20 世纪中

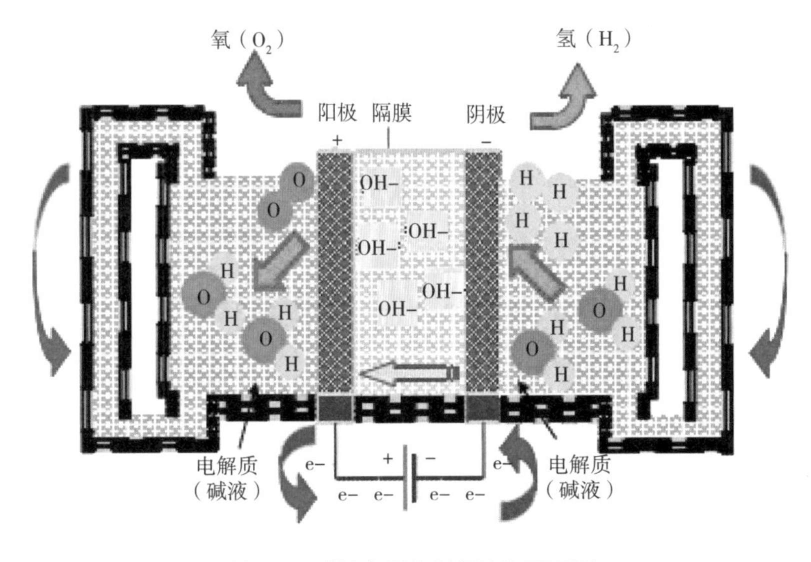

图 8.5　碱性电解水制氢结构原理图

期就实现了工业化。该技术较成熟，运行寿命可达15年。主要缺陷在于：①在液体电解质体系中，所用的碱性电解液（如氢氧化钾）会与空气中的二氧化碳反应形成在碱性条件下不溶的碳酸盐（如 K_2CO_3），导致多孔的催化层发生阻塞，从而阻碍产物和反应物的传递，大大降低电解槽性能；②碱性液体电解槽启动准备时间长、负荷响应慢，还必须时刻保持电解池的阳极和阴极两侧上的压力均衡，以防止氢氧气体穿过多孔的石棉膜混合引起爆炸。因此，碱性液体电解质电解槽难以与具有快速波动特性的可再生能源配合。

8.4.2.3 质子交换膜电解水制氢

PEM电解水又称固体聚合物电解质电解水，工作原理如图8.6所示。PEM电解槽的运行电流密度通常高于1安/平方厘米，至少是碱性电解水槽的4倍，具有效率高、气体纯度高、电流密度可调、能耗低、体积小、无碱液、绿色环保、安全可靠以及可实现更高的产气压力等优点，被公认为是制氢领域极具发展前景的电解制氢技术之一。

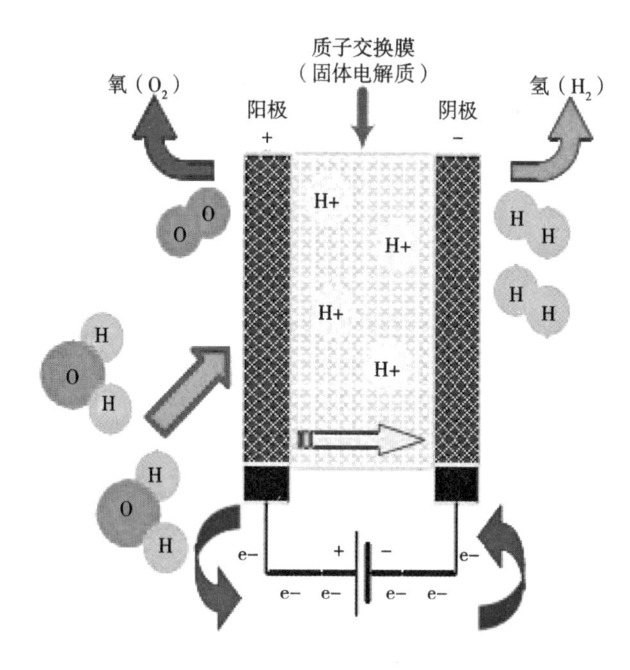

图8.6　PEM电解水制氢结构原理图

尽管PEM电解水制氢技术与可再生能源耦合方面优势明显，但若要更好地满足可再生能源应用需求，还需要在以下方面进一步发展：①提高PEM电解水制氢的功率，与大规模可再生能源消纳的需求相匹配；②提高电流密度和宽负荷变化工作能力，降低系统成本，实现可再生能源的高效消纳，同时便于辅助电网调峰、减轻电网负担，提高能源使用效率；③提高气体输出压力，便于气体储存和输送使用，减少后续的增压设备需求，降低整体能耗。

8.4.2.4 固体氧化物电解水制氢

高温固体氧化物电解电池即固体氧化物燃料电池的逆反应。阴极材料一般采用 Ni/YSZ 多孔金属陶瓷，阳极材料主要是钙钛矿氧化物材料，中间的电解质采用 YSZ 氧离子导体。其制氢过程为：混有少量氢气的水蒸气从阴极进入（混氢的目的是保证阴极的还原气氛，防止阴极材料 Ni 被氧化），在阴极发生电解反应分解成氢气和氧气，氧气在高温环境下通过电解质层到达阳极，在阳极失去电子。由于固体氧化物具有良好的热稳定性和化学稳定性，整个系统在高温下电解的电压较低，能量消耗较少，系统制氢效率高达 90%。但阳极与阴极材料在高温高湿条件下的稳定性和电堆系统在长时间运行下衰减过快等问题亟待解决。因此，高温固体氧化物电解电池技术目前仍处于技术研发阶段，德国的卡尔斯鲁厄等地有一些小型示范项目。

8.4.3 日本氢能利用的思路与案例

日本电力系统以集中式发电为主，福岛核事故暴露了现行体制的脆弱性。由于能源严重依赖海外供给、核电发展停滞等情况，日本能源自给率从 2010 年度的 20% 降至 2016 年度的 8% 左右。实现自给自足的分布式能源体系已成为日本能源转型的方向。构建氢能供给系统，在消费地就近使用，已被认为是一种有效、经济、安全的途径。特别是对自然灾害频发的日本来说，氢能的多种利用方式既适合分布式能源发展，也适用于大型集中发电，可大大丰富能源系统的灵活性。按照日本“氢能社会”国家战略的目标，氢能最终将与电能、热能一起构成新的二次能源供给结构，在整个社会得到普及和利用。日本《氢能源白皮书》预测，到 2030 年日本氢能将达到 1 万亿日元的市场规模，氢燃料发电量将占全国总发电量的 5%。

与欧美等国类似，日本根据《氢能与燃料电池战略路线图》的规划，已正式开展 PtG 项目的示范验证。其中，“福岛氢能源研究领域”项目以建成全球最大的可再生能源制氢、储氢、运氢和用氢的“氢能社会”示范基地和智能社区为目标，在福岛县浪江町建设运营 10 兆瓦的水电解装置。为了向全世界展示氢能发展成果，日本政府还斥资 3.5 亿美元为东京奥运会修建地下输送管道，将福岛氢能直接输入奥运村，使至少 100 辆氢燃料电池公交车以及训练设施、运动员宿舍等 6000 余座奥运村建筑全部通过氢燃料供能。与此同时，日本对标欧盟和美国，为 PtG 系统设定了世界最高标准的技术指标与成本目标，包括 2020 年之前实现投资成本 5 万日元 / 千瓦、2032 年左右在日本可再生能源固定价格收购制度下正式进入发电交易市场的商用化目标等。

除了福岛项目，日本还开展了氢气直接燃烧发电技术的开发及示范。日本企业大林组和川崎重工于 2018 年在全球率先实现以 100% 氢气作为 1 兆瓦级燃气轮机组的燃料，在测试期内即向神户市中央区人工岛 PortLand 内 4 个相邻设施（神户市医疗中心综合医院、神户港岛体育中心、神户国际展览馆和港岛污水处理厂）提供了功率为 1.1 兆瓦的电能和 2.8 兆瓦的热能。在政府补助金支持下，企业按照市场价格向 PortLand 地区的酒店、会议中心等供能，目前能够提供该地区电力和热力年需求量的一半，不足的部分由关西电力公司进行补充。为了实现氢能大规模发电，日本自 2018 年起同样在 PortLand 地区推进含 20% 氢的天然气混合燃料的燃气轮机混烧发电技术的实验与示范，并开展 500 兆瓦级燃气轮机的详细设计实验。按照日本《氢能与燃料电池战略路线图》的目标，2030 年氢能发电将实现商用化，发电成本低于 17 日元 / 千瓦，氢气发电用量达到每年 30 万吨，发电容量相当于 1 吉瓦；最终目标是发电成本低于 12 日元 / 千瓦，在考虑环境价值的情况下，与LNG火力发电保持同等竞争力，氢气发电用量达到每年500万~1000万吨，发电容量相当于 15~30 吉瓦。

8.4.4 我国氢能发展的趋势及建议

近年来，氢能发展在我国取得了令人瞩目的进展。2020 年 4 月，国家能源局对外发布《中华人民共和国能源法（征求意见稿）》，其中在能源的定义中将氢能列入；国家统计局自 2020 年起也将氢能纳入能源统计，这表明从国家监管的角度已逐渐承认氢能是一种正式的能源并进行管理。

我国当前氢能发展方向主要集中在氢燃料电池汽车领域，从国家政策的支持方向来看，氢燃料电池汽车与纯电动汽车或将共同形成我国新能源汽车未来发展的“双轮并行”态势。国内氢燃料电池汽车的发展路径与电动车类似，遵循从公交车、物流车再到乘用车的路径，此外重型卡车也是氢燃料电池汽车的重点发展方向。截至 2020 年年底，我国氢燃料电池汽车累计销量已超过 7000 辆，其中绝大部分为公交车和物流车。2020 年 10 月由工信部指导、中国汽车工程学会组织编制的《节能与新能源汽车技术路线图 2.0》提出，到 2035 年我国燃料电池汽车保有量将达 100 万辆左右。

从产业集聚的角度来看，氢能发展在现阶段仍将由政策主导，2020 年 4 月国家发改委等四部委联合发布《关于完善新能源汽车推广应用财政补贴政策的通知》，将原来面向全国的购置补贴方式调整为选择有基础、有积极性、有特色的城市或区域，重点围绕关键零部件的技术攻关和产业化应用开展示范，采取

“以奖代补”方式对示范城市给予奖励。通过国家补贴+地方补贴共同推动的方式，我国氢能产业在经济发达、基础设施配套完备、政府支持意愿高的区域将赢得快速发展，现阶段已逐步集聚形成长三角、珠三角、环渤海、川渝等四大产业集群区域。长三角率先发布的《长三角氢走廊建设发展规划》指出，燃料电池汽车保有量预计到2021年达到5000辆、到2025年达到50000辆、到2030年达到200000辆。《北京市氢燃料电池汽车产业发展规划（2020—2025年）》提出燃料电池汽车保有量2023年达到3000辆、2025年超过1万辆。

鉴于未来一段时期内我国氢能产业的发展前景，特提出以下建议。

首先，尽早将氢能放在生态绿色生产和消费体系中进行立法，结束目前我国氢能政策依据主要还以国家层面的产业规划政策和地方层面的试行规定为主的阶段。明确国家行业主管部门，坚持政府引导，加强顶层设计，制定我国氢能发展的中长期目标。积极发挥国家规划引导和政策激励作用，鼓励地方政府和企业结合自身优势科学制定政策和规划。

其次，重视氢源供应及储运的发展。可靠、低廉的氢源供应、储运及加氢站运维已被认为是氢能产业大规模发展的限制性环节。为实现与氢能下游应用的协同发展，应根据各地区氢源及制氢方式的不同，因地制宜地发展多元化氢源供应及储运，健全加氢站建设，规范审批管理制度，积极探索盈利模式，突破中国氢能发展瓶颈。

最后，积极探索发展各类氢能利用方式。氢燃料电池汽车仍是我国氢能发展的重点，但基于我国能源资源的禀赋特点、二氧化碳减排压力和可再生能源大规模接入的现实状况，氢能作为一种主要的二次能源载体，有必要、也有潜力在实现碳中和目标过程中发挥更大的作用。因此，应借鉴欧洲、日本等技术领先地区和国家在氢能发展方面的经验，探索更多、更好的氢能利用方案。

8.5　本章小结

本章介绍了碳交易市场、碳捕集利用封存、碳税征收政策以及氢能技术。

在碳交易市场构建方面，与欧盟等相对成熟的市场相比，我国碳市场刚刚起步，总体呈现行业覆盖较为单一、市场活跃度较低和价格调整机制不完善等特征。为此，厘清碳市场的运作机制对我国发展具有重要意义。

碳捕集、利用与封存是一项具有大规模温室气体减排潜力的技术，是未来减缓二氧化碳排放的重要技术选择。本章主要从碳捕捉技术、碳运输技术、碳利用与封存技术以及相关技术应用现状与展望等方面进行了介绍。

碳定价机制指生产商排放一定量的二氧化碳需支付相应费用的政策。虽然其经济原理较为简单，但由于涉及面广、影响因素众多，因此在实际执行过程中十分复杂。本章从全球碳税发展历程入手，掌握目前最新的碳税研究进展，最后落实到中国目前碳税征收的实情，并在此基础上展开相关政策研究。

氢能在我国未来零碳能源中有着十分重要的地位与作用。与其他可再生能源和技术路径相比，氢能有很多理论上的优势，但由于氢能 5~10 年才具有应用上的经济性，因此重点介绍了实现氢能高效利用的关键技术，并从日本氢能技术的应用思路与发展情况进行分析，直观认识到氢能的相关优势，最后从政策、环节、技术等方面提出我国氢能开发的趋势与建议。

参考文献

[1] 中华人民共和国国家统计局. 2016 中国统计年鉴［M］. 北京：中国统计出版社，2016.

[2] 中华人民共和国国家统计局. 2017 中国统计年鉴［M］. 北京：中国统计出版社，2017.

[3] 孙丽芝. 低碳技术创新面临的问题与对策探讨［J］. 机械管理开发，2011（1）：139-142.

[4] 杨星，范纯. 碳金融市场［M］. 广州：华南理工大学出版社，2015.

[5] 毕亚雄，施鹏飞，周杰，等. 国际清洁能源发展报告（2015）［M］. 北京：社会科学文献出版社，2016.

[6] 贺佑国，叶旭东，王震. 煤炭工业发展形势及“十三五”展望［N］. 中国能源报，2015-02-02.

[7] 廖夏伟，谭清良，张雯，等. 中国发电行业生命周期温室气体减排潜力及成本分析［J］. 北京大学学报（自然科学版），2013，49（5）：885-891.

[8] 刘胜强，毛显强，邢有凯. 中国新能源发电生命周期温室气体减排潜力比较和分析［J］. 气候变化研究进展，2012，8（1）：48-53.

第9章　煤炭清洁低碳转型前景展望

煤炭是我国能源的基石，党中央、国务院高度重视煤炭行业的健康发展和煤炭资源的清洁利用，习近平总书记深刻阐述了推动能源生产和消费的“四个革命、一个合作”能源安全战略，为煤炭工业的科学发展指明了方向。推进煤炭的低碳、清洁、高效开发与利用，是实现能源生产和消费革命的必由之路。本章重点介绍煤炭清洁低碳转型中能源体制升级、能源供需安全、技术手段革新、气候环境治理四方面所面临的挑战，并对煤炭作为燃料、原料、材料三种用途的清洁低碳转型进行展望。最后，基于煤炭清洁低碳转型所面临的挑战和未来的发展前景，提出助力煤炭清洁低碳转型在政府、企业、个人三个层面的政策建议。

9.1　煤炭清洁低碳转型面临的挑战

作为全球最大的发展中国家以及最大的碳排放国之一，我国提出“双碳”目标具有深远意义，但现阶段我国在碳减排、气候治理等方面存在诸多短板，经济结构和能源结构决定了该目标实现的艰难。如何绿色开采、科学用煤是国家2030年碳达峰与2060年碳中和愿景实现的关键，如图9.1所示为煤炭清洁低碳转型案例。

当前，我国整体处于工业化中后期阶段，传统的“三高一低”（高投入、高能耗、高污染、低效益）产业仍占有较高比例。相当规模的煤炭业在国际产业链中还处于中低端，存在生产管理粗放、资源用量大、产品能耗物耗高、产品附加值低等问题。新形势下，我国煤炭转型升级面临自主创新不足、关键技术“卡脖子”、能源资源利用效率低、各类生产要素成本上升等挑战。总的来说，煤炭清洁低碳转型的实现需要推动能源体制升级、保障能源供需安全、加快技术手段革新以及坚持气候环境治理。

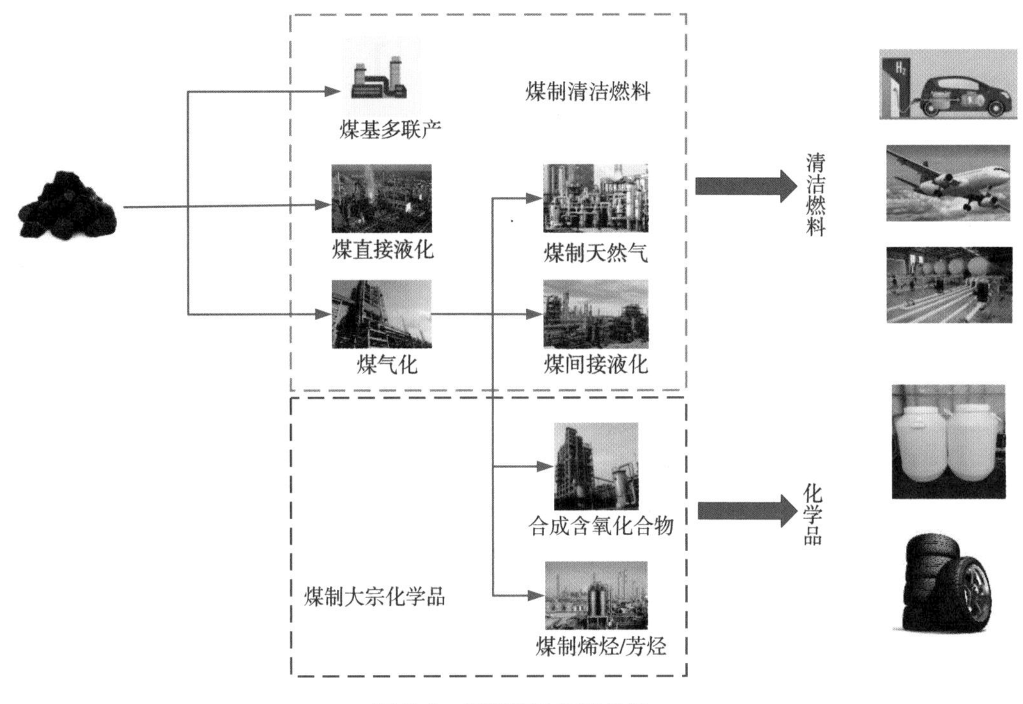

图 9.1　煤炭清洁低碳转型

9.1.1　能源体制升级挑战

我国现行的煤炭能源体制存在一些深层次矛盾和问题，难以适应煤炭高质量发展的要求。能源体制机制改革逻辑与思路应以市场制度与管理监管机制协同作用，改变市场结构、改进市场机制，以价格机制为核心促进市场竞争、技术创新，从而加快煤炭清洁低碳转型。能源体制机制改革逻辑与思路如图 9.2 所示。

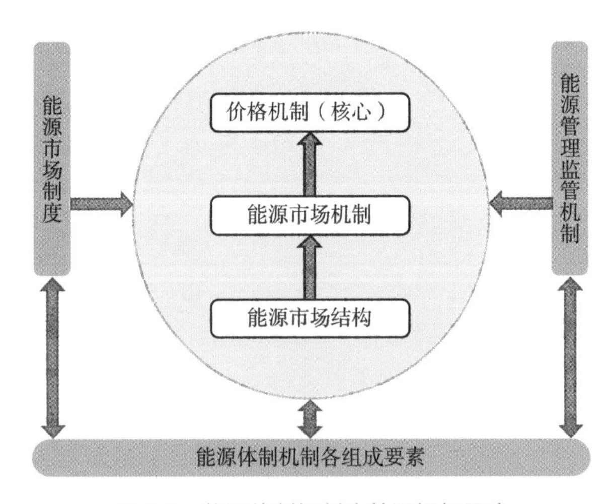

图 9.2　能源体制机制改革逻辑与思路

9.1.1.1 煤炭行业体制机制不完善，构建清洁低碳安全能源体系需要新突破

改革开放四十多年来，虽然我国煤炭行业体制机制建设取得了明显进展，但是煤炭行业行政管理体制随着煤炭机构的改革也在不断调整，经历了反复多次的集中与分散演变，带来行政管理主体或机构设置交织等问题，已影响到煤炭法律制度体系的运行实效。需要尽快建设更加完整的法律体系结构，理清政策法律支撑、监督有力、运行规范的保障机制，加强各法律法规和规章之间的衔接，形成公平开放的竞争环境，充分保障不同参与主体的合法权利，为"双碳"目标实现提供制度保障。

9.1.1.2 煤炭行业管理和监管机制有待提高

我国政府在煤炭业管理上存在越位和错位现象。从最新国家立法层面看，《中华人民共和国煤炭法》在表述政府管理主体时提及了不同层级的政府部门，过多的政府部门极易导致管理主体的内部分工、职责权限的交叉重叠或空白缺漏，也使政府对市场的干预力量较大，不能够很好地厘清政府与市场的职责与边界。因此，需要尽快解决管理职能分散、多头管理等问题，建立相对独立的监管体系，实现强监管能力和高水平标准规范。

9.1.1.3 煤炭领域长期秉持政府主导地位，能源效率低下

"政府替代市场，垄断替代竞争"，经济增长方式没有实现从粗放到集约的根本转变，市场机制的决定性作用未在资源配置中得到充分发挥。从市场机制看，煤炭清洁低碳转型的相关市场机制还不完善，目前无法对"双碳"目标给予足够的支撑。从煤炭市场看，现阶段煤炭市场主体多为国有大型企业，民营资本进入受到一定限制，造成市场竞争不充分、垄断经营等问题。应采取多元治理手段，合作互动、协同推进转型发展。但这并不代表市场手段与政府手段相悖，而是通过区分煤炭品类、厘清政府与市场的职责与边界，建立包括政府、市场以及第三方的多元煤炭治理主体。

9.1.1.4 煤炭行业财税政策不合理

现行煤炭价格是在市场形成价的基础上，通过建立价格区间调控机制，实现有效市场和有为政府的更好结合，以防止煤炭价格大起大落。但是，当前的煤炭财政税收政策没有很好地与石油、天然气、新能源等财税政策相协调，导致未形成一个综合性能源财税政策。与此同时，煤炭行业存在税务负担重等问题，部分煤炭企业存在虚开、逃税等诸多涉税犯罪行为，严重危害煤炭行业的稳定快速发展。

9.1.2 能源供需安全挑战

煤炭安全是关系国家经济社会发展的全局性、战略性问题，对国家繁荣发展、人民生活改善、社会长治久安至关重要。因此，需要着重调整煤炭供需体系结构，大力发展替代型能源，同时要时刻关注国际形势变化。

9.1.2.1 煤炭转型是解决我国能源安全问题的关键一步

煤炭资源一直以来都是我国的主体能源和重要原料，这使得在短期内难以改变以煤为主的能源结构，因此，我国能源转型的主要任务和主要立足点是推动煤炭清洁高效利用。大力发展煤炭清洁低碳转型，可以提高煤炭资源高效利用，在一定程度上缓解我国石油、天然气等消费的巨大压力，还可以有效控制污染物排放、缓解大气环境压力。煤炭清洁化利用主要在于攻克其关键技术以及解决高成本问题，技术不成熟以及较大的投资风险会给我国能源安全带来较大影响。

9.1.2.2 气候变化、环境保护等问题是我国能源安全的重要问题

随着全球变暖、空气污染等问题的加剧，各国愈发重视能源的低碳化和清洁化利用。我国还未摆脱“三高一低”局面，煤炭的高效清洁利用水平较低，煤资源和水资源消耗量大，“三废”排放及治理难度高。相对落后的技术以及不合适的体制导致煤炭等能源的开采、利用排放大量污染物，对气候环境造成极大破坏，延缓了我国能源安全问题的进一步解决。

9.1.2.3 替代能源发展是我国能源安全的重要保障

当前，我国替代能源发展不足，其中煤制油、煤制气等煤化工产业以大量耗煤为生产基础。发展清洁能源，可以保障能源安全、应对气候变化和减少环境污染。但清洁能源发展存在较大障碍：一是生成清洁能源技术落后；二是存在省间壁垒，即缺乏跨省跨区消纳政策和机制；三是电源与电网之间发展不协调，清洁能源外送通道建设滞后，导致目前我国清洁能源总体量小、影响力弱。

9.1.2.4 国际形势变化是影响我国能源安全的外部因素

当前全球能源供给大格局是不平衡的中国—美国—中东—俄罗斯四强并立，需求大格局是中国居首的中国—美国—欧洲三强鼎立。据专家预测，未来十年国际能源供需格局会出现一定变化，贸易保护主义的影响将继续扩大，全球变暖和环保问题日益严峻，在给能源安全研究带来新课题的同时，也给我国能源安全带来新的挑战，如表 9.1 所示。

表 9.1 我国能源安全面临的国际挑战

国际情况	影响	挑战	结论
美国页岩油气革命的发展	国际能源供需格局发生变化	我国能源缺口和能源进口双增加，能源安全性进一步减弱； 美国对能源供给和价格影响力增强，若中美经贸摩擦进一步扩大，我国能源安全将受到更大挑战； 生产技术的控制权将成为影响能源安全的重要因素	我国必须提高对技术的控制力
贸易保护主义增强	破坏经济全球化格局	对能源贸易产生影响，对能源技术引进、对外能源投资等产生不利影响，从而阻碍我国能源安全问题的改善； 进一步推动逆全球化发展，影响全球贸易和投资，加大我国解决能源安全问题的困难	维护多边主义，积极推动经济全球化格局发展

9.1.3 技术手段革新挑战

现阶段，我国煤炭科技整体水平在全球局部领先、部分先进、总体落后；创新模式有待升级，引进技术成果较多，但与国情相适应的原创成果不足，缺乏核心技术，部分技术存在成本较高等问题；创新体系不够完善，普遍存在创新活动与产业需求脱节的现象，且各创新单元同质化发展、无序竞争、低效率及低收益问题较为突出，部分工艺和材料对外依存度高。

9.1.3.1 生产制造核心技术对低碳转型支撑不足

国际能源署认为节能提效是实现二氧化碳大规模减排的最主要途径。而我国煤炭生产、转化、利用全过程的“节能提效”还面临诸多核心技术瓶颈，如二氧化碳捕集、封存与监测等技术尚未成熟，低能耗、碳循环利用技术还未攻克等，目前还不具备建成大规模低碳清洁高效能源体系的能力。

9.1.3.2 深度脱碳技术成本高且不成熟

从煤炭使用角度看，我国是一个以煤炭为主要能源的国家，实现碳中和，需要加强煤炭清洁低碳转型，实现煤炭开采、加工、提炼的净零排放甚至负排放。从科技创新角度看，低碳、零碳、负碳技术的发展尚不成熟，各类技术系统集成难、构成复杂，涉及可再生能源、负排放等领域的不同低碳技术的技术特性、应用领域、边际减排成本和减排潜力差异较大。例如，CCUS 技术（如图 9.3 所示）成本高昂，收益却不理想，如果坚持当前政策、投资和碳减排目标等，现有低碳、零碳和负排放技术将难以支撑我国到 2060 年实现碳中和。

9.1.3.3 先进清洁超低排放燃煤发电技术仍存在问题

我国电力需求及装机容量持续高速增长，同时面临环境污染和生态破坏的严峻挑战。发展先进清洁超低排放燃煤发电技术是解决目前电力需求以及煤电清洁化和高效化的有效途径与战略选择。虽然近年来我国部分发电企业进一步控制了污染物排放、提高了能效利用，先后研发并投入使用了零能耗脱硫技术、电除

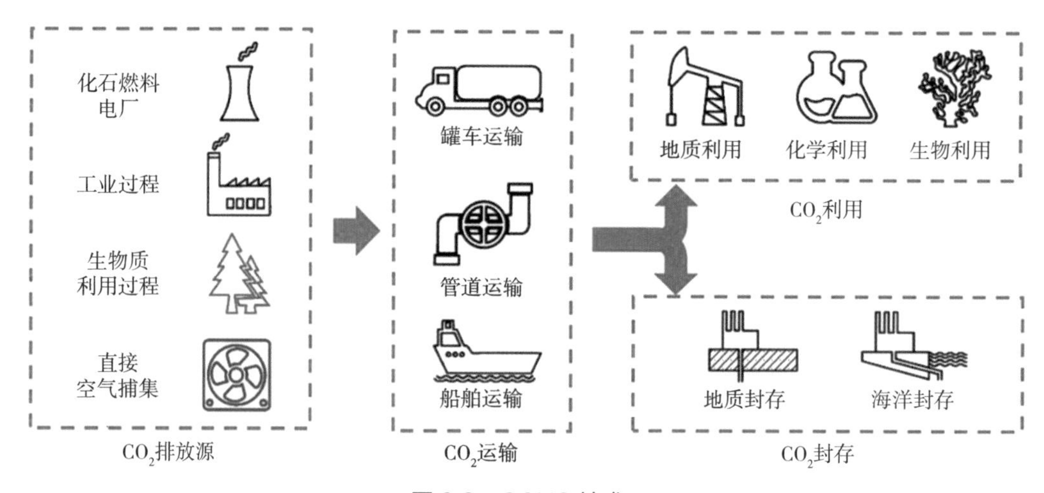

图 9.3 CCUS 技术

尘系统优化技术、节能型全天候脱硝技术、低排放高水分劣质煤掺烧技术和脱硫扩容增效技术等，但依然有很多发电企业不具备清洁超低排放能力。值得关注的是，超低排放改造过程需要承担巨大的资金、时间成本，而且即使在改造完成后，也依然无法很好地解决煤炭消费利用过程中的低碳化这一难题。

9.1.3.4 整体煤气化联合循环发电技术投资运行成本高

整体煤气化联合循环（Integrated Gasification Combined Cycle，IGCC）发电技术把煤炭气化和煤气净化与联合循环发电技术结合在一起，是一种先进的洁净煤燃烧发电技术。IGCC 发电技术具有超低的硫、氮排放以及发电效率高、水耗小等优点，能够实现先进清洁超低排放燃煤发电技术，但不能解决低碳化问题；而且以气化为基础的 IGCC 发电技术如仅用于发电，会产生极高的经济代价，并不适合在全国范围内大量使用。典型的 IGCC 系统工作流程如图 9.4 所示。

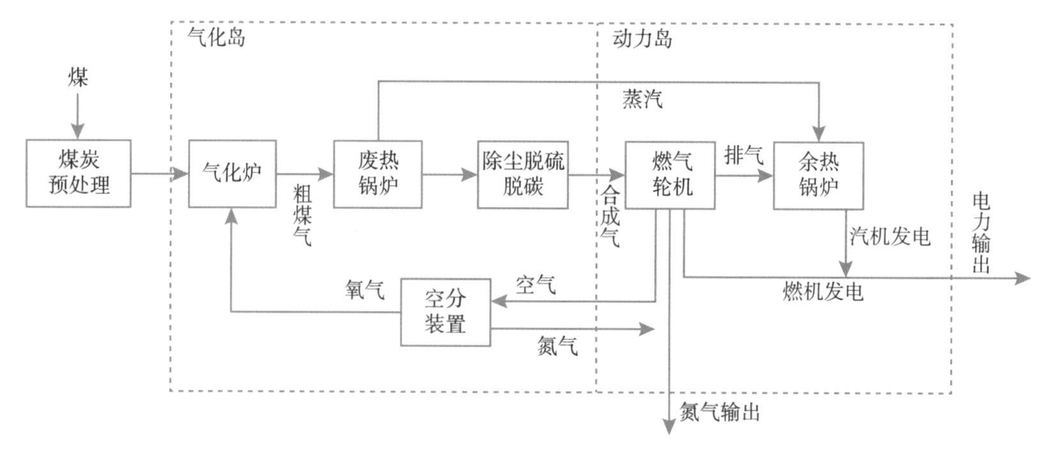

图 9.4 典型 IGCC 系统

9.1.3.5 煤基多联产部分关键技术有待提高

煤基多联产技术是以煤为原料，利用从单一设备（气化炉）中产生的“合成气”（主要成分为一氧化碳 + 氢气）进行跨行业、跨部门的生产，以得到多种具有高附加值的化工产品、液体燃料（甲醇、F–T 合成燃料、二甲醇、城市煤气、氢气）以及用于工艺过程的热并进行发电等，工作流程如图 9.5 所示。其生产的多种高附加值产品可缓解能源供需矛盾和液体燃料短缺，生成的合成气可以在气化炉内高效地脱除各种污染物，并且煤气化整个工艺过程中二氧化碳浓度高，易于捕捉，降低了二氧化碳的捕捉成本。但是，煤基多联产技术不是煤炭转化技术的简单叠加，目前我国的煤基多联产技术发展和应用还处于初级阶段，在基础理论、系统优化及完善方面仍有诸多问题（如高效气化、分级气化、稀有元素提取、燃料电池、高效高温净化和灰渣综合利用等重大关键技术问题）亟待解决。

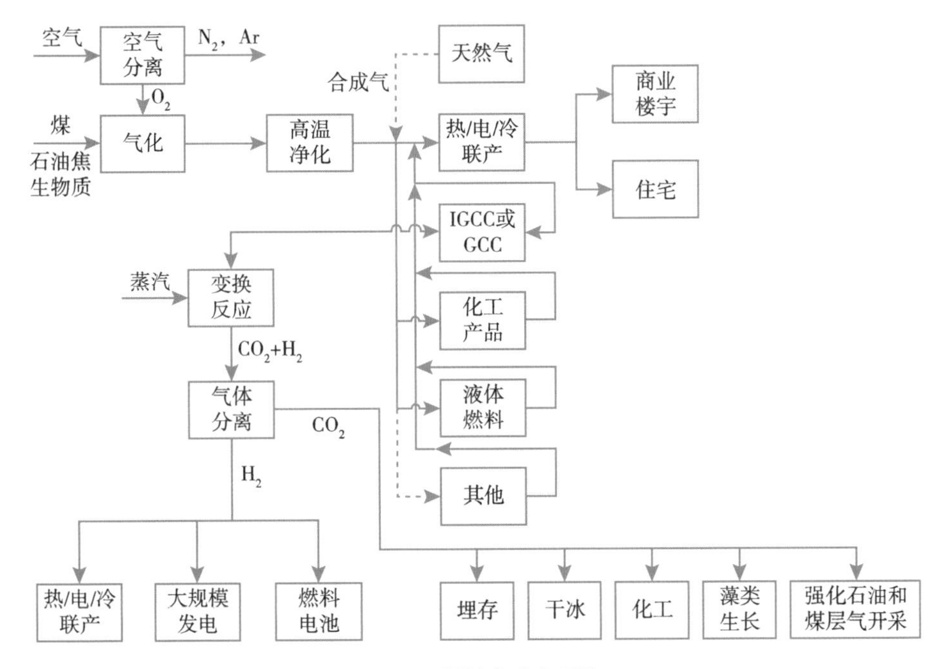

图 9.5 煤基多联产系统

9.1.4 气候环境治理挑战

我国能源消费量大且以高碳化石能源为主，大规模煤炭等能源开发利用带来的生态环境恶化以及能源消费所导致的污染排放正日益超出环境的承受能力，将使我国未来在应对气候变化问题上受到越来越大的国际压力。因此，应加快现行机制改革，加大投入大气环境等治理资金，提高煤炭等能源开采技术，增加绿色煤炭资源量比重。

9.1.4.1 “以煤为主，多种经营”的机制制约了节能减排工作的发展

近年来，我国煤炭企业发展较快，规模经营和新上项目较多，由于前期缺乏科学系统规划，导致上马了部分污染较大、耗能较高的非煤项目，主要涉及化工、造纸、冶金、建材等行业。项目建设虽促进了煤炭主业的发展，但与目前节能减排现状和现实要求不吻合，而且由于煤炭企业缺乏相关环境污染治理技术和专业人员，严重影响了煤炭企业节能减排工作的快速深入推进。再加上现代化煤炭企业跨区域、跨行业发展快，部分新上项目的节能减排管理和治理更趋于复杂化、多样化和综合化，加大了发展节能减排的难度。

9.1.4.2 环境治理滞后及资金来源缺乏不利于生态环境保护

近年来，煤炭开采造成的生态环境破坏量大、面广，随之引发的滑坡、泥石流、煤层自燃、矸石山爆炸等次生环境灾害时有发生，生态环境形势日益严峻。相关问题的解决需要投入大量资金进行长期恢复治理。虽然我国在建立生态环境恢复补偿机制方面做了不少努力，但由于长期以来在煤炭开发生产中轻视生态环境保护、缺乏有效的治理责任制度和经济补偿机制，导致矿山生态环境保护投入严重不足，煤炭矿山生态环境保护与综合治理难度较大。

9.1.4.3 不合理的煤炭开采及使用引发严重的气候环境问题

煤炭在开采、洗选、加工、储运、利用等全生命周期内，如果相关措施不到位，将会产生大量废水、废气、固体废弃物及噪声等，将对大气环境、水环境、土壤、地质地貌和生态环境造成严重破坏。例如，煤炭在燃烧时会生成硫氧化物、氮氧化物、碳氢化合物以及热烟道气带入大气的灰粒，此外还会生成少量的有毒元素、放射性元素，这些物质吸附在灰粒表面，当散发到大气中，将通过各种化学反应转变成其他物质，对人类健康和气候环境造成极大破坏。

9.1.4.4 绿色煤炭资源量比重过小，煤炭资源回收率较低

我国煤炭资源量丰富，但煤炭资源所处地质结构、埋藏条件各不相同且含硫等成分有差异，导致煤质差别较大，其中的绿色资源量较少。根据测算，绿色煤炭资源量仅占煤炭资源量的 1/10 左右，仅可开采 40~50 年。由于煤炭资源管理粗放、技术设备落后，我国矿井资源回收率与发达国家相差较大，大大缩短了矿井服务年限，很多生产矿井面临资源枯竭的压力。

9.2 煤炭清洁低碳转型展望

我们应该意识到，我国经济社会发展离不开煤炭，碳达峰碳中和（具体概念如图 9.6 所示）需要长期努力才能实现，在 2030 年前的近 10 年碳达峰过程中以

及在2060年前的近40年碳中和过程中，仍需要煤炭发挥基础能源作用，做好经济社会发展的能源兜底保障。客观研判“双碳”目标下，我国能源消费结构和煤炭消费演变趋势，科学规划煤炭生产规模和产量，推动煤炭行业与经济社会同步实现高质量发展，支撑新能源稳定接续以煤为主的化石能源成为主体能源，是实现“双碳”目标与能源安全稳定供应双重目标的客观要求。可以预见，随时间推进，煤炭的能源定位将由基础能源逐步发展为支撑能源（如表9.2所示）。

某一个时刻，二氧化碳排放量达到历史最高值，之后逐步回落

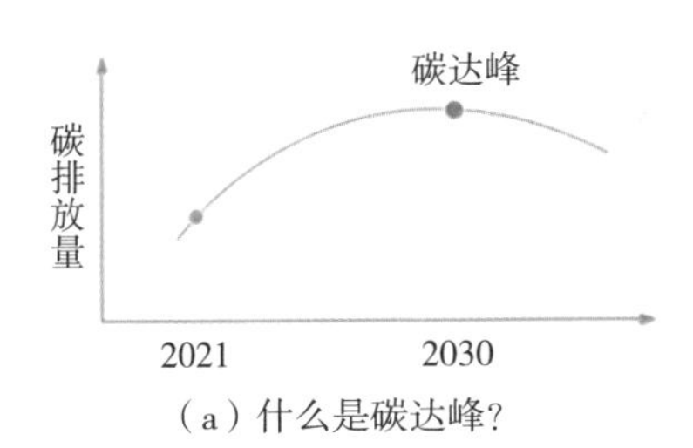

（a）什么是碳达峰？

通过植树造林、节能减排等形式，抵消自身产生的二氧化碳或温室气体排放量，实现正负抵消，达到相对“零排放”

（b）什么是碳中和？

图9.6　碳达峰碳中和概念

表9.2　“双碳”背景下我国煤炭行业发展形势研判

时期	2021—2030年	2031—2050年	2051—2060年
发展阶段	缓慢过渡期	关键过渡期	过渡结束期
定位描述	能源消费保持在较高水平，新能源增量赶不上能源需求增量	煤炭利用逐步向电力调峰、碳质还原剂以及保障能源供应安全等用途集中	煤炭只剩下电力调峰、碳质还原剂以及保障能源供应安全等不能被替代的用途
煤炭消费趋势	煤炭消费量维持在35亿~45亿吨/年，能源消费占比下降到50%左右	煤炭消费量下降到25亿~35亿吨/年	煤炭消费量下降到12亿~15亿吨/年
能源定位	基础能源	保障能源	支撑能源

目前，我国煤炭使用从利用方式上大致可分为燃料、原料、材料三种。其中，煤炭作为燃料使用的领域主要有燃煤发电用煤、各类燃煤锅炉用煤以及民用散烧煤；煤炭作为原料使用的领域主要有焦炭、电石、合成氨等传统煤化工用煤以及煤制油、煤制甲醇、煤制二甲醚、煤制烯烃、煤制乙二醇等新型煤化工用煤；煤炭作为材料使用的领域主要有煤基新材料领域，包括煤基高端碳素材料、煤基交联聚乙烯、高性能改性聚丙烯等。

9.2.1 煤炭清洁低碳转型展望（到 2030 年）

《国务院关于印发 2030 年前碳达峰行动方案的通知》中对能源绿色低碳转型行动和煤炭行业提出了如下要求：推进煤炭消费替代和转型升级；加快煤炭减量步伐，“十四五”时期严格合理控制煤炭消费增长，“十五五”时期逐步减少；严格控制新增煤电项目，新建机组煤耗标准达到国际先进水平，有序淘汰煤电落后产能；加快现役机组节能升级和灵活性改造，大力推动煤炭清洁利用，推进重点用能设备节能增效。

9.2.1.1 煤炭作为燃料转型展望

煤炭作为燃料方面要实现碳达峰目标，应逐步降低火电厂的平均供电标准煤耗，力争 2030 年前实现全面的煤炭清洁高效利用，完成煤炭行业向技术密集型行业转型。本阶段的实现路径主要通过节能提效来减少煤炭消耗，具体包括推动绿色矿山建设、加强煤炭清洁高效利用，从淘汰落后用煤、节能技术更新、清洁利用技术改造等方面发展洁净煤技术。

一是推动绿色矿山建设。绿色矿山建设以资源合理利用、节能减排、保护生态环境和促进矿地和谐为主要目标，实施的标志为采取了绿色开采措施、减轻或避免生态损害。煤炭开采端主要涉及高耗能和环境污染，如粗放式开采导致的高耗能、矸石污染、瓦斯排放等。建设绿色矿山，应从以下几点开展行动：①开采方式现代化，要求提升采出率、选矿回收率，加强清洁生产；②资源利用高效化，要求提升矿产资源综合利用率和废弃资源回收率；③采矿作业清洁化，要求矿山建设项目环境保护措施执行“三同时”（即必须与主体工程同步设计、同时施工、同时投产使用）制度，落实矿山生产全过程（生命周期）环保措施。

二是加强煤炭清洁高效利用。一方面，要提高燃煤机组性能，这是重要的低碳发展路径。包括采用大型高参数、高效、超低碳排放的燃煤发电机组替代中小型燃煤机组，淘汰高煤耗的落后供热锅炉；继续推进燃煤机组的节能技术与超低排放技术改造，发展煤电热冷多联产，全面提升煤炭的综合利用效率。另一方面，要发展洁净煤技术，这是减少环境污染、降低碳排量最现实、最有效的办法之一。洁净煤技术是指煤炭开采利用全过程中采用的减少污染物排放和提高利用效率的加工、转化、燃烧及污染控制等新技术，包括洁净生产技术、洁净加工技术、高效洁净转化技术、高效洁净燃烧与发电技术和燃煤污染排放治理技术等。

9.2.1.2 煤炭作为原料转型展望

2021 年 9 月 13 日，习近平总书记在视察国家能源集团榆林化工有限公司时指出“煤化工产业潜力巨大、大有前途，要提高煤炭作为化工原料的综合利用效能，促进煤化工产业高端化、多元化、低碳化发展”，上述重要讲话为我国现代煤化工产业的发展指明了前进方向。

近20年来，我国现代煤化工产业取得了长足进步，在全球处于领先地位。在煤制油化工核心技术、专用催化剂、关键设备等科技创新方面实现重大突破，先后掌握了大型先进煤气化、煤直接液化、煤间接液化、煤制烯烃、煤制乙二醇、煤制天然气等一批煤转化与后续加工的核心技术，基本实现了现代煤化工高端制造业产业链、供应链的自主可控，为实现煤炭清洁高效利用打下了坚实基础。进一步发展煤化工，必须解决煤化工能源利用效率问题，将碳减排技术与煤化工工艺耦合，实现煤化工技术的变革与可持续发展。预计到2030年，我国现代煤化工发展将具备替代石油约10%的能力，起到弥补石油、天然气和大宗石化产品缺口以及保障近中期国家能源安全的核心作用。

一是提高煤化工产业能源利用效率。当务之急是做好现有煤化工装置节能增效、系统优化和综合利用的技术措施，以现代煤化工带动传统煤化工升级，淘汰或迭代落后产能；延伸煤化工产品链，增加特种燃料、高附加值产品和新材料的生产，逐步向大型化、集约化、产品多元化和高值化方向发展；进一步降低能耗、煤耗和水耗，提高整体能量利用效率和碳的利用率，从而实现二氧化碳相对减排，降低单位万元GDP的二氧化碳排放。预计到2025年，我国现代煤化工产业与2020年相比，能效水平提高5%、二氧化碳排放降低5%、单位工业增加值水耗降低10%。

二是加强碳的循环与封存能力。煤化工工艺脱碳工段会排放大量的二氧化碳，与CCS/CCUS技术耦合对接，至少可以减少60%以上的二氧化碳排放。现阶段，我国CCS/CCUS项目规模尚小，高昂的成本投入是制约项目大规模开展的主要原因。2021年7月，我国碳交易市场正式上线，碳定价和碳补贴将对CCS/CCUS项目发展起到激励作用。随着CCS/CCUS技术的不断突破以及二氧化碳封存成本的持续降低与合理碳税的加持，预计2030年我国CCS/CCUS技术将实现规模化推广应用，有可能使煤化工产业减少亿吨级以上的二氧化碳排放。

9.2.1.3 煤炭作为材料转型展望

当前，全球面临新一轮科技革命和产业变革，掌握新材料产业的话语权成为各方争夺的焦点。在碳基新材料领域加快提高碳纤维、石墨烯、超级电容炭等技术成熟度的同时，推进碳基合成新材料产业化应用，将是本阶段煤炭作为材料使用清洁转型的主要发展趋势，这对于谋求碳基新材料在全国产业链中占据更高位置具有重要意义。

一是加快提高碳纤维、石墨烯、超级电容炭等技术成熟度。推进煤炭从能源向材料转化，是煤基新材料产业发展的一个必然立足点，也是重要支撑。目前，我国碳基新材料技术取得了一定的研究进展，但整体产业尚处于培育期，规模化推向市场的产品较少；一些领域的关键技术受制于发达国家，高端产品仍依赖进口。可以说，我国碳基新材料的转型升级已经从制备这个技术的“点”过渡到应用技术开发的这个“面”上了。面向应用，既有广阔的空间，也有无限的难题和无限可能的未来。从长远来看，碳基新材料市场化前景是毋庸置疑的，但从短期来看也是困难重重的。

二是推进碳基合成新材料产业化应用。我国石墨烯产业发展较快，三个地区的石墨烯产业已经形成规模。首先是苏锡常地区，代表企业有第六元素、格菲、二维碳素等；其中粉体企业和石墨烯薄膜企业各占一半，粉体企业目前在寻找与传统制造业的结合，薄膜产业在探索新的产业。其次是山东省，这里有全国最大的石墨储量基地，企业主要分布在济南和青岛，产品以粉体石墨烯为主。再次是珠三角地区及深圳周边的城市。该区域金融业发达，吸引了众多创业型企业，具有一定的技术特色，但多处于孵化期或潜伏期，等待市场或是政策的机遇。

石墨烯产业发展的关键问题是应用。石墨烯企业都在寻求新的应用方式，都在针对自己产品的特点做特异性的应用开发。石墨烯最早的应用是防腐涂料和复合材料，目前这两个行业涉及的实用领域最广、产生效益最快，几乎所有的粉体石墨烯行业都在做这一领域的尝试。因此，石墨烯产业化应用将是现阶段及未来很长一段时间内煤炭作为材料升级转型的主要着力点。

9.2.2　煤炭清洁低碳转型展望（到 2060 年）

碳中和要求通过植树造林、节能减排等形式抵消自身产生的二氧化碳或温室气体排放量，实现正负抵消，达到相对零排放。在碳中和实现过程中，应当突出煤炭的原料属性与安全应急保障属性，转型打造多元化的新市场和新经济特色。一方面，要实现角色属性转型——应急储备能源与油气替代资源，将煤电从基础能源转为可再生能源的备用电源，发挥“托底”作用；另一方面，基于煤炭转化技术，将煤炭资源作为重要工业原材料，打造绿色、低碳煤炭原料与应急能源的新型煤炭行业。煤炭未来的重点转型方向是打造煤炭资源清洁转化产业与新的煤炭消费市场，将煤炭资源从能源转向原料。

9.2.2.1　煤炭作为燃料转型展望

本阶段煤炭作为燃料方面碳中和的实现路径主要是加快矿山生态恢复，加强碳封存、利用能力，实现地下热电气一体化生产，从而推动煤炭行业低碳利用与碳汇能力建设，赢取煤炭消费市场和发展空间。

一是加快矿山生态恢复。矿山生态修复通过矿区环境生态化、矿区社区和谐

化来实现自然 – 社会 – 经济复合生态系统的转变，本质上是一种基于自然条件与人工引导措施来促进退化生态系统恢复的过程。一方面，矿区环境生态化要求推进煤炭生产区域的环境保护设施建设，主要通过自然恢复与保护、人工修复与营造、大力建设生态林，推进塌陷区治理、露天排土场复垦绿化。另一方面，矿区社区和谐化要求推进矿区基础设施配套建设，发展沉陷区设施农业，如推进机械化、设施化、自动化、智能化、节能低碳的现代农业；按照城市、矿企一体，适度超前、共建共享的思路，推进交通、供电、供水、管网、通信、消防、减灾等矿山基础设施的规划建设，推进交通、水利、通信、环卫等基础设施向周边社区的延伸，实现矿区和城市基础设施的对接和共享。

二是实现地下热电气一体化生产。到2060年，煤炭行业有望步入井下无人、地上无煤的时代，实现深地原位利用和煤、电、气、热、水、油一体化供应，以及太阳能、风能、蓄水能与煤炭协同开发，基本实现近零排放。

9.2.2.2 煤炭作为原料转型展望

煤炭的原料化使用是煤炭利用的重要方向和领域，尤其是新型煤化工。在作为原料升级转型助力碳中和阶段，煤炭的主要发展趋势是通过各种新技术助力煤化工更加绿色清洁、二氧化碳利用更加高效充分。

一是煤化工与绿电绿氢技术耦合。在煤化工工艺中使用绿电代替煤电，可使煤化工生产过程中的二氧化碳排放间接减少5%左右。此外，用绿氢和氮气直接合成绿氨，也将大幅减少或取消煤基合成氨的生产，直接减少上亿吨的二氧化碳排放。未来在绿电绿氢充足的条件下，依赖煤电和煤焦的煤 – 焦炭 – 电石 – 化学品 – 材料产品链可转变为近零碳排放的生物焦 – 电石 – 化学品 – 材料的产品链路线，使传统电石化工产业获得新的发展机会。

二是二氧化碳资源化利用技术。如图9.7所示，煤化工脱碳工序排放出的大量高浓度二氧化碳可与绿氢通过催化反应合成甲醇、低碳烯烃、液体燃料、化学

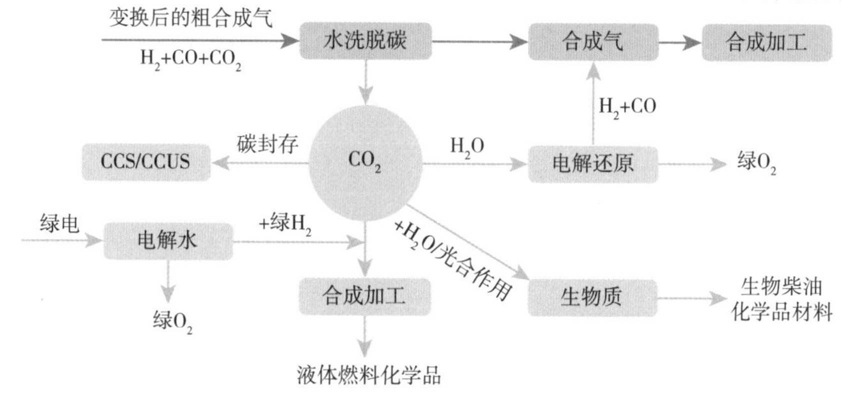

图9.7 煤化工中二氧化碳封存及资源利用技术示意

品等，也可与绿氢通过逆水煤气转化为一氧化碳重新进入合成系统，也可用绿电电解还原二氧化碳和水为合成气再进入合成系统，此外还可用生物法（如某些微藻类植物可在高浓度二氧化碳和合适的光照与温度下快速生长，大幅提高二氧化碳吸收固碳效率）生产生物柴油、精细化学品和蛋白质等产品。

从远期来看，如果人类将来不再或很少使用化石燃料，但仍然需要碳基燃料、碳基化学品和碳基材料来维持社会发展运行的话，届时有可能缺乏由化石燃料加工或使用过程中捕集到的高浓度二氧化碳原料用于二氧化碳资源化利用。因此，未来也可研究直接从空气捕集二氧化碳技术来生产高浓度的二氧化碳。如图9.8所示，以空气中的二氧化碳为原料，使用绿电绿氢合成人类所需的碳基燃料、碳基化学品、碳基材料、化肥甚至淀粉、蛋白质等；这些产品再经消费使用及降解处理后重新排放出二氧化碳和水，进入空气，整个体系形成碳循环闭环。这一设想可能使人类以太阳能（太阳光、光伏、风电）、空气（二氧化碳、N_2）和水为原料规模化生产所必需的燃料、化学品和材料，也许是人类未来摆脱化石能源、实现碳中和的终极技术方案。若实施这一技术方案，我们目前在煤化工技术上所掌握的成熟的合成与加工技术仍将发挥重要作用。

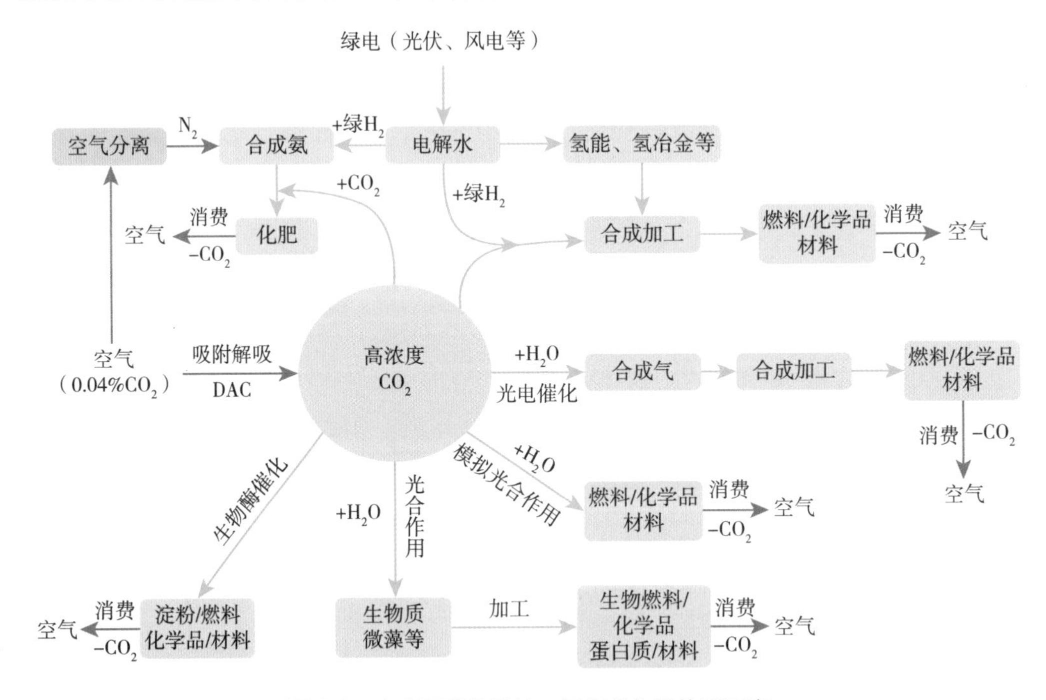

图9.8　未来零碳排放的二氧化碳化工体系示意

9.2.2.3　煤炭作为材料转型展望

煤基新材料作为21世纪的战略性新兴材料，在煤炭实现清洁转型的过程中举足轻重。在全球科技界和产业界都处在积极探索和寻找下一代关键半导体材料的十字路口前，突破煤基新型关键材料的技术瓶颈将为我国引领未来科技与产业变革打下坚实基础。

煤基新材料作为煤炭清洁转型的重要应用，在助力碳中和的发展阶段势必将焕发出新的生机，主要体现在两个方面：①各种煤基新材料的各种关键技术将更加成熟高效；②煤基新材料的应用将更加广泛，产业化发展将更加成熟，石墨烯等煤基新材料的应用将由电池、电子元器件或过滤膜材料的应用逐步扩展至燃料等各个方面。

一是通过二氧化碳制备石墨烯。德国卡尔斯鲁厄理工学院的研究人员开发了一种利用二氧化碳直接合成石墨烯的方法：在 1000℃下，借助一种经过特殊处理的活性催化金属表面，将二氧化碳与氢气直接转化形成石墨烯（图 9.9），并在进一步实验中生产出具有多层厚度的石墨烯，可应用于电池、电子元器件或过滤膜材料中。在实现碳中和阶段，相信以二氧化碳作为制备煤基新材料原料的应用将更为通用、成熟。

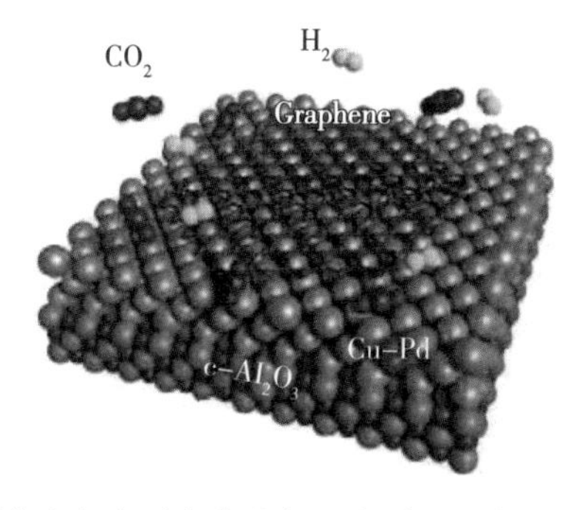

图 9.9 二氧化碳（红 - 黑）和氢气（灰）在铜 - 钯表面上经过催化反应转变成石墨烯（黑）

二是煤基新材料的应用与产业化发展。2020 年，瑞典林雪平大学的研究人员将石墨烯和立方碳化硅结合，研发了一种石墨烯基光电极，可以保持立方碳化硅捕获太阳光能量并制造电荷载体的能力；而石墨烯在保护碳化硅的同时，还起到了导电透明层的作用。此外，石墨烯基光电极通过选择合适的金属阴极，二氧化碳和水可以选择性地形成不同的化合物，如甲烷、一氧化碳和甲酸。石墨烯部分应用实例如图 9.10 所示。

为了尽快实现煤基新材料石墨烯产品和研发技术的商业化，北京石墨烯研究院探索出了一条“研发代工”的石墨烯产学研结合路线，已研发成功的石墨烯产品包括 4 英寸单晶石墨烯晶圆、卷对卷动态生长石墨烯薄膜、A3 尺寸静态生长石墨烯薄膜、A3 尺寸超洁净石墨烯薄膜、超级石墨烯玻璃、石墨烯玻璃纤维等。

在实现碳中和阶段，各种煤基新材料新技术有望助力碳中和。5G 时代，石墨烯在电子设备散热方案中的应用有望迅速扩大。除了智能手机，5G 基站、服务

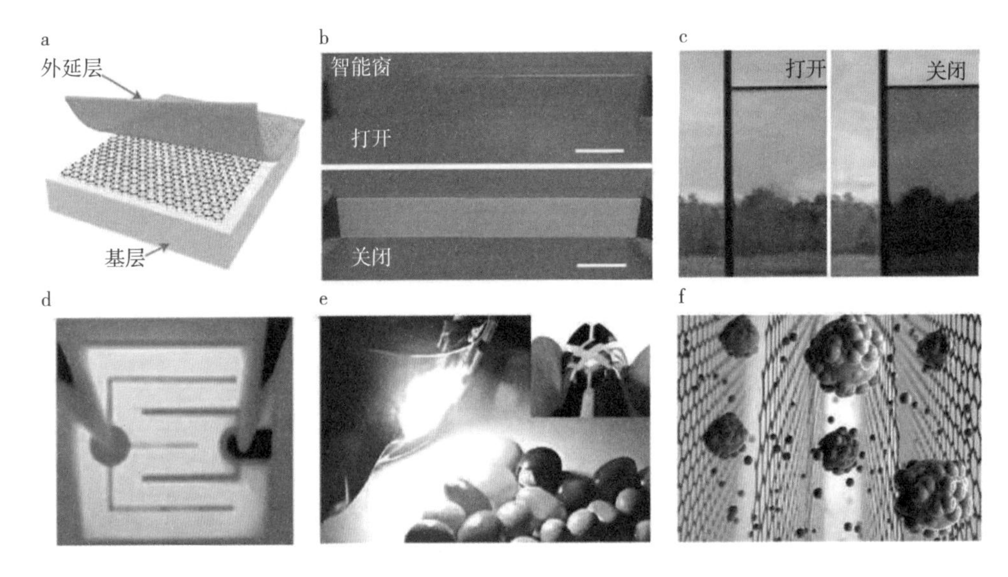

图 9.10 寻找石墨烯的杀手锏级别应用举例

a. 石墨烯与基底、功能层材料结合，用于建筑等领域；b、c. 石墨烯与玻璃结合做成石墨烯智能窗户；d、e. 石墨烯发光二极管；f. 可调节滤网

器、笔记本电脑等许多领域的关键材料，在兼顾导热性能和成本的同时对石墨烯的导热需求越来越多。相信随着 6G、7G 时代的到来，煤基新材料的产业化发展将更加成熟。

9.3 煤炭清洁低碳转型对策建议

9.3.1 政府层面：出台减排政策，加强宏观调控

碳达峰目标和碳中和愿景是党中央、国务院统筹国际国内两个大局作出的重大战略决策，事关我国发展的全局和长远。《2021 年国家发展改革委、国家能源局关于完善能源绿色低碳转型体制机制和政策措施的意见》中指出，“实现碳达峰目标与碳中和愿景，将倒逼我国经济社会发展全面低碳转型，既是推进疫后经济绿色复苏、形成绿色经济新动能的客观需要，也是缓解资源环境约束、建设生态文明和美丽中国的重要路径”。为实现“双碳”目标，政府层面须出台减排政策，加强宏观调控。

9.3.1.1 强化综合协调制定碳中和中长期路线图

实现“双碳”目标和全面低碳转型不仅是生态环境问题，更是发展问题，涉及经济社会全局。建议多部门共同研究制定碳排放达峰行动实施方案，推动开展“双碳”目标下的中长期能源转型战略与路径研究，适时开展碳中和战略与路线图研究，出台“中国版绿色新政”。同时，加强应对气候变化和低碳发展工作的

全面统筹和综合协调。

9.3.1.2 建立以绿色低碳为导向的能源开发利用新体系

一是大幅提升资源利用效率，推动源头减碳。在园区全面推广循环发展模式，要求国家级园区全部实施循环化改造；组织实施产业绿色融合专项，在冶金、化工、石化、建材等流程制造业间开展横向链接；鼓励采用大数据、互联网+等新业态开展垃圾分类回收，推动“城市矿产”基地规范化、标准化建设；实施塑料污染治理专项行动，加快推进快递包装绿色转型；在地级以上城市全面推行垃圾分类制度，探索推行消费者责任制度，试点垃圾按量收费等税费改革。到2025年，资源产出率比2020年提高30%左右。

二是遏制高耗能、高排放项目盲目发展。严格控制煤电、煤化工、钢铁、炼化等高碳行业新增产能；优化重大能源基础设施布局，防范碳锁定效应，严格论证审批新增大型煤矿、煤炭运输通道等传统化石能源基础设施项目；全面梳理各地在建、拟建高耗能项目，建立分省区基于碳减排目标的产能风险预警指数，调低过快增长行业和地区的产能减量置换系数；完善产业政策，将碳排放作为重要指标，引导新产业准入和传统产业转型升级。

三是积极推进能源系统低碳转型。制定科学合理的能耗强度和总量“双控”目标，完善目标责任分解和考核制度，深入推进工业、建筑、交通、公共机构等重点领域节能；加快提升数据中心、5G基站等新基建能效水平，实施重点节能工程；制定“十四五”及中长期煤炭消费总量控制目标，明确减煤路线图，保持全国煤炭消费占比持续快速降低；加快提升终端消费电气化水平；坚定不移推进能源清洁低碳发展，大力发展可再生能源和新能源，在确保安全前提下合理适度发展核电，提升调峰和储能能力。

四是大力支持绿色低碳新技术、新产业、新业态、新模式。积极支持研发和推广成本低、效益高、减排效果明显、安全可控的低碳零碳负碳技术；加快示范光储直柔、热电协同等跨界融合创新能源基础设施重大项目；全面推动绿色低碳技术产业化和模式创新，实施绿色低碳领域的重大科技示范工程，落实首台（套）重大技术装备保险补偿政策。

9.3.1.3 完善引导绿色能源消费的制度和政策体系

一是完善工业领域绿色能源消费支持政策。引导工业企业开展清洁能源替代，降低单位产品碳排放，鼓励具备条件的企业率先形成低碳、零碳能源消费模式；鼓励建设绿色用能产业园区和企业，发展工业绿色微电网，支持在自有场所开发利用清洁低碳能源；建设分布式清洁能源和智慧能源系统，对余热余压余气等综合利用发电减免交叉补贴和系统备用费，完善支持自发自用分布式清洁能源发电的价格政策。

二是完善能耗“双控”和非化石能源目标制度。坚持把节约能源资源放在首位，强化能耗强度降低约束性指标管理，有效增强能源消费总量管理弹性，合理确定各地区能耗强度降低目标，加强能耗“双控”政策与“双碳”目标任务的衔接。

三是完善建筑绿色用能和清洁取暖政策。提升建筑节能标准，推动超低能耗建筑、低碳建筑规模化发展，推进和支持既有建筑节能改造，积极推广使用绿色建材；完善建筑可再生能源应用标准，支持利用太阳能、地热能和生物质能等建设可再生能源建筑供能系统；在具备条件的地区推进供热计量改革和供热设施智能化建设。

四是完善交通运输领域能源清洁替代政策。推进交通运输绿色低碳转型，优化交通运输结构，推行绿色低碳交通设施装备；推行大容量电气化公共交通和电动、氢能、先进生物液体燃料、天然气等清洁能源交通工具，完善充换电、加氢、加气站点布局及服务设施，降低交通运输领域清洁能源用能成本。

9.3.1.4 完善化石能源清洁高效开发利用机制

一是完善煤炭清洁开发利用政策。建立煤矿绿色发展长效机制，大力推动煤炭清洁高效利用；完善绿色智能煤矿建设标准体系，完善矿区生态治理与修复支持政策，鼓励利用废弃矿区开展新能源及储能项目开发建设。

二是完善煤电清洁高效转型政策。在电力安全保供的前提下，统筹协调有序控煤减煤，加强煤电机组与非化石能源发电、天然气发电及储能的整体协同；推进煤电机组节能提效、超低排放升级改造，根据能源发展和安全保供需要合理建设先进煤电机组；有序推动落后煤电机组关停整合，加大燃煤锅炉淘汰力度；完善火电领域 CCUS 技术研发和试验示范项目支持政策。

三是完善油气清洁高效利用机制。完善油气与地热能以及风能、太阳能等能源资源协同开发机制，鼓励油气企业利用自有建设用地发展可再生能源和建设分布式能源设施，在油气田区域内建设多能融合的区域供能系统；持续推动油气管网公平开放并完善接入标准，在满足安全和质量标准等前提下，支持生物燃料乙醇、生物天然气等清洁燃料接入油气管网；加强 CCUS 技术推广示范，扩大二氧化碳驱油技术应用，探索利用油气开采形成地下空间封存二氧化碳。

9.3.1.5 促进能源绿色低碳转型国际合作

积极推动全球能源绿色低碳转型发展合作，建设和运营好“一带一路”能源合作伙伴关系和国际能源变革论坛等（图 9.11），力争在全球绿色低碳转型进程中发挥更好作用。

图 9.11　碳达峰碳中和国际措施

9.3.2　企业层面：改革技术创新，优化产业结构

面对碳达峰碳中和带来的趋势性影响，煤炭行业唯有全方位全过程推行绿色规划、绿色设计、绿色投资、绿色建设、绿色生产、绿色流通、绿色生活、绿色消费，深刻认识能源趋势变革的必然性与紧迫性，抢抓时间窗口、坚持绿色转型，才能化危为机、危中寻机，为我国构建清洁低碳、安全高效的能源体系作出新的贡献，为碳达峰碳中和历史大背景下世界能源结构的转型升级提供“中国方案”。

9.3.2.1 坚持发挥比较优势，不断提升企业低碳保障价值链

煤炭在能源供应的规模性、经济性中有绝对优势，但在绿色环保属性方面还处于绝对劣势，绿色能源的使用必将减少煤炭企业的生存空间。因此，首先要增强核心竞争力：要彻底摸清家底、合理做好规划，统筹生命周期、优化生产布局，化解过剩产能、淘汰落后煤矿，以智能化、数字化为手段提高单位生产效率、提高产品成本竞争力。其次要补足自身短板：坚持绿色发展，做好煤炭清洁高效开发和节能减排工作，因地制宜推广充填开采、保水开采、煤与瓦斯共采等绿色开采技术；降低生产运输过程中的碳排放强度，实现从耗能污染型到绿色环保型的转变。再者要优化产品结构：推进煤炭产品精细化升级，严格限制劣质煤销售使用，支持煤炭分质分级梯级利用；扩大冶金、化工等高附加值煤炭生产，提高产品综合利用效率和价值，实现以燃料煤为主向原料煤为主的转变。

9.3.2.2 坚持多元化发展布局，不断建强企业低碳转型产业链

在“煤电联营”的政策引导下，国内主要的煤电企业已实现“煤中有电”“电中有煤”，并以此为基础不同程度地构建了煤、运、电、化的一体化产业链条。这种产业的纵向一体化更多的是在内部处理“蛋糕切分”的问题，但其对系统性风险的抵御能力有待强化。一方面要有效提升纵向一体化运行的质量，做优煤电大事，坚持节能优先战略，加大热电联产，积极参与灵活性煤电机组改造及市场运行；另一方面要显著增强横向一体化的实力，抓住能源大变革时机，利用资金和区位优势大力投资发展新能源，以此作为企业转型的关键手段和构建新发展格局、推动国内投资大循环的关键举措。同时，利用煤电稳定灵活的优势协同布局新能源，探索发展储能、光热、地热、分布式能源等新兴产业，加快“风光火储氢”一体化发展。

9.3.2.3 坚持现代化发展方向，不断优化企业能源流通供应链

传统化石能源的升级要做足机制设计、技术进步的文章。在机制设计方面，充分发挥市场在资源配置中的决定性作用，更好发挥政府作用，激发各类市场主体活力；维护来之不易的煤炭中长期合同制度，保障煤炭市场大盘的平稳运行和煤炭行业的健康发展。在技术进步方面，应用大数据、人工智能等信息技术建立现代煤炭智慧物流体系，深度参与电子商务平台建设，以数字化网络化服务平台为桥梁，连通生产、加工、运输、储存和消费等供应链各环节，实现线上线下渠道融通、一站式服务和精准营销，构建大营销网络。

9.3.2.4 坚持绿色和谐理念，不断拓展企业持续发展生态链

良好的行业生态是煤炭企业可持续发展的外部环境要求。从狭义上讲，要着眼构建绿色的生物生态系统，继续深入践行“绿水青山就是金山银山”的发展理

念，建设绿色矿山，持续提升矿井水综合利用率、煤矸石综合处理率等指标；加大矿区植树造林力度，促进矿区资源开发与生态环境协调发展，最大限度降低行业发展的生态成本，最大努力增加属地森林碳汇容量。从广义上讲，要打造和谐的商业生态系统，围绕国家总体外交战略，深度参与国际经济循环、拓展国际发展空间，高质量推进“一带一路”建设项目，结合沿线环境承载力和能源结构布局优势项目、开发优质资源。强化ESG［Environmental（环境）、Social（社会）和Governance（公司治理）］绩效导向，积极履行社会责任，逐步树立清洁绿色的品牌形象，在更大范围内赢得社会认可，在更大程度上提高行业的影响力。

9.3.2.5 坚持科技第一生产力，不断做实企业低碳技术创新链

加强科技创新是培育煤炭发展新动力的根本途径，是开拓行业发展新格局的有力抓手。首先是加大科技投入；其次是加大关键核心技术攻关，聚焦能源“清洁化”“低碳化”“智能化”三大现代能源技术领域，重点布局煤炭安全绿色开发、智能发电等攻关方向，在CCUS、储能、氢能等世界能源发展前沿取得突破；最后是加大科技成果转化，完善科技人才评价和业绩考核机制，强化市场对研发资源的调配作用，以实际需求和问题为导向，更加紧密地结合生产和研发，畅通政策、机构、人才、装置、资金、项目创新链，激活产业创新活力，加快科技成果转化。

9.3.3 个人层面：减少煤炭使用，促进节能减排

个人行为改变有着不可忽视的减排潜力，而潜力的开发，即实现个人对气候变化从“问题认识”到“行为改变”，需要我们每个人行动起来。居民是消费的主体，低碳消费理念不仅是一种节能环保的美德，更是提升我国居民生活品质的一条可持续路径，对于发展我国低碳经济有着至关重要的作用。因此，居民节能减排意识的提高是构建低碳消费模式的关键环节。从个人层面讲，可以通过践行简约适度的生活方式、提升个人生态文明素养、将绿色出行植入个人生活基因等各种途径减少煤炭使用、促进节能减排。

9.4 本章小结

本章首先介绍了煤炭清洁低碳转型中能源体制升级、能源供需安全、技术手段革新、环境治理四方面所面临的挑战，其次对煤炭作为燃料、原料、材料三种用途的清洁低碳转型进行展望，最后提出了煤炭清洁低碳转型政府、企业、个人三个层面的政策建议。总的来说，煤炭清洁低碳转型能源体制升级、能源供需安

全、技术手段革新、环境治理四个方面所面临的挑战主要包括技术层面不成熟、政策体制有待完善、国际形势严峻、环境污染治理难度大等。对于煤炭作为燃料、原料、材料三种用途在实现"双碳"阶段整体的发展趋势是煤炭清洁低碳转型相关的技术将更加先进、智能、高效、成熟，随着技术的发展，煤炭清洁低碳转型的速度不断加快。"双碳"目标愿景是党中央、国务院统筹国际国内两个大局作出的重大战略决策，事关我国发展的全局和长远，需要政府、企业、社会公民共同努力。"天不言而四时行，地不语而百物生。"为了一个更安全、更洁净的美丽家园，让我们一起行动起来，尊重自然、顺应自然、保护自然，践行绿色生活方式，为打赢"双碳"这场硬仗贡献力量。

参考文献

[1] 李清亮，柳妮. 双碳背景下煤炭企业转型路径与发展方向［J］. 煤炭经济研究，2021，41（7）：45-51.

[2] 曾诗鸿，李根，翁智雄，等. 面向碳达峰与碳中和目标的中国能源转型路径研究［J］. 环境保护，2021，49（16）：26-29.

[3] 郭焦锋，王婕，李继峰，等. 能源改革的下一程：以能源体制革命推进能源高质量发展［J］. 能源，2018（Z1）：90-94.

[4] 杨春桃. 论我国能源体制重构的关键问题及其法律实现［J］. 环境保护，2021，49（9）：44-47.

[5] 王少洪. 碳达峰目标下我国能源转型的现状、挑战与突破［J］. 价格理论与实践，2021（8）：82-86，172.

[6] 蔡文静，雷兵，焦一多. 推进能源行业依法治理体系和治理能力现代化研究［J］. 中国能源，2020，42（9）：38-42.

[7] 武强，涂坤，曾一凡，等. 打造我国主体能源（煤炭）升级版面临的主要问题与对策探讨［J］. 煤炭学报，2019，44（6）：1625-1636.

[8] 赵浩，李佳育. 我国煤炭行业安全风险分析［J］. 煤炭经济研究，2021，41（5）：65-70.

[9] 杨宇，于宏源，鲁刚，等. 世界能源百年变局与国家能源安全［J］. 自然资源学报，2020，35（11）：2803-2820.

[10] 陈国平，董昱，梁志峰. 能源转型中的中国特色新能源高质量发展分析与思考［J］. 中国电机工程学报，2020，40（17）：5493-5506.

第 10 章　煤炭清洁低碳转型典型案例

近年来，党中央、国务院高度重视煤炭工业健康发展，《国民经济和社会发展第十四个五年规划和 2035 年远景目标纲要》强调指出，要推动资源型地区可持续发展示范区和转型创新试验区建设，实施采煤沉陷区综合治理和独立工矿区改造提升工程；推进老工业基地制造业竞争优势重构，建设产业转型升级示范区。如何推动煤炭行业转型发展，努力走出一条质量更高、效益更好、结构更优、优势充分释放的发展新路，是目前我国煤炭工业急需解决的问题。本章主要介绍世界各国低碳转型过程中，以煤炭作为燃料、原料和材料的一些典型企业的典型做法，期望能为我国的煤炭工业转型提供有益思考。

10.1　煤炭作为燃料转型的典型案例

10.1.1　欧美国家案例

目前，欧洲已明确在 2030 年或更早的时间节点关闭燃煤电厂总计 35.4 吉瓦，相当于欧洲在运煤电装机的 21%。其中，比利时于 2016 年停止使用煤炭；奥地利和瑞典于 2020 年正式结束燃煤发电历史；预计到 2025 年或更早，葡萄牙、法国、斯洛伐克、英国、爱尔兰和意大利等国结束煤炭使用；2030 年，希腊、荷兰、芬兰、匈牙利和丹麦等国也将终止使用煤炭。

美国作为全球第一大经济体，其燃煤电厂建设在过去 20 多年经历了大跳水，总装机容量缩减 2/5，2020 年淘汰煤电产能 18 吉瓦。当前，美国电力部门的煤炭消耗量已降至 1982 年以来的最低水平。

10.1.1.1　戴姆勒集团以煤炭作为燃料的转型情况

戴姆勒股份公司总部位于德国斯图加特，是全球最大的商用车制造商，全球第一大豪华车生产商、第二大卡车生产商。在环保意识抬头的情况下，全球各地不断传出能源危机，原因不外乎都是要淘汰传统的火力或是核能发电，但在废除这些具有污染的能源前，戴姆勒集团出台了新的应对策略。

2019 年 2 月，戴姆勒通过其子公司梅赛德斯 – 奔驰能源公司与合作伙伴计划将一座于 1912 年建造、但已停产的火力发电厂改造成一个大型储能设施，将其在纯电动车动力电池组方面的经验用于建设固定式储能项目，其中使用了 1000 多个锂电池模块，内部结构如图 10.1 所示。戴姆勒集团表示他们建造的大型储能设备是能源储存和使用方式的划时代标志——淘汰落后的电网供应，将有助于减少二氧化碳排放、实现可持续发展，从而实现电动汽车价值链延伸。

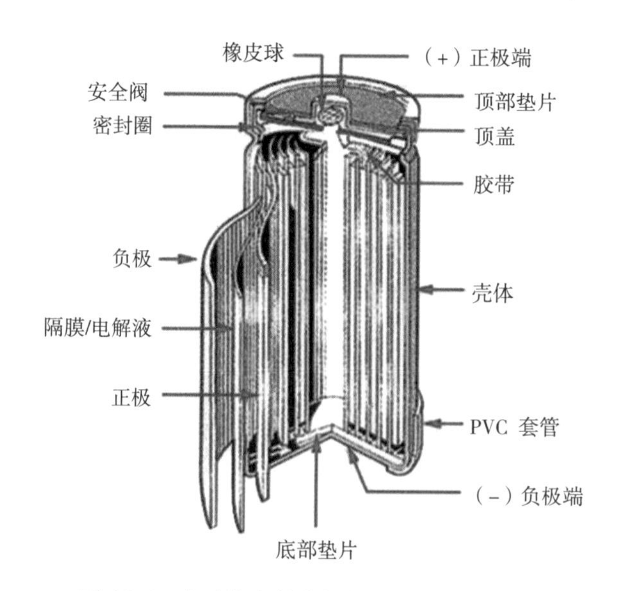

图 10.1　电动汽车单个锂电池模块的内部结构

这不是梅赛德斯 – 奔驰能源公司第一个大规模储能项目，2018 年他们就在德国赫伦豪森完成了一个更大的电容量为 17.4 兆瓦时的设施建设。据官方数据显示，大容量的储能设施有利于降低电能生产过剩时的电能流失，并能更加有效地利用可再生能源发电、减少不可再生能源发电量，而且能降低整个工业类别的污染物排放。

10.1.1.2　康索尔能源公司以煤炭作为燃料的转型情况

康索尔能源公司成立于 1991 年，其主要产品是美国北阿巴拉契亚盆地的优质烟煤，该公司在应对气候变化及低碳发展方面主要采取了以下措施。

一是结构转型。由于天然气排放物更为清洁，康索尔能源公司大力拓展天然气业务，降低煤炭板块的业务比例。目前，该公司已完成煤炭和天然气并驾齐驱的资产布局，大幅优化了公司的能源供给结构，由此降低了公司整体的温室气体排放强度。

二是甲烷减排。康索尔能源公司在脱气萃取系统中开发和部署甲烷减排技术（图 10.2），通过从矿井中去除甲烷，在保证地下工作环境安全的同时减少了温室气体排放，而这部分减排量可以在加州碳市场进行交易。截至 2020 年，该系统已经实现温室气体减排 20 万吨二氧化碳当量，减排量占该矿场排放量的 8%~10%。

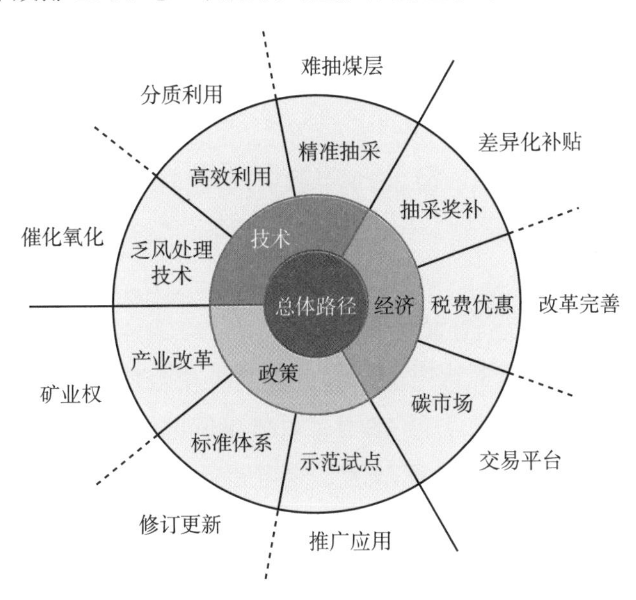

图 10.2 康索尔能源公司煤矿甲烷减排路径

三是智能生产。康索尔能源公司使用 Enel X 能源智能控制系统辅助生产，分析能源需求和成本数据，实时控制能源使用，显著降低了生产过程的用电量，使公司间接二氧化碳排放量减少了 45%。

四是公开排放情况，接受社会监督。除每年公布常规污染物排放量外，康索尔能源公司还根据美国环保署水资源处的强制性温室气体报告规则，每年编制并公布公司的温室气体直接排放量和间接排放量。

10.1.1.3 美国皮博迪能源公司的低碳转型情况

皮博迪能源公司是世界最大的私人上市煤炭企业，为了适应低碳发展的需要，该公司采取的低碳措施主要包括以下四方面。

第一，大力发展洁净煤技术，包括高效超临界技术以及污染物的捕集技术。

第二，开发新一代 CCUS 技术，包括将捕集到的碳进行多渠道封存以及将二氧化碳转化成可利用的产品等。2010 年开始，皮博迪能源公司与巨点能源公司合作开发全新的煤制气和煤制氢技术，作为常规气化替代方案，通过碳捕集和封存以达到近零碳排放。

第三，开展生态修复工作。该公司进行了大量的矿区生态修复工作，2014—

2020 年累计修复面积 17.5 平方千米，并栽种约 25.3 万棵树苗。

第四，深化国际合作。皮博迪能源公司是中美能源合作项目的筹建单位，该项目致力于追求洁净煤技术的开发以及清洁能源技术的利用，并与中方的能源局和美方的能源局深度合作。皮博迪能源公司还是绿色电力联盟的筹建单位，该组织在煤炭生产商、煤炭用户、煤炭设备供应商及美国能源局之间建立有效沟通的机制，为在全球发展全面的碳捕集以及大规模的碳封存技术做出努力。同时，该公司还加入了美国和加拿大共同成立的二氧化碳削减成员组织，该组织致力于在北美中心地带开展碳封存技术。

通过采用以上措施，该公司 2019 年温室气体排放量明显下降，单位产品二氧化碳排放强度达到 6.17 千克，相比 2018 年下降了 7.5%。

10.1.2 “一带一路”国家案例

“一带一路”沿线国家对煤电的依存度较高。在全球 79 个有燃煤发电厂的国家中，“一带一路”沿线国家就有 37 个，占燃煤发电国家总量的 46.8%，占“一带一路”沿线国家的 58.7%。从区域看，煤电占比较大的“一带一路”国家主要集中在亚洲地区，印度、印度尼西亚、马来西亚、越南等东南亚国家以及哈萨克斯坦的煤电占比都超过 50%，其中印度的煤电占比高达 70%。在全球“弃煤”的背景下，“一带一路”国家结合自身实际也在缓慢转型，以下以印度尼西亚和印度的两家企业作为典型代表介绍“一带一路”国家“弃煤”转型的情况。

10.1.2.1 印度尼西亚国家电力公司的转型情况

印度尼西亚拥有超过 400 吉瓦的水电、太阳能和地热等资源的潜在容量，但截至 2020 年仅利用了约 2.5%。印度尼西亚国家电力公司作为该国第二大国有企业，旗下的燃煤发电厂的环境污染问题屡遭投诉，推动绿色能源消费成为其发展的必然趋势。

印度尼西亚国家电力公司面对“弃风”严重的问题，有效发展风电绿色能源：①加强风电配套电网建设，保障风电优先并网；②把风电场利用率作为发展扩大风电规模和布局的重要依据；③加快智能电网建设和探索向周边地区扩大电力市场。由于水电是印度尼西亚最大的可再生能源，并且光照资源丰富，印度尼西亚国家电力公司计划大力发展水力、太阳能发电设施，计划逐步淘汰其燃煤发电厂（表 10.1），以逐步实现碳中和。

表 10.1 印度尼西亚国家电力公司淘汰燃煤发电厂计划

年份	计划
2030	关闭三座总装机容量 1.1 吉瓦的燃煤发电厂
2035	淘汰总容量 9 吉瓦的常规发电厂
2040	关闭总装机容量 10 吉瓦的燃煤发电厂
2056	关闭其超临界燃煤电厂

10.1.2.2 印度煤炭公司燃煤发电的转型情况

印度煤炭公司是全球最大煤企，属于印度国有企业，公司前期对燃煤发电的依赖曾导致当地环境急剧破坏，因此，该公司正在与菲律宾 ACE Enexor 合作建设 1100 兆瓦联合循环发电厂项目。该项目将主要使用天然气和绿色氢为燃料，为电网提供稳定电力，满足不断增长的能源需求，并减少该国对燃煤发电的依赖。未来，印度煤炭公司计划投资太阳能电池面板制造，包括大力参与印度太阳能竞拍、与 NLC 印度有限公司合资投资多个太阳能发电项目等。

10.1.3 我国案例

我国是全球煤电装机容量最高的国家，过去十年也是全球最大的煤电项目投资国，当前正在积极推进燃煤电厂转型。据能源与清洁空气研究中心统计，2017 年，我国参与的在建煤电机组总装机容量还有 38 吉瓦，到 2021 年年初，该数据已下降到 27 吉瓦。2016 年以来，与中国相关的燃煤发电项目被暂停或取消的数量超过了投产数量，被搁置或取消的煤电装机容量是正在建设中的煤电装机容量的 4.5 倍。现今，随着宣布停止新建煤电项目，我国现有的海外煤电项目也将进入新的发展阶段。下面以国家能源集团国华锦界电厂燃煤发电 CCUS 项目、四川白马电站超临界燃煤发电项目和浙江舟山电厂超超临界燃煤发电项目为代表，介绍我国煤炭企业转型情况。

10.1.3.1 国华锦界电厂 CCUS 项目

国华锦界电厂地处我国重要的煤炭能源基地——陕北神府煤田，是大型坑口电厂，规划容量 6×600 兆瓦，一期为 2×600 兆瓦燃煤空冷机组，配套年产 1000 万吨煤矿。该厂燃煤发电 CCUS 项目是国家重点研发计划项目、陕西省 2018 年重点建设项目、国家能源集团重大科技创新项目。试运行期间，各设备运行平稳，各项运行参数和技术指标均达到设计要求。国华锦界电厂“15 万吨 / 年燃烧后 CO_2 捕集与封存”全流程示范项目于 2019 年开始建设，2021 年 6 月 9 日整套启动成功，6 月 25 日一次通过 168 小时连续满负荷试运行，试运行期间产出约零下 20℃、压力 2.0 兆帕、纯度为 99.5% 的工业级合格液态二氧化碳产品。同时，试运行期间连续达到八个“一次成功”，即系统受电一次成功、DCS 复原试验一次成功、冷态通风一次成功、化学清洗一次成功、热态启动一次成功、整套启动一次成功、产品液化一次成功、装车外运一次成功。该技术体系有助于实现锦界电厂的化石能源低碳化、集约化利用，有利于优化能源结构、保障能源安全，促进电力行业低碳排放的转型和升级，为火力发电行业未来开展更大规模二氧化碳捕集、利用技术推广奠定重要基础，是火电行业实施脱碳前沿技术引领的助推器。建成后，将成为我国最大的燃煤电厂 CCUS 示范项目，对实现“双碳”目标具有示范引领作用。

10.1.3.2　四川白马电站超临界燃煤发电项目

2013 年 12 月，世界最大容量、最高蒸汽参数和发电效率的 600 兆瓦超临界循环流化床锅炉在四川省内江市白马镇循环流化床示范电站平稳运行。该项目从项目设计到主辅机设备全部实现国产化，具有污染物排放低、资源效能高、燃料适应范围广、调峰能力强、燃烧效率高等特点，是我国洁净煤发电技术创新、资源综合利用、节能环保的一座里程碑。

循环流化床燃烧是一种高效、低污染燃烧技术，在此基础上开发的超临界循环流化床锅炉因煤质适应广、环保指标优、资源消耗少，对我国意义非凡。尽管国内煤炭资源丰富，但相当比例为高灰、高硫、高水分的劣质煤，并在开采加工中伴生大量矸石、煤泥等低热值燃料，要实现这种低劣资源的综合利用，就必须迈出大型循环流化床自主研制和产业化的关键步伐。

10.1.3.3　浙江舟山电厂超超临界燃煤发电项目

浙能六横电厂二期 2×100 万千瓦二次再热超超临界清洁煤电项目位于舟山市六横岛，坐拥年吞吐能力 3000 万吨国家煤炭储存基地，循环水温低、码头靠泊条件及节能降碳效果良好。项目计划 2022 年年内开工建设，拟新建 2 台装机容量 1000 兆瓦的超超临界二次再热高效机组。首台机组计划于 2024 年 12 月底建成投产并接入宁波电网，将对缓解宁波负荷中心新增电力需求、推进海上能源岛建设发挥积极作用。

机组投产后，年耗原煤约 350 万吨（按利用小时 5000 计算），运输采用铁水联运方式。电厂循环冷却水采用海水直流供水系统，水源为磨盘洋头洋港海域海水；淡水采用海水淡化方案。电厂灰渣和脱硫石膏全部实现综合利用。

10.2 煤炭作为原料转型的典型案例

10.2.1 欧美国家案例

根据国际煤气化技术委员会统计，2014年全球大约有117家大型煤化工企业，共拥有现代气化炉385座，总生产能力达45000兆瓦，其中欧洲占28%。第二次世界大战后，法国和德国等开始大力发展煤化工产业，对世界煤化工行业的进步作出了极大贡献。尤其进入21世纪，在低碳环保的理念下，欧洲各国的煤化工企业开始转型，有些公司以煤为原料，除了生产一氧化碳和甲醇外，同时还生产氢气、合成气、硫黄等清洁能源产品。

美国的煤炭资源量占全球总量的25%，此外，美国还可以就近从煤炭出口大国澳大利亚获得比其他国家更便宜的进口煤炭，基于以上原因，美国的煤化工行业发展迅猛。20世纪70年代的石油危机使美国政府决心实施能源多元化战略，并颁布法令鼓励发展甲醇、煤气化等有益于国家能源独立的各项工程，不仅修建了大平原煤气化厂、伊士曼煤制甲醇及其衍生物等屈指可数的煤化工项目，而且美国能源部每年还专门拨款2.5亿美元支持煤气化相关技术及碳捕集技术的研究。康菲石油、GE能源等公司还掌握了世界先进的煤气化技术，再加上其装备制造业和自动化控制水平国际领先，在发展煤化工方面具有坚实的技术基础。

10.2.1.1 德国LURGI公司煤经甲醇制烯烃

德国LURGI公司是世界上主要的甲醇技术供应商之一，在20世纪70年代成功开发了LURGI低压法甲醇合成技术。1997年，LURGI公司提出大甲醇技术（Mega Methanol，年产百万吨级甲醇装置）概念，引领甲醇技术向大型化发展。当前，采用LURGI公司大甲醇技术的甲醇装置已有两套投入生产运行，另有多套正在建设中。

煤经甲醇制烯烃是指以煤为原料合成甲醇后，再通过甲醇制取乙烯、丙烯等烯烃的技术，主要包括煤制甲醇、甲醇制烯烃两个过程（图10.3）。Lurgi公司在1990年对煤经甲醇制烯烃技术进行研发，先后研发出了ZSM-5分子筛催化剂和MPT技术；还在伊朗建设了年进料35万吨甲醇的工业化项目，其产出的丙烯用于丙烯下游产品的制造。

10.2.1.2 美国达科他气化公司煤制天然气

美国达科他气化公司大平原合成燃料厂是世界上第一家商业化的煤制天然气工厂，已有30年经营煤制气的历史。除了生产代用天然气，达科他气化公司还通过煤气化过程生产许多副产品（表10.2），增加煤制气的收益。如硫酸铵和无水氨为农业提供了含氮和硫的营养物，有利于环境质量；其他有价值的产品包括胶

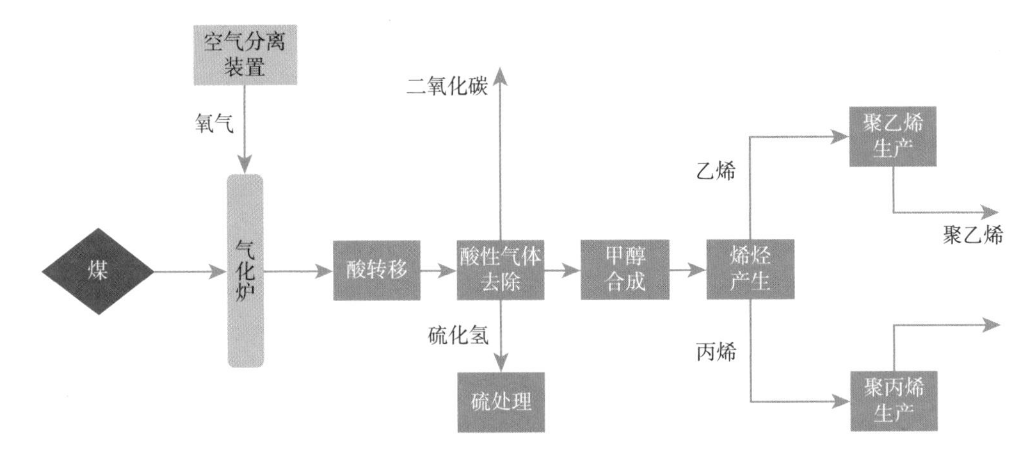

图 10.3　煤制烯烃流程图

合板行业生产树脂用的苯酚、化学工业用的甲苯基酸、制冷工业和油田服务用的液氮、作为溶剂的甲醇、汽油掺和用的石脑油、照明行业用的氪和氙气体。

表 10.2　达科他气化公司主要产品表

副产品	主要用途	产量
硫酸铵	肥料、纺织、皮革	11 万吨 / 年
苯酚	树脂、杀虫剂	3300 万磅 / 年
无水氨	用于化肥制造	40 万吨 / 年
二氧化碳	改良油田产油率	400 亿标方 / 年
石脑油	制作汽油、苯、煤油等	700 万加仑 / 年
液氮	食品冷藏、冶金工艺	20 万加仑 / 年
氪和氙	卤素前灯、荧光灯管	310 万升 / 年
粗甲酚	消毒抗菌	3300 万磅 / 年

10.2.2　“一带一路”国家案例

“一带一路”国家的煤化工行业也取得了一定发展，其中最有代表性的是印度和印度尼西亚的煤化工产业。近年来，随着市场需求的不断增加，在政府出台政策影响下，印度和印度尼西亚的煤化工产业逐渐崭露出良好的发展势头，企业生产能力有了很大提升。下面以印度信赖工业公司石油焦 / 煤气化多联产项目和印度尼西亚东华科技公司煤制甲醇项目为例，介绍“一带一路”国家的煤化工行业发展情况。

10.2.2.1　印度信赖工业公司石油焦 / 煤气化多联产项目

煤气化本质上是高温热化学转化过程，这决定了它不仅能实现煤的气化，也可实现所有含碳固体废弃物和有机废液的转化。因此，可通过煤气化装置来处理工厂自身产生的以及工厂周边的含碳固体废弃物和有机废液。协同处置废物，将单独的“气化岛”变成“气化岛 + 环保岛”，是未来煤气化技术发展的重要方向。

印度信赖公司的贾姆讷格尔炼油厂是世界上最大的炼油厂，该公司建设的石油焦 / 煤气化多联产项目为世界上规模最大的气化装置。项目运用 10 台进料量约 3000 吨 / 天的气化炉，采用 Phillips 66 公司的 E-GAS 气化技术（气流床两段水煤浆气化），预计单台气化炉有效合成气产能达 25 万 ~27 万方 / 时，总有效合成气产能约为 260 万方 / 时。多联产产品方案将包括氢气、电力、蒸汽、合成天然气和醋酸等乙酰基化工产品。

10.2.2.2　印度尼西亚东华科技公司煤制甲醇项目

煤制甲醇过程可避免煤直接燃烧产生的废弃污染环境，同时其生产过程中产生的低温热量还可被进一步利用，达到碳减排和避免浪费资源的目的（图 10.4）。2021 年 3 月，印度尼西亚东华科技公司与美国空气化工产品公司就印度尼西亚 Bengalon 项目举行签约仪式及开工会。该项目既是印度尼西亚东华科技公司近年来第一个在东南亚实施的大型煤化工项目，也是美国空气化工产品公司第一次在海外全流程执行的项目，计划于 2024 年投产。项目建设运营空分、气化、合成气净化和甲醇装置，设备煤炭原料由 PT Bakrie Capital Indonesia（隶属于 Bakrie 集团）和 PT. Ithaca Resources（隶属于 PT AP 投资）两家公司提供，同时项目为上述公司提供甲醇。借助 Air Products 专有的 SyngasSolutions 干进料气化炉，项目预计每年以近 600 万吨的煤生产近 200 万吨的甲醇。

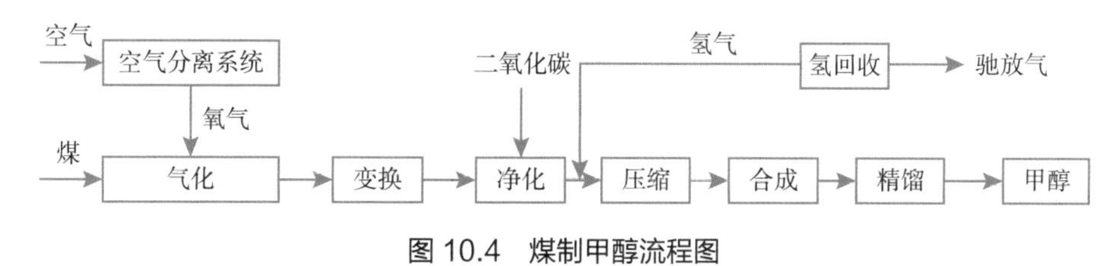

图 10.4　煤制甲醇流程图

10.2.3　我国案例

我国传统煤化工领域发展较早，在 20 世纪 60—70 年代时已经拥有生产肥料等产品的煤化工产业。随着石油化工技术的发展，传统煤化工的发展陷入停滞。进入 21 世纪，我国在现代煤化工领域的研究不断深入，示范性项目不断落地，现代煤化工行业取得了较大进步（表 10.3）。下面以中国华电集团流化床甲醇制芳烃、陕西延长集团合成气制乙醇为例，介绍我国的煤化工转型情况。

表 10.3　我国煤化工发展历程

发展阶段	发展历程
20 世纪 50 年代	太原、兰州、吉林三大煤化工基地
20 世纪 60—70 年代	以化肥工业为主的煤化工产业初步形成
20 世纪 80—90 年代	煤化工发展受限
21 世纪初	现代煤化工进入实验验证阶段
“十二五”期间	现代煤化工进入大规模规范化运营阶段
“十三五”期间	传统煤化工产能过剩，整个行业进入调整期

10.2.3.1　中国华电集团流化床甲醇制芳烃

华电煤业集团有限公司是中国华电集团在整合集团系统煤炭开发和运营资源的基础上于 2005 年成立的，主要负责华电集团系统的电煤供应、燃料管理以及煤矿、煤电化一体化、煤炭深加工、煤炭储运和境外煤炭等项目的投资。2011—2013 年，华电煤业集团采用清华大学的流化床甲醇制芳烃技术，建设运行 3 万吨 / 年流化床甲醇制芳烃工业化试验装置。装置包括 1 台甲醇制芳烃循环流化床反应器和 1 台轻烃芳构化反应器，其甲醇转化率接近 100%、芳烃基收率达 74.47%，1 吨混合芳烃的甲醇单耗为 3.07 吨。甲醇制芳烃流程如图 10.5 所示。

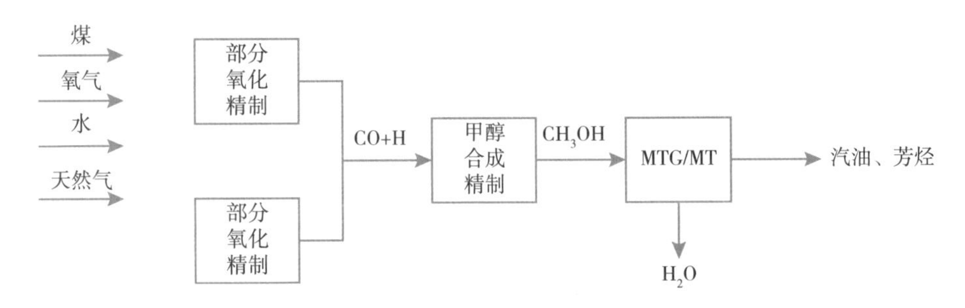

图 10.5　甲醇制芳烃流程图

在此基础上，中国华电集团以清华大学的催化剂及流化床连续反应再生核心专利技术为基础，开发成功万吨级流化床甲醇制芳烃工业技术，既开拓了不以石油为原料生产高端石油化工品的途径，也标志着流化床放大依据与催化剂稳定性问题已经有效解决，为下一步百万吨级工业化装置建设提供了基础。万吨级流化床甲醇制芳烃工艺实现工业化后，有望形成煤炭清洁利用和甲醇、PX、PTA 等中间产品生产与聚酯合成的上下游一体化产业链，不仅生产过程中产生的氢气和蒸汽将实现循环利用；而且副产干气回收可增产甲醇、工艺水处理后可作为循环水补水，资源、能源均能得到合理利用，技术集成优势明显。

10.2.3.2　陕西延长集团合成气制乙醇

陕西延长石油（集团）有限责任公司是国内拥有石油和天然气勘探开发资质的四家企业之一，主要负责石油和天然气勘探、开采、加工、管道运输、产品销售，石油和天然气化工、煤化工、装备制造、工程建设、技术研发等。进入 21 世纪以来，在国家政策的指导下，陕西延长集团大力发展转型煤化工。2017 年，该集团采用中国科学院大连化学物理研究所开发的合成气制乙醇技术，顺利投产年产 10 万吨的无水乙醇项目。2018 年，该集团 50 万吨合成气制乙醇（流程如图 10.6 所示）装置开工建设，标志着合成气制乙醇进入规模化时代。

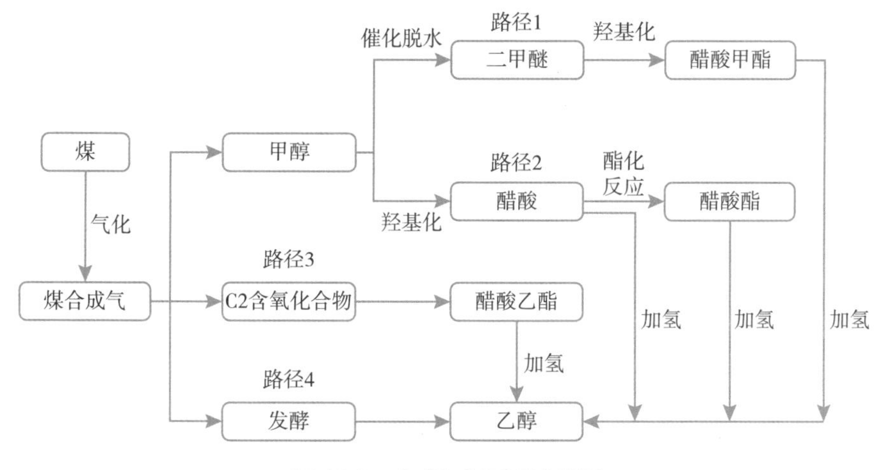

图 10.6　合成气制乙醇流程图

煤制乙醇技术的发展将有效解决粮食燃料乙醇产能不足、工业无水乙醇价格偏高的问题，是需要重点开发和优化的核心技术。随着煤制乙醇技术的大面积推广，乙醇的上下游产品（如乙酸甲酯、乙酸乙烯酯和苯乙烯等）也将迎来蓬勃发展。加快开发并形成原料多样化、产品结构灵活、绿色环保并具有自主知识产权的煤制乙醇及上下游产品成套技术，将对我国乙醇产业的发展起到积极的推动作用。

10.3　煤炭作为材料转型的典型案例

20 世纪 80 年代以来，随着煤焦油深加工行业的兴起，煤化学与高分子科学的交叉领域成为研究热点，其中最引人瞩目的发展方向就是煤基碳素材料。煤基碳素材料不仅具有单一聚合物无法比拟的优良性能，而且制备工艺简单、开发周期短、生产费用低，性价比极高，市场前景广阔，在国内外的发展极为广泛、迅速。当前，全球煤基新材料技术领先企业大多集中在美国、日本和欧洲这三大国家（地区），属于第一梯队；韩国、俄罗斯和我国在煤基新材料的某些特定领域处于全球领先地位，属于第二梯队；第三梯队有巴西、印度等国，目前处于奋力追赶的状态（图 10.7）。

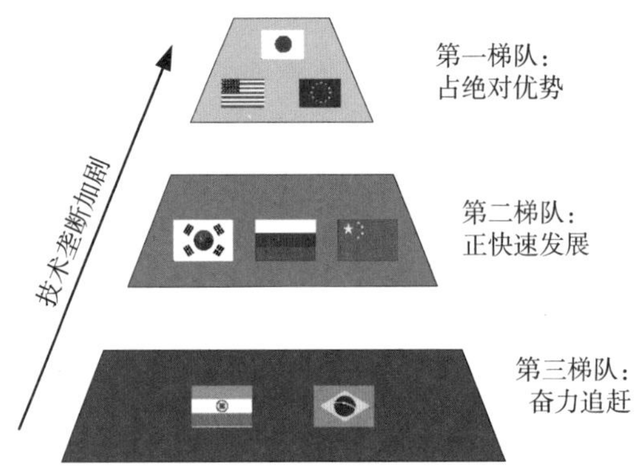

图 10.7　全球煤基新材料技术发展梯队

10.3.1　欧美国家案例

欧盟在先进煤炭新材料技术研发与创新政策方面确定了三大目标，即保障能源安全、提高资源利用和促进大众健康。2020 年 3 月，欧盟委员会签署一项价值 1.5 亿欧元的资助协议，继续资助“欧洲石墨烯旗舰计划”，致力于石墨烯及其相关材料的研究和创新。同时，欧洲启动“欧洲空间技术用合格碳纤维和预浸料”项目，旨在应对欧洲卫星子系统所需的高模量 / 超高模量碳纤维均为非欧洲公司生产的现状，提升欧洲本土公司的相关技术水平。

美国长期以来都高度重视煤炭新材料产业的发展，早在克林顿时期便出台了《先进技术计划》《先进技术与工艺技术计划》《光伏建筑物计划》《先进汽车材料计划》等政策支持当地新材料的发展。在特朗普时期，美国还通过出口管制支持当地煤炭新材料产业的发展。整体来看，美国主要围绕“保持新材料的全球领导地位”的目标去制定相应政策。

10.3.1.1　德国西格里集团煤制石墨

德国西格里集团是全球领先的碳素石墨材料及相关产品制造商之一，是目前全球前五位的碳纤维供应商，在全球拥有超过 40 个生产基地，市场及服务网络覆盖 100 多个国家，拥有从碳、石墨产品到碳纤维及碳复合材料在内的完整生产线。该集团人造石墨的制法是以粉状的优质煅烧石油焦为原料，在其中加沥青作为黏结剂，再加入少量其他辅料；各种原材料配好后，经煅烧、混捏、压制成形，然后在 2500~3000℃、非氧化性气氛中处理使之石墨化，最后由机器加工制成。具体流程如图 10.8 所示。

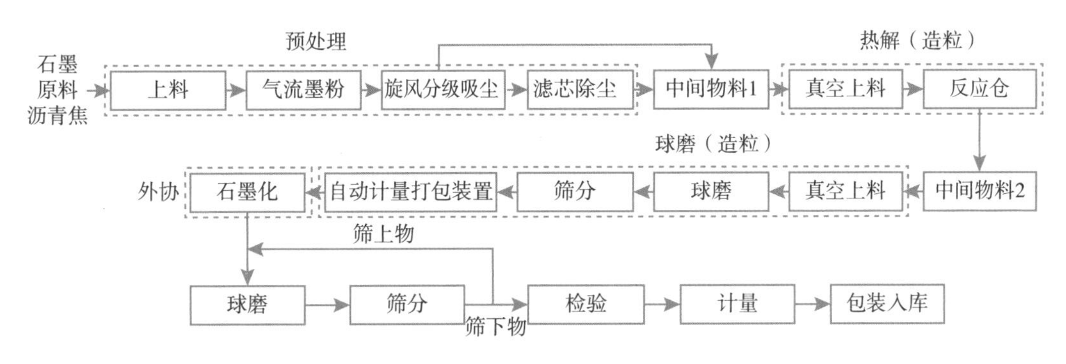

图 10.8　石墨制作工艺流程图

西格里集团大力发展人造石墨是因为炭－石墨材料具有优良的化学稳定性、力学性能和导电导热性能，在电工电子、机械、化工、冶金、核能、军工、航空航天、家用电器、医疗器材等领域有着广泛应用，在一些尖端领域占有重要地位。其生产的主要产品如图 10.9 所示。随着全社会对能源需求的急剧增加，各国对能源特别是新能源、可持续能源日益重视。太阳能产业对特种石墨材料的需求颇为旺盛；核用石墨材料的研究开发与生产日益迫切；电动汽车的兴起大大带动了锂离子电池等动力电池用炭材料及高性能添加剂的发展；高性能电极、电刷、高速铁路导电滑块、炭块等传统炭材料也随着人们对高性能产品的开发仍在继续研发和生产。而煤制石墨在快速发展下，其生产能力和效率都得到了大幅提高，能耗大大降低，有害气体排放也大为减少。因此，在全球低碳大环境的影响下，煤炭的石墨化生产将成为未来的发展方向。

PANOX®氧化聚丙烯腈纤维

SIGRAFIL®碳纤维

SLGRAFIL®短碳纤维

SIGRATEX®非卷曲织物、机织织物和无纺布

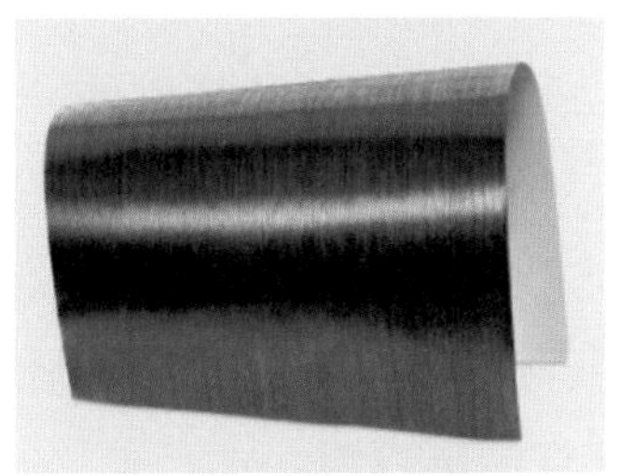

SIGRAPREG®预浸材料

SIGRACOMP®碳摩擦材料

图 10.9　西格里集团主要产品

10.3.1.2 美国赫克塞尔公司煤制碳纤维

美国赫克塞尔公司成立于1946年，是美国最大的碳纤维生产商、美国最大的复合材料生产商以及复合材料部件和结构制造商，产品包括碳纤维、增强织物、预浸料、蜂窝芯、树脂系统、胶粘剂和复合材料构件。

美国军工采购主要来自赫克塞尔公司，如为宽体飞机空客A350 XWB上所有的主结构提供HexPlyRprepreg预浸料，使用的增强材料为HexTowR carbon fiber碳纤维。赫克塞尔公司碳纤维是由聚丙烯腈等有机母体纤维在高温环境下裂解碳化形成碳主链机构，含碳量在90%以上的无机高分子纤维。工艺流程见图10.10。

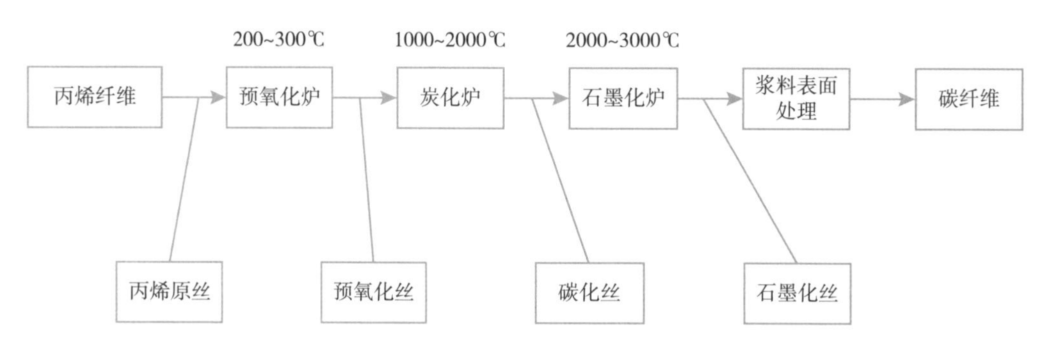

图10.10 碳纤维制作工艺流程图

全球低碳形势的发展对美国赫克塞尔公司碳纤维产业产生了深远影响：新的能源战略将极大刺激风电、光伏、氢能等再生或新能源的发展，而风电、光伏或氢能对碳纤维产业均有举足轻重的影响。这个战略除了能源的供给改变，对其存储、运输及使用也会提出新的节能减排综合要求，不仅会激发对轻量化结构的需求，也会刺激诸多功能性的需求。碳纤维的比强度高，已经使其在风机叶片中发挥越来越重要的作用，风电行业的应用将会推动大丝束碳纤维产量上升。全球低碳形势的发展和对清洁能源的持续需求将会促进碳纤维在风电行业应用的增加。

10.3.2 "一带一路"国家案例

"一带一路"沿线国家尤其是地处亚欧煤带的"一带一路"沿线国家煤炭储量丰富，与其他地区相比，这些国家更依赖化石能源。在全球煤基新材料发展的大背景下，"一带一路"沿线国家的煤基新材料发展也较为迅速，下面主要以土耳其阿克萨煤制碳纤维、印度菲利普炭黑有限公司煤制炭黑为典型案例进行介绍。

10.3.2.1 土耳其阿克萨煤制碳纤维

土耳其阿克萨（AKSA）是全球最大的腈纶制造商，也是第一家将腈纶纤维引进土耳其纺织工业的公司。该公司从1971年开始生产腈纶丝，于2008年下半年开始试生产碳纤维，并于2009年第3季度开始商业化生产。2012年，美国陶氏化学（DOW）与土耳其阿克萨组建合资公司DowAksa，专业生产碳纤维并致力于下游制品（图10.11）的研发。阿克萨公司将碳纤维视为“面向21世纪的战略原料”，公司一方面将现有生产线的年产能提高300吨，另一方面投资6500万美元建设第二条碳纤维生产线，其战略目标是到2020年将其碳纤维的市场份额提高到10%。

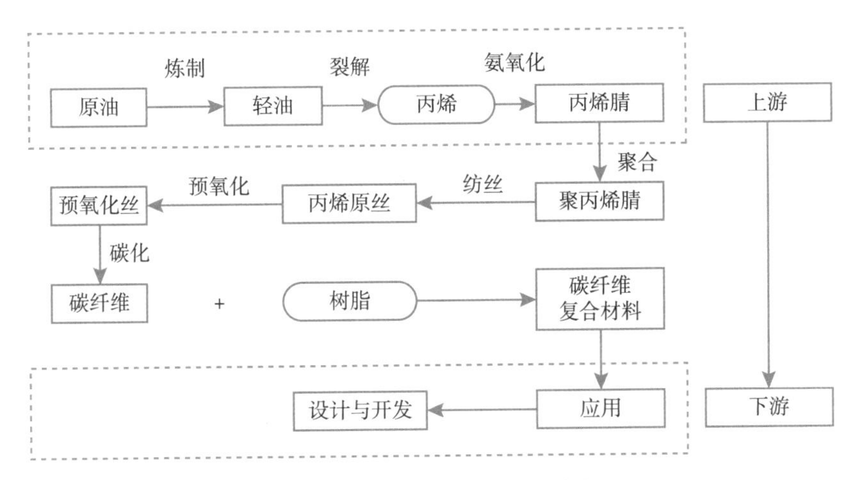

图10.11 阿克萨碳纤维上下游产品

随着低碳生活的要求，国内外都积极致力于开发、生产碳纤维及其复合材料化的节能、环保和安全性产品。这就要求产品必然具备节能降耗的特征，而实现节能降耗的重要途径就是其轻量化。目前，一般钢材等金属是无法实现轻量化的，因此，采取碳纤维及其复合材料进行零部件的制造就成为实现轻量化的最有效方法。未来，随着碳纤维复合材料成型技术的不断发展、下游应用领域的不断开拓，尤其是航空、汽车、风电叶片的强劲增长及其带动作用，碳纤维产业发展前景广阔。图10.12为碳纤维制作工艺流程。

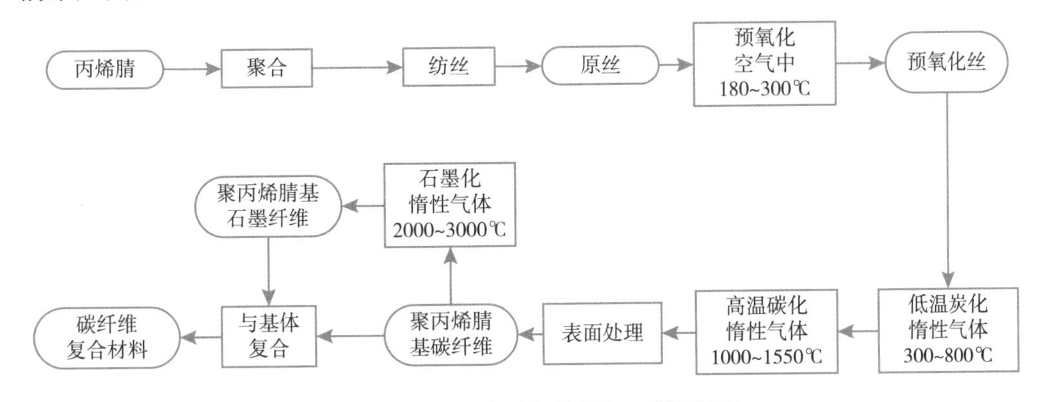

图10.12 阿克萨碳纤维制作工艺流程图

10.3.2.2 印度菲利普炭黑有限公司煤制炭黑

炭黑是由烃类化合物（液态或气态）经不完全燃烧或热裂解生成的，主要由碳元素组成，以近似于球体的胶体粒子及具有胶体大小的聚集体形式存在。炭黑的外观为黑色粉末，炭黑的粒径越细，其补强性能越优越；炭黑结构度越高，其定伸应力及模量越高。印度菲利普炭黑有限公司是印度最大的炭黑专业生产商，拥有多家炭黑生产厂，年产能达57万吨，其炭黑制作流程如图10.13所示。

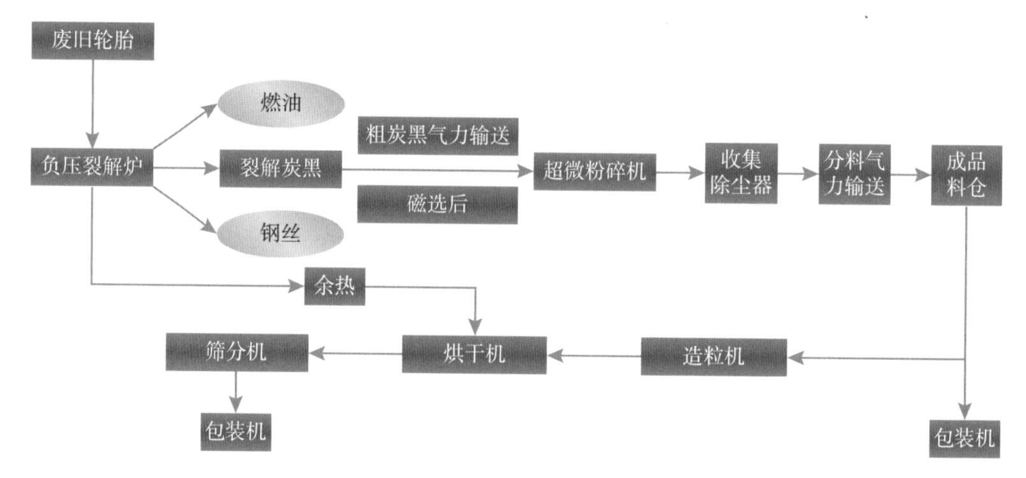

图10.13 印度菲利普炭黑有限公司炭黑制作流程

炭黑主要用于橡胶制品，如轮胎胎面，赋予轮胎优良的耐磨性能。此外，还广泛应用于工程塑料、油墨、涂料、纤维、农业膜/滴管、食品接触应用等领域，表10.4列出了印度菲利普炭黑有限公司的主要炭黑产品。

表10.4 印度菲利普炭黑有限公司产品介绍

炭黑类型	特点	应用
Bleumina 216	通用性炭黑	吹膜、注塑和挤出塑料
Bleumina 218	中高色素炭黑	吹膜、注塑和挤出塑料
Bleumina 221	中高色素炭黑（目前黑度最高）	吹膜、注塑和挤出塑料
Royale Black_PP802	食品级炭黑	食品接触的各种橡塑材料
Royale Black_PC503	导电炭黑	导电或抗静电材料
Royale Black_PP1201	中低色素炭黑，高性价比	吹膜、注塑和挤出塑料

10.3.3 我国案例

伴随着“双碳”目标的提出，基于我国缺油、少气、富煤的基本化石能源国情以及石油对外依存度不断提升的现状，资源能源化向原材料化转变是煤炭行业的大势所趋。下面，以方大炭素煤制石墨烯和宝泰隆煤制针状焦为例，介绍我国的煤基新材料发展情况。

10.3.3.1　方大炭素煤制石墨烯

石墨烯被誉为目前已知的“材料之王”，单层石墨烯只有一个碳原子的厚度（约为0.335纳米），是目前已知的最薄材料，在材料属性方面拥有多项世界之最（最强导电性、最硬材料、超高强度、超高导热率、超高透光率），因此，石墨烯材料在储能、电子元器件、复合材料等多个领域有望带来革命性应用。我国煤炭资源丰富、价格低廉、含有缩合芳香环等基本结构单元和作为催化剂的矿物质等，这些特点决定了煤基材料可以作为制备石墨烯的碳源材料。

方大炭素新材料科技股份有限公司拥有国际先进水平的炭素制品生产设备，采用氧化还原法制备石墨烯，主导产品有超高功率、高功率、普通功率石墨电极；特种石墨制品、核电用炭/石墨材料、石墨烯及其下游产品、超级电容器用活性炭、锂离子电池用高端石墨负极材料、碳纤维；煤系针状焦和低硫煅后石油焦、煤沥青等炭素制品生产用主要原料，广泛应用于冶金、新能源、化工、机械、医疗等行业和高科技领域。石墨烯制备方法见表10.5。

表10.5　石墨烯制备方法比较

生产方法	产品尺寸	产品质量	制造成本	是否适合产业化
机械剥离法	中小尺寸	结构较完整	较低、操作简单	不易量产
碳化硅外延法	大尺寸	质量较好	很高、条件苛刻	小规模生产
氧化还原法	大尺寸	结构易被破坏	较低	可规模化生产
化学气相沉积法	大尺寸	质量较好	较低	不可规模化生产

聚焦煤炭清洁高效利用问题，方大炭素提出实施碳产业大循环、大力发展煤制石墨烯等建议：开展由煤化工向新材料转型实践，推进石墨烯及中间相炭微球、针状焦等新材料产业项目，产品由传统煤化工向煤基清洁能源升级；推进“碳氢共轨大循环战略”，利用专利技术带动局部地区实现碳达峰碳中和，进一步向绿色、高效、可循环煤基清洁能源升级；推进新型煤制石墨烯工艺与可再生能源耦合发展，实现煤制石墨烯的高效循环发展，进一步促进煤制石墨烯项目的碳达峰碳中和。

10.3.3.2　宝泰隆煤制针状焦

针状焦是以煤焦油沥青或石油渣油为原料，经延迟焦化、煅烧而制得的异性焦炭。外观为银灰色、有金属光泽的多孔固体；结构具有明显流动纹理，孔大而少且呈椭圆形，颗粒有较大的长宽比，有纤维状或针状的纹理走向，摸之有润滑感。针状焦具有热膨胀系数低、杂质含量低、导电率高及易石墨化等一系列优点，主要用于生产高功率和超高功率石墨电极以及锂电池负极材料。

宝泰隆充分利用自身煤焦油资源，在2011年即开始布局针状焦，最终于2017年研发出针状焦核心生产技术并成功打通生产线，通过复杂的工艺处理后生产出合格的沥青针状焦产品。该企业采取液相炭化技术，生产的针状焦为煤系针状焦，即焦化原料在液相炭化过程中逐渐经热解及缩聚形成中间相小球体，然后中间相小球体再经充分长大、融并、定向，最后固化为纤维状结构的炭产物，即针状焦。生产工艺如图10.14所示。

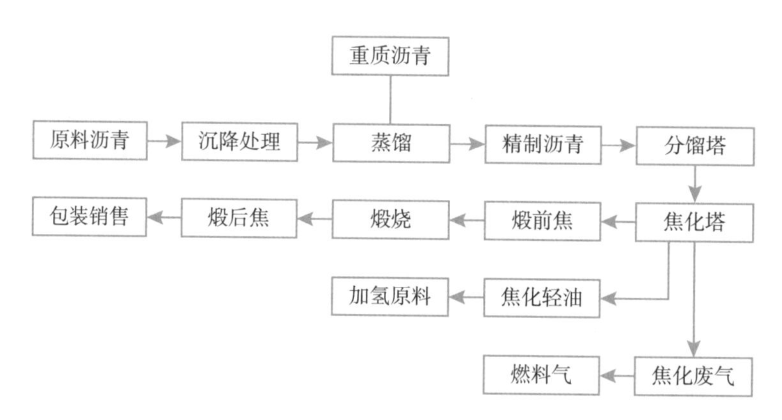

图10.14 针状焦生产工艺流程

在经济发展新常态下，煤炭行业的绿色转型成为我国新时期经济转型发展的重点领域和重要内容。煤炭行业绿色发展转型是一项内涵丰富、行业与时间周期跨度极大的长期性、系统性工程，“绿色”的要义包括循环、高效、清洁、低碳，但其核心在于低碳。为此，推进煤炭作为燃料转型、以煤炭为基础的煤化工行业、煤炭发展的煤基新材料的快速发展，对于实现煤矿产业更高质量、更有效率、更加公平、更可持续发展意义重大。

10.4 本章小结

本章分别介绍了欧美国家、“一带一路”国家以及我国以煤炭作为燃料、以煤炭作为石化工原料及以煤炭作为材料方面的低碳转型典型案例。

在经济发展新常态下，煤炭行业的绿色转型成为我国新时期经济转型发展的重点领域和重要内容。煤炭行业绿色发展转型是一项内涵丰富、行业与时间周期跨度极大的长期系统性工程，“绿色”的要义包括循环、高效、清洁、低碳，其核心在于低碳。当前，我国进入了新发展阶段，开启了全面建设社会主义现代化国家的新征程。推进煤炭作为燃料的转型、以煤炭为基础的煤化工行业、煤基新材料的快速发展，构建人与自然和谐共生的新发展格局，对于实现煤矿产业更高质量、更有效率、更加公平、更可持续发展意义重大。

参考文献

[1] 杨开宇. 燃煤电厂二氧化碳捕捉技术进展研究[J]. 能源与节能，2022(1)：49-53.

[2] 协会发布《燃煤电厂环保智能化诊断系统技术规范》标准[J]. 中国电力企业管理，2021(27)：11.

[3] 周慧娟. 我国煤化工技术发展趋势研究[J]. 产业与科技论坛，2022，21(4)：30-31.

[4] 左跃，林振华. 国内现代煤化工产业发展现状及展望[J]. 一重技术，2021(6)：64-67.

[5] 任继勤. 国内外煤化工碳减排技术及进展[J]. 化工管理，2014(1)：65-67.

[6] 谢吉东. 国家能源集团化工公司力推煤炭清洁利用[N]. 中国煤炭报，2021-08-14.

[7] 刘全昌，李军，闫俊荣，等. 纵论后疫情时代之产业变局——"中国能源·化工30人论坛"专家观点集萃[J]. 中国石油和化工，2020(8)：12-19.

[8] 闫云飞，高伟，杨仲卿，等. 煤基新材料——煤基石墨烯的制备及石墨烯在导热领域应用研究进展[J]. 煤炭学报，2020，45(1)：443-454.

[9] 杨玲. 山西省煤基产业创新链构建及技术凝练研究（新材料）[D]. 太原：中北大学，2019.